"十四五"普通高等教育本科部委级规划教材

浙江省"十三五"新形态教材

纺织服装材料学

张才前　主编

楼利琴　劳越明　副主编

中国纺织出版社有限公司

内 容 提 要

本书从纺织品及服装的应用要求出发，系统介绍了纤维原料、纱线、织物、毛皮和皮革、辅料等各类纺织及服装材料的种类、结构形态、性能和特点等。书中用二维码的形式呈现配套的视频、图片等数字化资源，可以有效支持教师开展线上教学，帮助学生提高自学效果，便于学生直观了解相关的专业知识。

本书既可作为高等院校纺织服装及相关专业的教材，也可供纺织、服装行业从业人员和爱好者参考。

图书在版编目（CIP）数据

纺织服装材料学／张才前主编；楼利琴，劳越明副主编 .--北京：中国纺织出版社有限公司，2022.1

"十四五"普通高等教育本科部委级规划教材　浙江省"十三五"新形态教材

ISBN 978-7-5180-9113-3

Ⅰ.①纺… Ⅱ.①张… ②楼… ③劳… Ⅲ.①纺织纤维-高等学校-教材②服装-材料-高等学校-教材

Ⅳ.①TS102②TS941.15

中国版本图书馆 CIP 数据核字（2021）第 224766 号

责任编辑：孔会云　沈　靖　　责任校对：寇晨晨　　责任印制：何　建

中国纺织出版社有限公司出版发行

地址：北京市朝阳区百子湾东里 A407 号楼　邮政编码：100124

销售电话：010—67004422　传真：010—87155801

http://www.c-textilep.com

中国纺织出版社天猫旗舰店

官方微博 http://weibo.com/2119887771

三河市宏盛印务有限公司印刷　各地新华书店经销

2022 年 1 月第 1 版第 1 次印刷

开本：787×1092　1/16　印张：13.5

字数：286 千字　定价：58.00 元

凡购本书，如有缺页、倒页、脱页，由本社图书营销中心调换

在"互联网+"背景下，新的教学模式如慕课、混合式教学法、翻转课堂等逐步走进高校课堂。在 2020 年春季学期，受新冠肺炎疫情影响，在线教学成为疫情期间学校教学的主要方式。新形态教材是在信息化背景下产生、并区别于传统纸质教材的新教材，通过新形态教材与数字课程有机融合，将学校的教学优势和互联网企业的技术优势相结合，实现了线上线下资源对接。

"纺织服装材料学"作为纺织及服装专业的基础课，是涉及多门学科的交叉应用型课程，涵盖数学、物理、化学、工程力学、机械等学科。课程内容涵盖纺织服装材料学的历史、现状和发展趋势，纤维、纱线、织物、毛皮、皮革、辅料等各种材料的概念、种类、结构性能及其相互关系，可作为纺织品及服装生产及应用、纺织新产品设计及开发、新材料再造设计、市场营销策划等工作的基础。

本教材已纳入浙江省普通高校"十三五"新形态教材，教材中配套与内容相关的视频、图片等数字资源，扫描书中相应位置的二维码即可观看，可以有效支持学校开展线上教学，帮助学生提高自学效果；同时还能帮助授课教师实现混合式教学、翻转课堂等教学模式，帮助学生更好地进行课前预习、课后复习。期望通过对本书及配套数字资源的学习，提高学习者对纺织服装材料的认识。

全书内容共十章，编写人员及分工如下：

第一章由楼利琴编写；

第二章、第四章、第五章、第六章第一节和第四节由张才前编写；

第三章由苏秀平编写；

第六章第二节和第三节、第九章由徐巧编写；

第七章由李永海编写；

第八章由李想编写；

第十章由劳越明编写。

全书由张才前统稿。

由于编者水平所限，书中不足或不妥之处在所难免，敬请读者批评指正。

编者

2021 年 7 月

目录

第一章　绪论 ·· 1

第一节　纺织服装材料的重要性及内容 ··· 1

第二节　纤维材料的历史及发展 ··· 2

第三节　纺织服装材料的流行趋势 ··· 6

第二章　天然纤维 ··· 10

第一节　棉纤维 ·· 10

第二节　麻纤维 ·· 15

第三节　竹原纤维 ··· 19

第四节　毛发类纤维 ·· 22

第五节　蚕丝 ··· 26

第六节　蜘蛛丝 ·· 29

第三章　化学纤维 ··· 33

第一节　概述 ··· 33

第二节　再生纤维 ··· 34

第三节　合成纤维 ··· 40

第四章　纺织纤维鉴别 ··· 60

第一节　纤维鉴别方法 ··· 60

第二节　多组分纤维混纺产品定量分析方法 ·· 63

第五章　纱线的分类及结构特征 ·· 65

第一节　纱线的分类 ·· 65

第二节　纱线的细度 ·· 68

第三节　纱线的捻度 ·· 69

第四节　纱线的毛羽 ·· 71

第五节　纱线的力学性能 ·· 72

第六节　缝纫线 ·· 73

第六章　织物结构 ·· 77

第一节　织物分类 ·· 77

第二节　机织物结构及基本特征 ·· 78

第三节　针织物结构及基本特征 ·· 82

第四节　非织造布结构及基本特征 ······································· 87

第七章　纺织品染整 ·· 89

第一节　纺织品染色 ·· 89

第二节　纺织品印花 ··· 111

第三节　纺织品整理 ··· 131

第八章　面料性能及评价方法 ··· 147

第一节　面料外观性能及评价 ··· 148

第二节　面料内在性能及评价 ··· 152

第三节　面料舒适性及评价 ·· 168

第九章　毛皮与皮革 ··· 174

第一节　毛皮 ··· 174

第二节　皮革 ··· 177

第三节　毛皮与皮革鉴别及质量评价 ···································· 179

第十章　服装辅料 ·· 184

第一节　衬料及垫料 ··· 184

第二节　里料及絮填材料 ·· 192

第三节　紧固材料 ·· 196

第四节　其他辅料 ·· 203

参考文献 ·· 207

第一章　绪论

本章课件

第一节　纺织服装材料的重要性及内容

随着生活水平的提高，人们对服装的要求越来越高，作为服装基本要素的纺织服装材料得到较快发展。与服装一样，纺织服装材料是人类文明进步的象征，并在国民经济中占有重要地位。

服装是人类生存和发展过程中必不可少的基本物质之一。人从呱呱坠地开始，就被用精心选择的衣物包裹起来，以弥补婴儿体温与外界气温的差异、防止柔嫩的皮肤受到伤害并给予天使般的装扮。这就是人与服装最初的关系。从此，衣着生活陪伴人的一生。春装、夏装、秋装、冬装，童装、成人装、老年装，校服、工作服、家居服、职业服、休闲服等服装类别也随着时代的发展相继诞生、完善和发展。

衣服是人们赖以生存的一种基本物质，是必不可少的生活实用品。这就决定了服装最基本的条件是包覆性能和防护性能，最主要的功能是御寒和保护人体皮肤不受伤害，从而满足人们生理上的需要，以体现服装最基本的物质性和实用性。同时，随着生活质量的提高，人们对服装的舒适性能和卫生性能的需求也逐步提高。

首先，爱美是人的本能，是一种追求美的心理状态。人们往往有意识地设法装扮自己，以达到心理和精神上的愉悦。而着装则是一种非常有效的方式，服装的色彩、材质及造型给人乃至环境提供了很好的装饰效果。其次，人是在社会中生存，人类穿衣与人类其他社会行为一样，受社会因素、心理因素、经济因素等的影响，使其或多或少地迎合其所生存的时代及社会环境的需求，如社交、礼仪、流行等，要与之相协调，从而体现其社会地位、职业、文化修养、个性等。再者，服装可作为一个民族的象征，反映一个国家的政治、经济和文化水平，体现社会的物质文明和精神风貌。于是，人们的着装在装饰个体和美化环境的同时，展示着民族的形象，体现了社会的时代感。这就形成了服装的精神性和社会性。

服装是由服装色彩、款式造型和服装材料三部分组成，通常称为服装三要素。其中，服装材料是构成服装的物质基础，服装的实用性、艺术性、社会性通过服装材料才能在一定程度上表现出来。服装在穿着时的风格、品位、品质等都是通过服装材料的颜色、图案、材质等直接体现出来的。服装的款式造型也需要依靠服装材料的厚薄、轻重、柔软、硬挺、悬垂性等因素来保证。

纺织材料隶属于材料科学领域，包括纺织加工用的各种纤维原料和以纺织纤维加工成的各种产品，如一维形态为主的纱、线、缆绳等；二维形态为主的网层、织物、絮片等；三维形态为主的服装、编结物及其增强复合体等。这些产品可以作为最终产品供消费者直接使用，如内外衣、纱巾、鞋、帽等服用纺织品；床上被、帐、床单和椅罩、桌布等家用纺织品；捆扎用绳索、牵引用缆绳、露天篷盖、武器中的炮衣等产业用纺织品。同时，这些产品也可以与其他材料复合制造最终产品，如帘子布与橡胶结合制造各种车辆的轮胎，作为纤维增强复合材料的增强体与基质结合制造各种机械设备和机械零件，如火车车厢、飞机壳体、风力发电设备的桨叶、公路和铁路路基增强和反渗透的土工布、防弹车的防弹装甲、火箭头端的整流罩及喷火喉管、飞机的刹车盘、海水淡化的滤材、烟囱烟气过滤的滤材等。纺织材料是工程材料的一个重要分支。

服装是由面料和辅料构成，辅料包括衬料、里料、垫料、填料、线类材料、紧扣材料等。服装材料的面料、辅料及其所构成的原材料与服装之间有着密不可分的关系。材料形态和特性各异，影响着服装的外观、加工性能、服用性能及保养、经济性。

纺织服装材料十分丰富，所形成的纺织服装产品也是各有千秋，而消费者在选购纺织服装商品时，其评价和要求常从以下几个因素考虑。

1. 安全舒适性

随着经济的发展，消费者更加追求轻松、舒适的生活方式，于是更在乎纺织服装材料是否安全、舒适。

2. 易保养性

在快节奏的生活中，消费者更倾向于选购省时、省力且容易保养的纺织服装商品，如机可洗、洗可穿，不需熨烫、防污、防蛀的服装。

3. 耐用性和经济性

虽然人们的生活水平有了很大的提高，但是广大的消费者还是青睐于经济实惠的商品。

4. 流行性

近年来，我国的纺织服装市场和消费者日益成熟，自觉或不自觉地受到时尚潮流的支配。

以上所有的因素均需要纺织服装材料来保证，面料的纤维种类、颜色、光泽、图案花型、组织纹路、质感等是保证的依据。无论是从产品的要素来看，还是从消费者的要求来看，纺织服装材料都起着重要的作用。因此，只有了解和掌握纺织服装材料的类别、特性及对纺织服装产品的影响，才能正确地选用纺织服装材料，设计和生产出令消费者满意的服装。

第二节　纤维材料的历史及发展

一、纤维材料的历史

1. 天然纤维时期

人类在懂得利用纤维制作衣料以前，是从大自然中直接选取材料来满足其生理和心理的需求。在距今约 40 万年前的旧石器时代，人类就开始用动物的毛皮包裹身体，以达到御寒护身的功能。距今约 7 万年前的尼安德特人，将兽皮揉软后，再以动物筋腱为线，用骨针把毛皮缝制成裹身之物。这对适合于人体实用需求的服装材料作了基本的定义，即作为包裹人体的材料应是柔软（便于活动）、结实（经久耐用）、保暖（御寒）的物体。随着人类进入新石器时代，定居的人类开始使用纤维。

最初被人们所利用的植物纤维为麻类纤维。埃及人利用亚麻纤维已有约 8000 年的历史，我国早在公元前 4000 年的新石器时代已将苎麻作为纺织原料。《诗经》中就有"东门之地，可以沤苎"的诗句。人类发现，从植物上剥下的韧皮具有细、长、软、韧的可编织性能，这种对线材的利用和开发，成为纺织材料及工艺发明的先导。

人类利用原棉也有悠久的历史。中美洲早在公元前 7000 年已开始利用，我国至少在 2000 年以前，在现今的广西、云南、新疆等地区已采用棉纤维作为纺织原料。

我国是世界上最早栽桑、养蚕和利用蚕丝织造丝绸的国家。浙江吴兴钱山漾良渚文化遗址的考古资料可以说明，约在 4700 年前，我国已经利用家蚕丝制作丝线、编织丝带和简单的丝织品。

人们利用羊毛的历史可以上溯到八九千年以前新石器时代，羊和羊毛在古代从中亚细亚向地中海和世界其他地区传播……

于是，在遥远的史前至化学纤维诞生这一长期的人类社会实践中，是以四大天然纤维即棉、麻、丝、毛为主体的纺织技术的形成与发展，奠定了纺织工艺技术体系的基础，这在人类文明发展及自身进化的历史过程中具有十分深远的意义。

2. 化学纤维时期

继天然纤维工业实现机械化之后，在衣料发展历史上的另一划时代变革是化学纤维的发明和利用。1664 年，英国人罗伯特·胡克（Robert Hooke）在研究录 Micrographia 中就有关于人造纤维的构想；1838 年，法国发明聚氯乙烯纤维；19 世纪末，英国发明了以天然纤维素为原料的再生纤维——黏胶丝，并于 1905 年工业化生产黏胶长丝；1913 年，美国工业化生产醋酯纤维；1938 年，美国杜邦（Dupont）公司宣布了由低分子合成的锦纶诞生；1946 年，杜邦公司工业化生产聚酯纤维；1957 年，意大利试生产聚丙烯腈纤维。由于制造化学纤维的原料来源于煤、石油、石灰石、木材和可再生材料等物质，所以，化学纤维的问世使纺织纤维的原料资源摆脱了仅仅依靠自然环境条件的局限，并使纺织原料品种大幅增加。

20 世纪 70 年代，日本首先开发出线密度为 0.3~1.1dtex 的新型合成纤维。它的出现改变了人们对于化纤织物服用性能差的看法。20 世纪 80 年代末，英国考陶尔兹（Courtaulds）公司推出了被称为绿色纤维的 Tencel 纤维，并于 1992 年在美国亚拉巴马州正式建立了第一条工业化生产线。随着技术的进步和产量日益提高，化学纤维的性能被不断改善，生产成本不断降低，从而具有相当的市场竞争力，直接促进了现代服装业的发展。

二、纤维材料的发展

随着纺纺工业发展和化学纤维的应用，人们认识到各种纤维的不足。在利用天然纤维与化学纤维混纺互补的同时，在 20 世纪 60 年代提出了"天然纤维合成化，合成纤维天然化"的理念，也可以说从 20 世纪 60 年代起世界各国对化学纤维（特别是合成纤维）的改进和研究已经取得了丰硕的成果。

化学纤维织物（化纤织物）是近代发展起来的新型衣料，种类较多。主要是指由化学纤维加工成的纯纺、混纺或交织物，也就是说由纯化学纤维织成的织物，不包括与天然纤维间的混纺、交织物，化纤织物的特性由织成它的化学纤维本身的特性决定。

1. 新型纤维素纤维——天丝纤维

天丝纤维具有天然纤维的舒适性，强度接近涤纶，可纯纺或与其他纤维混纺或交织，可开发出高附加值的各类服装、家用纺织品和产业用织物等。其所制成的织物具有吸湿性好、悬垂性好、强力高、抗静电性强、缩水率低和触感柔滑等特点。

2. 新型蛋白质纤维

以从牛奶、大豆、花生、玉米等自然物中提取到的蛋白质为原料，溶解于适当溶剂中所制得的纤维。该纤维在 20 世纪 30 年代开始实现工业化生产，随着众多合成纤维的问世，相继停止生产。由于该纤维手感柔软，穿着舒适；进入 20 世纪 90 年代以来，又有生产者开始从牛奶中提取乳酪蛋白以生产"新一代蛋白质纤维"——酪素纤维（casein fiber），用于制作内衣，产品形式主要为短纤维。大豆蛋白纤维既具有天然蚕丝的优良性能，又具有合成纤维的力学性能，满足了人们对穿着舒适性、美观性的追求，又符合服装免烫、洗可穿的潮流。大豆蛋白纤维还是"绿色纤维"。

3. 新型复合合成纤维

复合纤维又称聚合物的"合金"，是指在同一纤维截面上存在两种或两种以上的聚合物或者性能不同的同种聚合物的纤维。由于构成复合纤维的各组分高聚物的性能差异，使复合纤维具有很多优良的性能。如锦纶为皮层，涤纶为芯层的复合纤维，既有锦纶的染色性和耐磨性，又有涤纶模量高、弹性好的优点。此外，还可以通过不同的复合加工制成超细纤维和具有阻燃性、导电性、高吸水性的合成纤维。

4. 聚乳酸（玉米）纤维

聚乳酸（玉米）纤维的物理性能介于涤纶和锦纶之间，吸湿性略优于涤纶，能很快吸汗并迅速干燥，能抵抗细菌生长，是一种无臭、无毒、抗菌的纤维。聚乳酸纤维的原料全部来自植物，聚乳酸的生产过程无毒，燃烧不会产生有毒有害物质，且可以生物降解生成二氧化碳和水，所以，它是一种理想的环保型新材料，是一种很有前途的新合纤。聚乳酸纤维可纯纺，也可和棉、毛、麻等混纺，产品手感柔软，有丝质般的光泽和亮度，悬垂性、滑爽性、抗皱性、耐用性良好，穿着舒适，可用于内外衣、运动服等。

三、纤维材料的开发

科技是催生创新的主导力量，对于纺织服装材料的发展，以舒适、健康、生态化为导向，成为未来功能性开发的重要趋势，抗菌防螨、排湿保温、抗紫外线、轻质清凉、吸汗透气等各种功能性纺织服装材料成为顺应国际市场发展的新宠。在服装材料的开发领域，发展趋势主要有以下几种。

1. 传统与现代的融合

传统的天然纤维材料制成的面料，也被赋予了新的审美和穿着特性。比如，无线遥控技术、GPS 定位系统、温度感应、保暖材料等现代科技元素与传统面料的融合，也让高级智能化服装面料更具多元化特征。传统与现代的融合成为引领国际化面料发展趋向的新潮流，在功能性纺织品开发领域，以扩充面料的功能性成为提升面料附加值的重要途径。比如，一些牛仔面料，在经过柔软、防污、放缩处理后，使其外观与穿着性能获得更好满足，也成为现代高级时装的新型面料选择。在高弹性织物技术下生产的弹性纤维，通过加入氨纶等成分来提升新型面料的悬垂感，既舒适又柔软，还能满足高档服装定制要求。随着全球服装流行动态一体化发展，对于服装审美世界性趋同趋势，成为新型面料功能性开发的重点。同样，在新型面料功能性开发上，还要关注面料与服装色彩、款式、花纹、图案及时尚性发展需求，使其保持先进、前卫的发展态势。

2. 技术的创新

从技术创新来发展新型化学纤维材料，催生更多新型服装面料形式。比如，由化学纤维加工而成的新型化学纤维面料，利用纯纺或混纺工艺对织物进行处理来提升其功能性。在提升新型纤维透气特性上，通过天然纤维的融入，以纯纺或多种化学纤维的混纺可以开发出多种高附加值的舒适性服装面料。比如，天丝纤维具有较高的强度，与其他织物进行混纺可以具备良好的抗静电功能。另外，天丝纤维可以再生利用，利用有机溶剂来实现回收，对环境污染小；如果焚烧也不会产生有毒气体。此外，新型服装材料还需要强调舒适性，以突出功能性。

（1）强调舒适性。天丝纤维是较为优秀的复合性纤维素。对于自然界中的植物，如花生、玉米等作物，可以提取蛋白质作为原材料，利用蛋白溶解到纤维内形成蛋白纤维。蛋白纤维具有优异的舒适性，比如，从牛奶中提取乳蛋白，制作的内衣对皮肤具有良好的亲肤性和保养作用；大豆蛋白纤维同样具备优良的蚕丝品质，可与其他纤维混纺，可以满足多种服装面料的制作需求。

（2）突出功能性。对于聚合物构成的复合纤维材料，其结构因聚合纤维不同而表现出不同的功能性。比如，锦纶具有较高的耐磨性，涤纶具有较高的弹性，可以利用不同的复合加工工艺将其复合；从而制备具有不同耐磨性、弹性的服装面料。玉米纤维是介于锦纶与涤纶之间的一种纤维，具有良好的吸收率，能够起到抗菌作用。玉米纤维本身原材料取自植物，即便是燃烧也不会产生有害气体，同时具有较高的生物降解作用，也是理想的环保型纤维材料。在与不同纤维的合成中，玉米纤维可以与棉、麻、毛等纤维材料进行混纺，满足不同的功能性要求。

在新型纺织服装面料的研发上，一方面是以自然界材料或人工培植植物材料为主的天然纤维服装面料，具有穿着舒适、透气性好、无污染的生态环保特性；另一方面是利用化学纤维材料，经过织造、印染技术等多道工序处理后的新纤维材料，具有防水、防污、防臭、抗菌、阻燃等多种功能。具体方式有以下几种：

（1）通过改变纤维的横截面形状（三角、多角、扁平、中空等）而生产的异形纤维，对改善织物光泽、手感、透气性、保暖性以及抗起球性等有较好的效果。

（2）差别化纤维广泛应用于纺织服装面料的生产。"差别"是针对传统的合成纤维而言，它们是易染纤维、超细纤维（单纤维线密度小于 0.44dtex）、高收缩纤维（用于膨体纱）、三维立体卷曲纤维、有色纤维及模拟纤维（仿丝、仿毛、仿麻）等。

（3）利用共聚或复合的方法，即将两种或两种以上的纤维原料聚合物进行聚合，或通过一个喷丝孔纺成一根纤维，生产出性能更加优越的纤维。如腈氯纶，以及聚酰胺和聚酯制成的复合纤维，它们都具有两种纤维的特色及更好的综合性能。

（4）利用接枝、共聚或在纤维聚合时增加添加剂的方法使纤维具有特殊的功能，如阻燃纤维、抗静电纤维、抗菌纤维、防蚊虫纤维等。

（5）20 世纪 80 年代以后又有很多高性能的新纤维出现，如碳纤维、陶瓷纤维、壳聚糖纤维、水溶性纤维及可降解纤维等。

（6）天然纤维也有了重大的改进，如彩色棉、无鳞羊毛等。

不难看出，纺织服装材料品种繁多，形态及性能各异，它们已随着科学技术的发展进入了高科技的 21 世纪，并已能从多方面满足消费者的需求。

与此同时，服装辅料无论是在品种、规格和档次上，也有了相应的发展，特别是 20 世纪 80 年代以后，我国研制和引进了生产衬布、纽扣、拉链、缝纫线、花边、商标等新设备，采用了新材料、新工艺，设立了专门生产厂。服装辅料生产也逐步形成了一个工业体系。

第三节　纺织服装材料的流行趋势

科技改变生活，也改变了时装，特别是在新型面料的开发与应用上，技术与艺术的融合，也让各类新型面料的处理手法、创新工艺五花八门。多功能、多样式的新型纺织服装材料，成为现代服装业以质取胜的重要手段。新型纺织服装材料的推陈出新，成为开拓国际化流行趋势的主要力量。

对于服装面料的传统功能，以保暖、御寒、蔽体为主，而新型服装面料，融入了更多的健康、环保功效，特别是在提升服装的舒适性、安全性、保健性及养护功能方面更成为发展主流。事实上，对于新型服装面料的功能性，表现在科技发展的方方面面，如新型服装面料的透气性、伸缩性、热调节性、抗紫外线性、抗菌性等功能，都与现代纺织纤维新材料的应用有关。

一、新型面料的功能性开发

随着人们生活方式的转变，空调的普遍使用和气候变暖、人们对健康和生活品质要求的提高、对环保意识的日益增强等，使人对纺织服装材料的要求与过去相比有了较大的变化。目前，通过采取以下几种方法来实现面料的发展。

1. 通过加工工艺来开发新型面料的功能性

新型服装面料在功能性开发上，可以利用不同的加工工艺来改进面料的功能性。

（1）要求面辅料配套化。比如对于涤/棉三层合成纱结构，是利用极细的涤纶纱芯，在外面辅以涤/棉混纺纱层，最外面是纯棉纱。这种结构的合成纱面料，具有轻薄、舒适性，还兼有排汗功能，在休闲运动服饰中应用广泛。对于锦纶与腈纶混纺成纱，该类纱具备光滑、柔软的手感，不褪色，品质可代替高档澳毛纱；还有绒或丝高支混纺纱，具备高档轻薄面料的特性，堪与羊绒制品相媲美。另外，包芯纱、段染纱、雪尼尔纱、混色纱等纱线，也可以与其他纤维材料相搭配，来制作不同的功能性面料。

（2）对牢度特性的要求有所降低，对美学特性的要求提高。在织物形式上，利用多种组合的混纺、交织工艺，可以实现对不同功能性面料的制作需求。比如，涂层织物可以防雨、隔热、防静电、防紫外线等；双层织物可以满足双结构、双风格、双原料特性；利用花式纱线可以让面料呈现立体感；还有双面不同织物形式，利用内层单纤维密度大的编织方式，与外层单纤维密度小的编织方式形成新颖别致的织物穿着体验。

2. 通过天然性纤维来开发新型面料的功能性

此方法开发的新型服装面料实现了自然风回归，让天然纤维成为时尚潮流的总趋向。

近年来的以天然纤维为基础的高科技天然面料，在经过处理后能够保持不变的外观，却被赋予独特的新的功能。比如，在中国国际纺织面料及辅料博览会上，上海纺织展位上的葆莱纤维系列、里奥竹纤维备受关注，其作为新型纤维，利用涤纶经改良后在品质与性能上要高于涤纶，且去除了一般涤纶易起球的不足，增强了涤纶的柔软性、亲肤性，还保留了涤纶独特的悬垂性能，成为科技型天然纺织面料纤维。

这些以天然植物为原料的新型纤维服装面料，在经过全新设计后却能保持原来的纤维外观，增加更多新的特性。比如，应用较广的 Context 纤维、莱卡弹性纤维，在进行水洗、砂洗、起毛、起绉、生物酶化等不同工艺处理后，其外观、服用性能都会得到有效提升。

3. 通过装饰性设计来开发新型面料的功能性

对于面料的装饰性设计，除了一般色彩性搭配，还可以通过改变面料的结构来获得更多装饰功能性优势。比如，对于传统面料融入刺绣、拼缝、嵌花、线迹等手法，来增强装饰效果；在面料纹理设计上加入金属丝、闪光材料，可以获得另类、时空感强的视觉冲击力；在面料上装饰金属片或花式纱来突显面料的装饰效果。

纤维原材料可以进行混纺，也可以通过不同纤维材料的组合，如粗纱与细纱、扁纱与圆纱、疏松与密实的对比，在结构上形成多元化对立视觉效果。另外，一些浮雕感面料，利用织造纹理的变化来进行装饰，或者融入印花、涂层等工艺，则能够获得极富现代感的面料装饰风格和优良的功能性。

二、服装面料的流行趋势

服装面料的创新与发展，与纺织产业的发展保持一致性。未来，纺织业将逐渐走向以质取胜的发展期，同样对新型服装面料而言，更应该从提升面料的档次、质量和独特优势上来获得市场竞争力。总体来说，其流行趋向表现在以下四方面。

1. 生态与绿色并重

生态、绿色是未来新材料研究的发展流行方向，也是新型服装面料创新的重要内容。从纺织产品的使用上，要尽量降低对环境的污染且保证对人体无害。从生态学视角来看，消费者在关注服装面料的选材、加工、染色、整理、后续护理等方面，更要关注生态环保理念，关注面料中有毒有害物质的残留情况，以及对面料的可回收利用、自然降解与废物处理中是否存在有毒有害物质等问题。所以说，新型服装面料的功能性开发，要注重对面料全过程周期的无毒无害化处理，减少对自然生态环境的影响。

2. 科技与功能并重

从新型服装面料的研制与开发来看，科技是推动其发展的重要动力。当然，消费者的需求也是影响新型功能性面料的生产要素。但总体来说，科技的进步，新技术、新工艺、新材料的应用，更要从面料的美观、时尚、潮流、文化、功能的完善与强化上来满足消费者对新型面料高性能、多层次的需求。也就是说，对于新型面料科技含量的提升，与消费者对功能性面料的舒适性、审美性、健康性、易打理性等方面进行协同，才是未来功能性新材料的发展方向。

3. 时尚与便捷并重

新型服装面料的开发与功能性满足，还要关注消费者对服装的日常需求，特别是现代生活节奏的加快，对于免烫、保型、防污等功能更加关注。同时，对于服装的穿着上的舒适性，也要与服装的美感、时尚并重，避免对人体的束缚感、重压感，减少消费者穿着的累赘感。比如，利用纳米技术的新型羽绒服面料、休闲装面料，其易于打理的特性深受消费者喜爱；一些工作服、运动服、户外服饰也在走个性与环保、美感与时尚并进的开发之路。

4. 效率与定制并重

从现代市场经济发展环境来审视新型服装面料的功能性开发，也要关注效率与定制的融合。对于消费者而言，产品的价值是独特的，而对于企业，产品的价值则是持续的。新型服装面料的定制化走向，也将成为未来功能性开发的一种趋势，也是新型消费理念下的必然选择。新型服装面料通过定制来增加产品的附加值，来引领个性化消费，也是"以人为本"服务理念在新型面料功能性开发中的应用。

总之，对于新型服装面料的功能性开发，不仅要在做工、款式上进行创新，还要从功能性服装品质上来再造与革新。服装材料环保性也是发展流行趋势之一。

近几年，纺织服装材料的流行趋势还有以下几个特点：

（1）纺织服装材料由衣着用领域为主转向衣着用、装饰用和产业用三大领域鼎立的局面。随着人们生活水平的提高，现代化生活的需要，使窗帘、台布、地毯、毛毯等装饰材料的需求逐年增加，而交通运输、土建、消防等产业部门，对材料提出了高强、过滤等特殊要求，促使材料进行更新换代。

（2）衣着纺织服装材料向着天然纤维化纤化、化学纤维天然化的方向改进。天然纤维除保持本身的吸水、透气、舒适等优点外，还使其具有抗皱、弹性等性能。化学纤维则进行仿生化研究，使织物具有仿棉、仿毛、仿丝、仿麻、仿麂皮、仿兽皮的效果。

（3）纺织服装材料具有高档轻薄化的发展特点，以提高服装及其织物的外观风格和服用性能。通过原料选用、织物结构、色彩流行等方面的不断改进，得到高档细薄型织物、各种仿绸织物等，以适应消费水平的提高。

（4）纺织服装材料向高科技化发展，增加技术含量，以提高服装的附加值。通过各种物理和化学改性、改形及整理方法，使纺织服装材料具有防水透湿、隔热保暖、阻燃、抗静电、防霉、防蛀等特殊功能，以满足特殊场合的需要。

（5）纺织服装材料向方便化发展，以适应快节奏的现代化生活。针织服装因能保持色彩鲜艳和良好的松紧弹性而得到青睐，休闲系列则因穿着潇洒大方而不失舒适，因而得到流行。

（6）强调易护理性、保健性、安全性和环保性。

（7）对牢度特性的要求有所降低，对美学特性的要求提高。

总之，面对即将来临的"材料"世纪，现代纺织服装材料的应用发展前景广阔。我们有理由相信它完全能满足新世纪纺织服装对材料的需求，不断地创造流行，使人们的生活锦上添花。

第二章　天然纤维

本章课件

第一节　棉纤维

一、棉纤维种类和品质

（一）品种

1. 陆地棉

陆地棉又称细绒棉，因最早在美洲大陆种植而得名，其纤维细度和长度中等，手扯长度为 23～33mm，细度为 143～222mtex，一般可纺粗于 10tex 的棉纱。

2. 海岛棉

海岛棉又称长绒棉，原产美洲西印度群岛，后传入北美洲东南沿海岛屿种植，因此得名。长绒棉纤维细长，手扯长度在 33mm 以上，一般为 33～45mm，细度细于 143mtex，一般为 111～143mtex，品质优良，是高档棉纺产品的原料。

3. 亚洲棉

亚洲棉又称粗绒棉，原产于印度，在中国种植已有二千多年，故又称中棉。由于纤维粗短，只能适应个别纺织品种的需要，近年大部为陆地棉所取代。

4. 非洲棉

非洲棉又称草棉，原产于非洲，品质与亚洲棉接近，因纤维粗短，已逐渐淘汰。

（二）初加工方式

棉花的初加工过程是指将籽棉上的纤维与棉籽分离的过程，称为轧棉又称轧花。籽棉经轧花后得到的棉制品称为皮棉。皮棉重量占原来籽棉重量的百分率称为衣分率。根据籽棉加工采用的轧棉机不同，得到的皮棉有锯齿棉和皮辊棉两种。皮辊轧花机加工的皮棉称为皮辊棉；用锯齿式轧花机加工的皮棉称为锯齿棉。

锯齿轧棉一般附有排杂设备，皮棉含杂低，锯齿对棉纤维作用剧烈，故锯齿棉纤维损伤较皮辊棉严重。由于锯齿轧棉产量高，一般纺纱用棉大多用锯齿棉。皮辊轧棉一般无除杂措施，皮棉含杂高，由于轧棉时对纤维和棉籽作用缓和，适宜加工长绒棉。锯齿棉与皮辊棉的品质特征见表 2-1。

（三）色泽

1. 白棉

正常成熟，正常吐絮的棉花，不管原棉的色泽呈洁白、乳白或淡黄色，都称为白棉。棉纺厂使用的原棉，绝大部分为白棉。

表 2-1 锯齿棉与皮辊棉的品质特征

项目	锯齿棉	皮辊棉
对纤维作用	剧烈，纤维损伤较大	缓和，纤维损伤小
外观形态	松散	薄片状
主体长度及整齐度	主体长度短，整齐度较高	主体长度长，整齐度低，短绒无法去除
除杂设备	有排杂、排僵设备	无排杂设备
轧工疵点	多，如棉结、索丝等	少，有黄根
适宜加工	细绒棉	长绒棉、留种棉
产量	高	低

2. 黄棉

棉花生长晚期，棉铃经霜冻伤后枯死，铃壳上的色素染到纤维上，使原棉颜色发黄。黄棉一般都属低级棉，棉纺厂仅有少量使用。

3. 灰棉

棉花在多雨地区生长时，棉纤维在生长发育过程中或吐絮后，由于雨量多，日照少，温度低，使纤维成熟受到影响，原棉颜色呈现灰白，这种原棉称为灰棉。灰棉强力低、质量差，棉纺厂很少使用。

4. 天然彩色棉

天然彩色棉是生物学家利用生物遗传方法，在棉花的植株上置入产生某种颜色的基因，让这种基因使棉株具有活性，从而使棉桃内的纤维变成相应的颜色而取得。

二、棉纤维的生长发育与形态特征

（一）棉纤维的形成

棉纤维是由胚珠（即将来的棉籽）表皮壁上的细胞伸长加厚而成。一个细胞就长成一根纤维，它的一端着生于棉籽表面，另一端呈封闭状。棉籽上长满了纤维，这就称为籽棉。棉纤维的生长可分为伸长期、加厚期和转曲期三个时期。

（1）伸长期。伸长期为期 25~30 天。在伸长期内，纤维主要长长度而细胞壁极薄，最后形成有中腔的细长薄壁管状物。

（2）加厚期。当纤维初生细胞伸长到一定长度后，就进入加厚期。这时纤维长度很少再增加，外周长也没有多大变化，只是细胞壁由外向内逐日淀积一层纤维素而逐渐增厚，最后形成一根两端较细、中间较粗的棉纤维。加厚期为期 25~30 天。

（3）转曲期。棉铃裂开吐絮，棉纤维与空气接触，纤维内水分蒸发，胞壁发生扭转，形成不规则的螺旋形，称为天然转曲。这一时期称为转曲期。

（二）棉纤维的形态特征

1. 棉纤维截面形态

正常成熟的棉纤维，截面是不规则的腰圆形，有中腔。未成熟的棉纤维，截面形态极扁，中腔很大。过成熟的棉纤维，截面呈圆形，中腔很小，如图 2-1 所示。

2. 棉纤维纵面特征

棉纤维纵向具有天然转曲，它的纵面呈不规则的而且沿纤维长度不断改变转向的螺旋形扭曲。成熟正常的棉纤维转曲最多。未成熟棉纤维呈薄壁管状物，转曲少。过成熟棉纤维呈棒状，转曲也少，棉纤维纵面特征如图 2-2 所示。

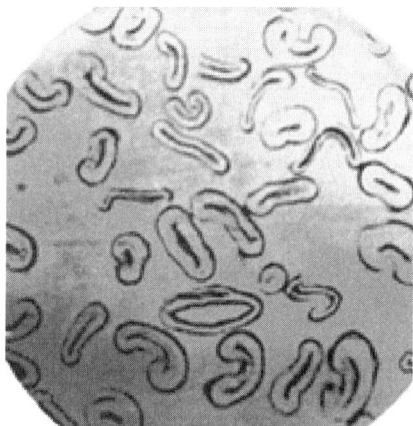

图 2-1　棉纤维截面形态

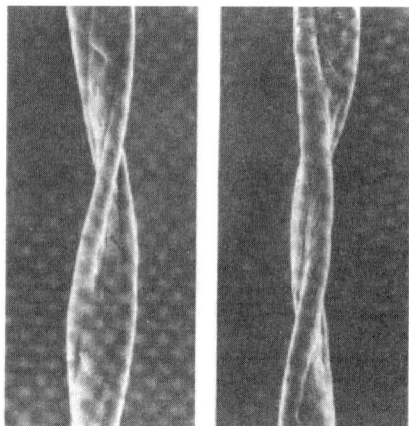

图 2-2　棉纤维纵向形态

三、棉纤维的化学组成及耐酸碱性

棉纤维的主要组成物质是纤维素。成熟正常的棉纤维纤维素含量约为 94%。此外，含有少量的多缩戊糖、蛋白质、脂肪、腊质、水溶性物质和灰分等。由于棉纤维的主要组成物质是纤维素，所以它较耐碱而不耐酸。酸会促使纤维素水解，使大分子断裂，从而破坏棉纤维。稀碱溶液在常温下处理棉纤维不发生破坏作用，但会使纤维膨化。棉纤维在一定浓度的氢氧化钠溶液中处理后，纤维横向膨化，从而截面变圆，天然转曲消失，使纤维呈现丝一般的光泽。如果膨化的同时再给以拉伸，则在一定程度上可改变纤维的内部结构，从而提高纤维的强力，这一处理称为"丝光"处理。但是，纤维素在浓碱作用下的降解也是十分剧烈和迅速的，因此，棉纤维加工时必须避免长时间含碱及与空气接触，以免纤维素受损。

四、天然彩棉

天然彩棉是利用生物基因工程等现代科学技术培养出来的新型棉花，棉纤维在田间吐絮时就具有了各种天然色彩，故称为"天然彩色棉"。它顺应了广大消费者不断追求保健、舒适、高档的消费时尚和要求，引起了世界上许多国家的高度重视。彩色棉花由于纤维通常比较粗短、可纺性差，且有的天然彩棉颜色太浅，因此一直未得到很好的开发利用。直到20世纪70年代，随着国际社会对环保的日益重视，人们才借助于生物技术，开始了彩棉的研究。现在，世界上已经有多个国家和地区开展了天然彩棉的研究与开发。而且，已经开始了一定规模的彩棉商品化生产和销售。我国的四川、新疆、甘肃、河南等地已建立了彩棉生产基地，有的已经具备了从棉花育种、种植、纺织加工、服装生产到市场销售一体化的能力。

（一）天然彩棉的优点

天然彩棉是采用生物工程改性技术得到的，在种植中可以不使用化学物质。另外，在纺织加工过程中，彩棉产品不经化学漂染，只需采用生物酶处理技术，加工出的纺织品可避免一般纺织品印染着色后化学残留物的存在，彩棉纤维本身含有的对人体健康有益的蛋白质和维生素却能得以保留。彩棉是天然纤维素纤维，具有可降解性。因此，彩棉真正实现了从纤维生产到成衣加工全过程的"零污染"。

（二）天然彩棉的缺点

人工育成的彩棉最大的缺陷就是色素性状的遗传不稳定。在种植过程中，非常容易发生分解或变异，其表现为：一是纤维见光后其色泽容易变淡或褪色，例如，在同一棉铃中，绿色棉纤维吐絮后呈绿色或淡绿色，光照后呈灰绿色，遇光时间长则变为黄绿色；二是种植过程中会分离出白色类型，影响纤维颜色的一致性。不同产地或同一产地的彩棉常常深浅不一，甚至同一棉株上的彩棉也可分离出有色、白色和中间色，色杂现象很突出。因此，当前彩棉的研究多集中在色彩上。目前彩棉颜色较稳定的仅有绿色和棕色，且多为古朴色，目前产业应用的颜色有蓝色、红色、鸭蛋青等。彩棉的研究除致力于颜色品种的研究外，另一个重点就是彩棉的性能，如强力、抗皱性等。据美国农业生活技术公司宣布，他们已培育出带有外源基因的"不皱棉花"。这种基因来自能够产生"PHB"聚合物的细菌。将这种细菌的基因导入棉花的细胞，生长出来的新棉花不仅具有原来的吸水、柔软等特性，而且其保温性、强度、抗皱性均高于普通的棉花，用其制成的衬衫可免烫，从而消除了含有大量甲醛的抗皱剂对人体的危害。

（三）天然彩棉的鉴别

天然彩棉的原棉价格是普通白棉的2~4倍，市场上经常出现白棉染色后充当彩棉的现象，白棉在染色后外观与彩棉非常相似，可通过以下几种方法进行鉴别。

（1）纤维横截面比较。天然彩棉的色彩呈片状，色彩分布不均匀，主要分布在次生胞壁及细胞腔内。而染色棉的色彩则均匀分布在整个细胞内，细胞腔内色彩淡一些。这点可用于鉴别彩棉与染色白棉。天然彩棉染色后的色彩分布与染色白棉基本相似。

（2）剥色效果比较。根据对样品进行剥色处理后掉色现象的不同，可鉴别天然彩色棉与染色棉。二甲基甲酰胺、连二亚硫酸钠均可作为剥色处理剂。常见的还原染料或活性染料在剥色剂的作用下会从白棉上脱离并溶解到溶剂中，使溶液显色。而天然彩棉几乎不掉色，溶剂清澈。

（3）洗涤效果比较。天然彩棉纤维生长发育过程中在其特有的基因控制下自然形成色彩，由于色彩形成于纤维的次生胞壁内，透过次生胞壁，色彩度就不会十分鲜艳。所以，色彩透明度差些，用它制成的纺织品就给人一种朦胧的颜色和柔和的感觉以及返璞归真的视觉效果。

天然彩色棉制品鲜亮度不及印染面料，但彩色棉经过有限次的洗涤后，颜色会一次比一次更鲜艳。其原因大概是：随着洗涤次数的增加，外部蜡质减少，鲜艳度逐渐增强，这与染色棉纺织品越洗越旧有着质的区别，这也是识别天然彩色棉制品与印染或色纺产品的一种方法。

五、木棉纤维

木棉植物品种较多，约有 20 属，180 种，有些属种的木棉不结果，结果且果实内具有绵毛的共有 6 种。目前应用的木棉纤维主要指木棉属的木棉种、长果木棉种和吉贝属的吉贝种这 3 种植物果实内的绵毛。木棉纤维有白、黄和黄棕色 3 种颜色。一株成年期的木棉树可产 5~8kg 的木棉纤维，目前木棉纤维的全球年产量约 19.5 万吨。

木棉纤维属单细胞纤维，与棉纤维相同。但棉纤维是种子纤维，由种子的表皮细胞生长而成，纤维附着于种子上。而木棉纤维是果实纤维，附着于木棉蒴果壳体内壁，由内壁细胞发育、生长而成。木棉纤维在蒴果壳体内壁的附着力小，分离容易。木棉纤维的初步加工比较方便，不需要像棉花那样须经过轧棉加工，只要手工将木棉种子剔出或装入箩筐中筛动，木棉种子即自行沉底，所获得的木棉纤维可以直接用作填充料或手工纺纱。

（一）木棉纤维的基本性能

1. 物理性能

木棉纤维纵向外观呈圆柱形，表面光滑，不显转曲，光泽好。截面为圆形或椭圆形，中段较粗，根端钝圆，梢端较细，两端封闭，截面细胞未破裂时呈气囊结构，破裂后纤维呈扁带状。细胞中充空气。纤维的中空度高达 80%~90%，胞壁薄，接近透明，因而相对密度小，浮力好。纤维块体在水中可承受相当于自身 20~36 倍的负载重量而不致下沉。木棉表面有较多的蜡质，从而使纤维光滑、不吸水、不易缠结且防虫。

过去对木棉纤维的研究很少，各研究者采用的木棉品种不同，不同文献报道的纤维细度、长度等指标有差异，基本在如下范围：木棉纤维长度为 8~34mm，纤维中段直径为 18~45μm，平均直径为 30~36μm，壁厚为 0.5~2μm，纤维细度为 0.9~3.2dtex，单纤维密度仅为 0.29g/cm³，而棉为 1.53g/cm³。木棉纤维的相对扭转刚度比玻璃纤维大，引起加捻效率降低。因长度较短、强度低、抱合力较差，用棉或毛的纺纱方法难以单独纺纱，这是过去一直没有很好地应用木棉纤维的一大原因。采用 X 射线衍射法测得木棉纤维的结晶度为 33%，而亚麻为 69%，棉为 54%。木棉纤维回潮率达 10.73%，和丝光棉的 10.6% 相当。木棉纤维的平均折射率为 1.71761，比棉的 1.59614 略高。这导致木棉纤维光泽明亮，光滑的圆截面使其更加有光泽，负面影响可能是纤维显深色性差。

2. 化学性能

木棉纤维中含有约 64% 的纤维素、约 13% 的木质素，此外还含有 8.6% 的水分、1.4%~3.5% 的灰分、4.7%~9.7% 的水溶性物质和 2.3%~2.5% 的木聚糖以及 0.8% 的蜡质。

木棉纤维可用直接染料染色，但由于木棉纤维含有大量木质素和半纤维素，它们和纤维素互相纠缠和分子间力作用导致了纤维素部分羟基被阻止，并且互相纠缠导致了染料分子不能顺利进入，使得其上染率仅为 63%，而同样条件下棉的上染率为 88%。

木棉纤维溶解于 30℃ 下的 75% 的硫酸、100℃ 下的 65% 的硝酸、部分溶解于 100℃ 下的 35% 的盐酸。

木棉纤维具有良好的化学性能，其耐酸性好，常温下稀酸对其没有影响，醋酸等弱酸对其也没有影响；且木棉纤维耐碱性能良好，常温下 NaOH 对木棉也没有影响。

（二）木棉纤维的用途

1. 中高档服装、家纺面料

上海攀铭企业发展有限公司利用自己的专利技术可纺制 21~32 英支的木棉混纺纱线，木棉纤维含量可达 70%，这是过去世界各国从未达到的水平，可以使木棉纤维广泛应用到针织内衣、绒衣、绒线衫、机织休闲外衣、床品、袜类等领域。

2. 中高档被褥絮片、枕芯、靠垫等的填充料

过去木棉纤维没能在这些领域广泛应用的原因是木棉纤维太细、弯曲刚度低、压缩弹性差，填充料容易被压扁毡化，随着使用时间推移产品的柔软舒适性和保暖性衰减较快，而且被褥絮片强力低，局部会出现破洞（棉被局部变夹被）。最近，东华大学开发出"持久柔软保暖的木棉絮片的制造技术"，利用该技术制造的木棉絮片的强度、压缩弹性、保暖性能的持久性都可与目前的七孔、九孔涤纶絮片媲美，但在柔软度、吸湿透湿气性和绿色环保性能等方面就具有涤纶絮片无法比拟的优势，制造成本不超过涤纶絮片。在崇尚天然纤维、对纺织品中包含的有毒有害物质控制越来越严格的当今社会，不使用农药和化肥、在人烟稀少的大森林中生长起来的木棉絮片应该有广泛的应用前景。

3. 旅游、娱乐用品

木棉纤维是最好的浮力材料，用它制作的被褥很轻，便于携带，在海边湖边旅游者可以躺在木棉褥上漂浮、做日光浴，由于木棉纤维不吸水，上岸后稍加晾晒木棉褥就可用于夜间露宿。

第二节　麻纤维

一、麻纤维

麻纤维是人类最早的农用纺织原料。在 8000 年前的埃及墓穴中，发现长达 900 多米木乃伊的裹尸布是利用亚麻纤维制成。我国现存新石器时代的纺织品有江苏苏州市草鞋山公元前

3600 年的原始绞纱葛织物，浙江吴兴钱山漾公元前 2700 年的绢片、丝带和麻布。湖南省长沙马王堆汉墓中也有精细的苎麻布。《诗经》中也曾有"东门之池，可以沤苎"的诗句来描述麻纤维的制取。因此，人类对麻类纤维的应用已有很长的历史。

麻纤维是从各种麻类植物的茎、叶片、叶鞘中获得的纤维，包括一年生或多年生草本双子叶植物皮层的韧皮纤维和单子叶植物的叶纤维。在纺织工业中，采用较多的麻纤维有苎麻、亚麻（胡麻）、黄麻、洋麻、大麻、苘麻、罗布麻、剑麻、蕉麻等。从一些双子叶植物茎皮层中提取获得的纤维称韧皮纤维，如苎麻、亚麻、黄麻、洋麻、大麻、苘麻、罗布麻等，这类纤维在世界各地分布较广。在韧皮纤维中，黄麻、洋麻含有较多的木质素，其质地较粗硬，称木质纤维，适于制作麻袋、凉席、绳索等。而苎麻、亚麻、大麻、罗布麻纤维中木质素含量少，其质地较柔软，称为非木质纤维，是理想的纺织原料。叶纤维是从草本单子叶植物叶片或叶鞘中提取获得的纤维，如剑麻、蕉麻等，这类纤维大多分布在热带或亚热带地区，又称热带麻，纤维粗硬、坚韧、变形小、强力高、湿强更高、耐海水和酸碱腐蚀等特点，主要用于制作绳索、渔网等。表 2-2 列出了各种麻纤维主要的力学性能。

表 2-2 各种麻纤维主要的力学性能

类别	苎麻	亚麻	黄麻	洋麻	苘麻	大麻
密度/（g/cm³）	1.54~1.55	1.46	1.21	1.27	1.62	1.49
工艺纤维长度/cm	—	45~75	—	100~350	100~350	100~200
工艺纤维细度/tex	0.45~0.91	1.25~2.5	2.2~5	4~6.7	5.6~14.3	—
工艺纤维强度/（kg/g）	—	2~6	30~40	—	40~50	75~93
单纤维长度/mm	20~250	—	—	2~6	1.5~6	15~25
单纤维细度/μm	40	12~17	15~18	14~33	15~33	15~30
单纤维强度/（cN/tex）	61.6~70.4	52.8~61.6	3~4.3	—	26~36	58~68

麻纤维加工

二、各种麻纤维特性

（一）苎麻

苎麻（ramie），荨麻科，苎麻属，为多年生宿根性草本植物，宿根年限可达 10~30 年以上。苎麻是中国的国宝，我国的苎麻产量约占全世界苎麻产量的 90% 以上，在国际上称为"中国草"。苎麻纤维具有良好的纺纱性能及服用、使用性能，是重要的纺织原料之一。苎麻适宜在温带及亚热带地区生长。我国主要产地分布在北纬 19°~39°，南起海南省、北至陕西省均有种植苎麻的历史，长江流域麻区是我国的主要产麻区，其栽培面积及产量占全国总栽培面积及总产量的 90% 以上。

苎麻生长周期为 50~90 天，随气候条件不同而异。我国华南地区一般年收三、四次。华中地区一般年收三次，生长期头麻 90 天左右，二麻 50~60 天，三麻 70~80 天。就纤维品质而论，一般以头麻为最好，二、三麻次之。

苎麻纤维中间有沟状空腔，管壁多孔隙，并且细长、坚韧、质地轻、吸湿散湿快，其透气性比棉纤维高三倍左右，同时苎麻纤维还有一定的卫生保健功能，其纺织制品有良好的穿着服用性能。苎麻织物具有粗犷、挺括、典雅、轻盈、凉爽、透气、抗菌等优点，其优越性与独特风格是别的纤维无法比拟的。

（二）亚麻

亚麻（flax），亦称鸦麻，胡麻，亚麻系亚麻科亚麻属草本植物。亚麻属植物达百余种，有一年生和多年生。纺织工业应用的亚麻品种均为一年生。

亚麻分纤维用、油用和油纤兼用三种。前者通称亚麻（flax common），亚麻茎细而高，一般不分枝，纤维细长质量好，是优良的纺织纤维。后两者一般称胡麻（oil flax），油用亚麻茎粗短，分枝多，主要是取种籽供榨油用，纤维粗短质量差。油纤兼用亚麻的特点介于亚麻和油用亚麻之间，既收取种籽也收取纤维，可用于纺织。亚麻在北纬48°~55°的地区最适宜种植。世界种植亚麻的地区主要在东、西欧。我国种植纤维用亚麻主要在黑龙江省，其次为吉林省，种植油用亚麻的主要是内蒙古、西北和华北等地。

亚麻纤维柔软、光泽好、耐磨性好、吸湿性好，是优质的纺织原料。可纺高支纱，织成的衣料平滑整洁，也可织制各种粗细的帆布。亚麻织物较棉织物穿着舒适、卫生，有优异的服用性能。亚麻主要用于织造亚麻衣料或与苎麻、棉花和化学纤维混纺，织造各种服用和装饰用织物，如抽绣布、窗帘、台布、沙发套、餐巾、男女各式绣衣、床上用品等。此外，亚麻纤维吸水后，横截面胀大，能使水龙带等防水织物的布眼挤胀堵塞，达到不漏水的效果，在工业上主要用于织制水龙带和帆布等。

（三）黄麻

黄麻（jute），又名络麻、绿麻、荚头麻，椴树科黄麻属一年生草本韧皮纤维作物，是亚热带植物。有两大品系，圆果种黄麻（Corchorus capsularis L.），俗称绿麻、台湾麻、火麻、幼麻等，纤维束色泽洁白，又称为白麻（white jute）；长果种黄麻（Corchorus olitorius L.），俗称黄头麻、荚头麻，纤维束呈浅棕色，又称红麻（red jute），也称土沙（tossa）。

黄麻是最廉价的天然纤维之一，种植量和用途的广泛都仅次于棉花。它和洋麻、大麻、亚麻、苎麻等同样属于韧皮纤维（从植物内皮或外皮提取的纤维）。纤维的颜色从白色到褐色，长1~4m。黄麻主要分布在热带和亚热带地区。我国主要产于浙江、安徽、广西、广东、湖北、四川等地。黄麻纤维成熟期一般为100~140天，而从出苗到种子成熟则需140~210天。

黄麻成熟纤维收获后要进行脱胶加工，常用微生物方法进行脱胶。俗称沤麻或精洗（retting），多在产地进行。经脱胶、晒干后的麻通称熟麻（raw jute），即黄麻纺织厂的原料。

黄麻单纤维长度在2~4mm，比较柔软且有一定光泽，束纤维可以织成高强度的粗糙的纱线，有多种用途。可用于原棉打包的包装，制成袋子或粗布，还可以织成窗帘、椅套、地毯、粗麻布和油布的衬背等。

（四）洋麻

洋麻（Hibiscus cannabinus L.）又称槿麻、红麻、印度络麻、野麻等。锦葵科木槿属一年生草本植物，我国各地均有栽培，是重要的麻类植物。

洋麻是我国主要麻类资源之一，其单纤维长度为 2~6mm，比黄麻粗硬，束纤维大量用于制作包装用麻袋和麻布等，也可用于家用和工农业用粗织物。

（五）大麻

大麻（hemp），又称火麻、汉麻、魁麻、线麻、寒麻、杭州麻等。学名 Cannabis sativa L.，大麻科（或桑科）大麻属一年生草本植物的韧皮纤维。大麻是世界上最早栽培利用的纤维作物之一。大麻有早熟、晚熟两类，早熟纤维品质优良，晚熟纤维粗硬。目前大麻主要产地是中国、印度和俄罗斯地区，我国以山东、黑龙江两省生产最多，安徽、山西、甘肃、河北等省也有生产。

大麻纤维单纤长 15~25mm，细度 15~30μm。纤维柔软，其纺织品没有刺痒感和粗糙感。大麻纤维中心有细长的空腔，并与纤维表面纵向分布的许多裂纹和小孔相连，吸放湿能力较强，大麻织物夏季穿着凉爽。大麻纤维的截面呈不规则的三角、多边、腰圆等形状，对光波、音波具有良好的消散作用，一般的大麻织物，无须特别的处理即可屏蔽 95% 的紫外线。大麻纤维是热的不良导体，其抗电击穿能力比棉纤维高 30%~90%，是良好的绝缘材料。同时，大麻纤维还具有抗霉杀菌的功效。

（六）罗布麻

罗布麻（dogbane；apocynum）又称红野麻、夹竹桃麻、茶叶花、茶棵子。学名为 Apocynum venetum L.，为夹竹桃棵罗布麻属多年生宿根草本植物。有红麻和白麻两种，生长于河岸、山沟、山坡的砂质地。罗布麻适合于低温、盐碱、干旱沙荒地区种植。主要分布在新疆、东北及黄河流域地区。

罗布麻纤维是一种野生的高级纺织原料，其纤维细度和强力等比棉花大 5~6 倍，素有"纤维之王"的称号。纤维耐腐蚀，可做高级面料、皮革线、雨衣及高档纸张，可与棉、毛、丝混纺，制作高档纺织品。罗布麻植株及纤维形态如图 2-3 所示。

（七）剑麻

剑麻（agave，sisal hemp，sisal fiber）又称西沙麻，龙舌兰麻，香麻等。学名为 Agave rigical M.。剑麻具有喜高温耐干旱的特点，适于生长的年平均气温为 21~37℃。剑麻大多分布于南北纬 30° 间热带、亚热带地区。我国剑麻栽培主要集中在广东、广西、福建及海南等地。

剑麻叶的硬质纤维具有拉力强、耐海水浸、耐摩擦、富有弹性等特性，可作渔业、航海、工矿、运输用绳索、帆布、防水布等原料。此外，生产过程中产生的短纤维，可制作一般用的绳索、鞋垫、缰绳及手提袋等日常用品，也可用作家具的填充物，还可与塑料混合压成硬板，制成家具。

图 2-3　罗布麻植株及纤维图

第三节　竹原纤维

竹原纤维是从自然生长的竹子中采用物理、化学相结合的方法提取的一种纯天然的竹纤维，是继棉、麻、毛、丝之后的第五大天然纤维。竹纤维具有良好的透气性、瞬间吸水性、较强的耐磨性和良好的染色性等特性，同时具有天然抗菌、抑菌、除螨、防臭和抗紫外线功能的化学成分。

一、竹原纤维的结构性能

1. 化学结构

竹原纤维的化学成分主要是纤维素、半纤维素和木质素，三者同属高聚糖，总量占纤维干质量的90%以上，其次是蛋白质、脂肪、果胶、单宁、色素、灰分等，大多数存在于细胞内腔或特殊的细胞器内，直接或间接地参与其生理作用。纤维素是组成竹原纤维细胞的主要物质，也是它能作为纺织纤维的意义所在。由于竹龄的不同，其纤维素含量也不同，如毛竹、嫩竹为75%，1年生竹为66%，3年生竹为58%。竹原纤维中的半纤维素含量一般为14%~25%，毛竹平均含量约为22.7%，并且随着竹龄的增加，其含量也有所下降，如2年生长竹为24.9%，4年生竹为23.6%。

2. 形态结构

竹原纤维横截面和纵向的形态如图2-4和图2-5所示。其纵向有横节，粗细分布很不均匀，纤维表面有无数微细凹槽。横向为不规则的椭圆或腰圆形等，内有中腔，横截面上布满了大大小小的孔隙，且边缘有裂纹。竹原纤维的这些空隙、凹槽与裂纹，犹如毛细管，可以

19

在瞬间吸收和蒸发水分，故被专家们誉为"会呼吸的纤维"，用这种纯天然竹原纤维纺织成面料及加工制成的服装产品吸湿性强、透气性好，有清凉感。

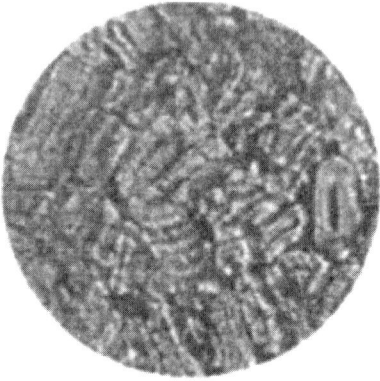

图 2-4　竹原纤维截面形态

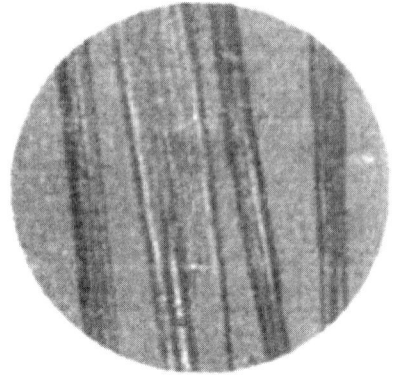

图 2-5　竹原纤维纵向形态

3. 主要性能

（1）力学性能。纤维的长度可根据使用者的要求，制成棉型、中长型和毛型所需要的长度，长度整齐度较好。竹原纤维的一般技术参数见表 2-3。

表 2-3　竹原纤维与其他几种纤维素纤维的力学性能

纤维种类	干强/（cN/dtex）	湿强/（cN/dtex）	伸长率/%	初始模量/（cN/dtex）	最大吸水率/%
竹原纤维	>2.2	—	10	6.3~22.7	75
竹浆纤维	1.9~2.2	1.2	16~19	—	—
棉纤维	1.9~3.5	2.2~3.6	7~10	4.4	45~55
黏胶纤维	1.5~2.0	0.7~1.1	18~24	6.0~32.9	55~90
苎麻纤维	6.6~6.8	8.3~8.5	4	158.3~223.1	75

（2）化学性能。竹原纤维具有较强的抗菌和杀菌作用，竹原纤维与亚麻、苎麻均具有较强的抗菌作用，其抗菌效果是任何人工添加化学物质所无法比拟的，天然、环保、持久、保健等特点与人工加工的抗菌纤维截然不同，且其抗菌效果具有一定的光谱效应。由于竹原纤维中含有叶绿素铜钠，因而具有良好的除臭作用。实验表明，竹原纤维织物对氨气的除臭率为 70%~72%，对酸臭的除臭率达到 93%~95%。另外，叶绿素铜钠是安全、优良的紫外线吸收剂，因而竹原纤维织物具有良好的防紫外线功效。

4. 吸湿透气

在 2000 倍电子显微镜下观察，竹纤维的横截面凹凸变形，布满了近似于椭圆形的孔隙，呈高度中空，毛细管效应极强，可在瞬间吸收和蒸发水分，在所有天然纤维中，竹纤维的吸放湿性及透气性好，居五大纤维之首，远红外发射率高达 0.87，大大优于传统纤维面料，因此符合热舒适的特点。在温度为 36℃，相对湿度为 100% 的条件下，竹纤维的回潮率超过 45%，透气性比棉强 3.5 倍，被美誉为"会呼吸的纤维"，还称其为"纤维皇后"。

5. 抗菌抑菌

竹纤维产品具有天然的抗菌、抑菌、杀菌的效果，因为竹子里面具有一种独特物质——竹琨，具有天然的抑菌、防螨、防臭、防虫功能。竹纤维毛巾即使在温暖潮湿的环境中也不发霉、不变味、不发黏。

6. 抗紫外线

紫外线的透过率取决于许多因素，比如组织结构、覆盖系数、颜色以及在工艺加工中的化学添加剂和样品的处理等。

竹纤维和棉的紫外线穿透率实验：经中国科学院上海物理研究所检测证明，对于 200～400nm 紫外线，棉的穿透率为 25%，竹纤维的穿透率不足 0.6%，竹纤维的抗紫外线能力是棉的 41.7 倍。而这一波长的紫外线对人体的伤害最大，这是其他纺织品所不可比拟的。

竹原织物和苎麻织物的紫外线透过率实验：根据试验可知天然竹原纤维面料的抗紫外线功能优于苎麻面料。

7. 绿色环保

竹子能够快速生长和更新，能够代替棉花、木材等资源，可持续利用。竹纤维制成的产品可在土壤中自然降解，分解后对环境无任何污染，是一种天然的、绿色的环保型纺织原料。

8. 天然保健

"竹元素"中的抗氧化化合物能有效地清除体内的自由基和酯类过氧化合物，并能阻断强致癌物质 N—亚硝酸氨化合物，不仅能显著提高机体免疫能力，而且具有滋润皮肤和抗疲劳、抗衰老的生物功效。由于竹纤维产品天然的抗菌功能，因而制成的产品不需添加任何人工合成的抗菌剂，不会引起皮肤的过敏现象。能显著提高机体免疫能力，而且具有滋润皮肤和抗疲劳、抗衰老的生物功效，是真正的纯天然的绿色健康产品。

9. 除臭吸附

竹纤维内部特殊的超细微孔结构使其具有强劲的吸附能力，能吸附空气中甲醛、苯、甲苯、氨等有害物质，并消除不良异味。

二、竹原纤维的应用

竹纤维纱线用于服装面料、凉席、床单、窗帘、围巾等，如采用与维纶混纺的方法可生产轻薄服装面料。

与棉、毛、麻、绢及化学纤维进行混纺，用于机织或针织，生产各种规格的机织面料和针织面料。机织面料可用于制作窗帘竹纤维纯色环保窗帘、夹克衫、休闲服、西装套服、衬衫、床单和毛巾、浴巾等。针织面料适宜制作内衣、汗衫、T恤衫、袜子等。

竹原纤维含量30%以下的竹棉混纺纱线更适合于内裤、袜子，还可以用于制作医疗护理用品。

第四节　毛发类纤维

一、天然动物毛的分类

毛纤维加工

天然动物毛的种类很多，按其性质和来源分类，见表2-4。

表2-4　天然动物毛的分类

来源	绵羊	山羊	安哥拉山羊	羊驼	兔	骆驼	牦牛	其他动物
毛纤维	绵羊毛	山羊绒 山羊毛	马海毛	驼毛 骆马毛 秘鲁羊毛	安哥拉兔毛 其他兔毛	骆驼绒 骆驼毛 羊驼毛	牦牛绒 牦牛毛	水貂毛

二、动物毛纤维的形态结构

动物毛纤维的基本形态结构如图2-6所示。

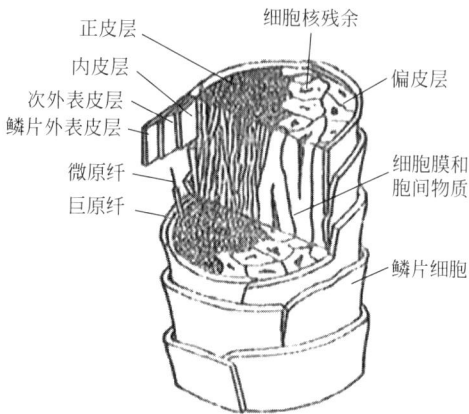

图2-6　动物毛纤维的结构

正皮层　细胞核残余
内皮层
次外表皮层
鳞片外表皮层
偏皮层
微原纤
巨原纤
细胞膜和胞间物质
鳞片细胞

动物毛纤维由许多细胞聚集而成，一般可以分为以下三个组成部分：

（1）鳞片层。包覆在毛干外部的部分。

（2）皮质层。毛纤维实体的主要部分。

（3）髓质层。在毛干中心不透明的部分，由毛髓组成。细毛无髓质层。

（一）鳞片层

鳞片层由角质化了的扁平状角蛋白细胞组成。这些薄片状的细胞似鱼鳞状重叠覆盖，包覆在毛干的外部，鳞片根部附着于毛干，梢部伸出毛干指向毛尖，按不同程度突出于纤维表面并向外张开，形成一个斜面的阶梯结构。鳞片的形态基本有三种：环状覆盖（含斜条状覆盖），细毛多呈环状覆盖；瓦状覆盖（有的呈镶嵌状）；龟裂状。鳞片在毛干上排列的密度、可见高度、鳞片厚度因动物毛的类型而异。几种动物毛纤维组织结构见表2-5。

鳞片层是毛纤维独具的表面结构。它的主要作用是保护毛纤维不受外界条件的影响。它赋予毛纤维特殊的摩擦性能、毡缩性、拒水性、吸湿性、染色性等，以及不同于其他纤维的光泽和手感。

表 2-5　几种动物毛纤维组织结构

毛别	鳞片层				皮质层	髓质层
	鳞片形态	密度/ （个/mm）	可见高度/ μm	外伸厚度/ μm		
山羊绒	环状、斜条状（少数）	60~70	10~17	0.2~0.5	双侧结构	无
牦牛绒	不规则的环状	50~80	5~23	0.3~0.5	双侧结构	点状或线状条纹
驼绒	环状、斜条状	50~90	8~20	0.3~0.5	双侧结构	点状
兔毛	环状、斜条状、菱形	—	—	—	—	单列、多列方格状
70 支澳毛	环状、斜条状	80~150	6~12.5	0.5 以上	双侧结构	无
70 支改良毛	环状、斜条瓦状	60~180	5~18	0.5 以上	双侧结构	无

（二）皮质层

皮质层在鳞片层的里面，是动物毛纤维的主要组成部分，也是决定它们物理化学性质的基本物质。皮质层一般含有两种细胞：一种为正皮质细胞，位于纤维卷曲波形的外侧；另一种为偏皮质细胞，位于纤维卷曲波形的内侧。这两种皮质细胞的性质存在差异，对纤维的卷曲形态有一定的影响。优良品种的细绵羊毛纤维偏皮质层位于卷曲波形的内侧，而正皮质层位于卷曲波形的外侧，使纤维形成正常卷曲。山羊绒也属于这种结构，只是它的正偏皮质层有交叉，所以羊绒纤维的卷曲就不像羊毛那样有规则，其卷曲数比细羊毛少，这也是羊毛与羊绒的区别之一。皮质层中含有天然色素，使有的毛呈现出不同的颜色。

（三）髓质层

髓质层由结构松散和充满空气的角蛋白细胞组成，细胞间相互联系较差。髓质层含量多少，视毛的类型而定。细毛无髓质层，较粗毛中的髓质层，呈点状、线状、连续或不连续分布，分布的宽窄也不一样。

三、动物毛纤维的表面结构特征

1. 绵羊毛

绵羊毛一般由鳞片层、皮质层和髓质层组成，但同质细羊毛无髓质层。细羊毛的鳞片多呈环状、半细羊毛呈瓦状、粗毛的鳞片覆盖面较小或根本不覆盖，只是互相衔接形成龟裂状；鳞片的密度也因绵羊的品种和纤维的类型不同而有较大的差异。粗毛纤维中存在大量的髓质层，有的呈连续的带状，有的呈间断点或线状。

从纤维的横截面来看，细羊毛的截面呈圆形或近似圆形，粗羊毛稍呈椭圆形。绵羊毛的分类见表 2-6。

表 2-6 绵羊毛的分类

种类	细羊毛	半细羊毛	粗羊毛
直径/μm	14.5~25	25~35	35~62
品质支数/支	60 以上	48 以上	28 以上

另外还有长毛羊的羊毛（即毛丛长度在 100mm 以上）和裘皮用羊的羊毛等绵羊毛的减量加工是近几年来比较流行的加工方式。因为羊毛的平均直径和工艺有着密切的联系，用化学侵蚀的方法通过减量加工剥蚀鳞片，可改变纤维的平均直径来提高纤维的可纺性（此法一般可将纤维平均直径下降 1~2μm）；也就是对羊毛纤维进行剥鳞处理，经处理后的羊毛，鳞片模糊不清，残余的鳞片张角显著钝化，表面有颗粒或皱褶，通过此方法可赋予羊毛纤维丝一样的光泽与触感，一般粗羊毛用来仿制羊驼毛和马海毛，细羊毛用来仿制羊绒衫（丝光羊毛衫）等。

2. 山羊绒

从山羊身上抓取下来的毛由原绒、两型毛及刚毛组成。经分梳后，分为绒和粗毛两大类。山羊绒按其天然色泽可分为白绒、紫绒、青绒等，其中，紫绒为黑山羊身上抓取的绒，青绒为青山羊身上抓取的绒。白羊绒最为珍贵。近年来，由于价格等原因，紫绒也成为纺织上经常使用的绒种，常用来织造一些深色的面料。

白山羊绒的结构由鳞片层和皮质层组成，没有髓质层。山羊绒的鳞片紧贴于毛干，排列比较整齐，边缘光滑，多呈环状覆盖或也可叫竹节环状，少数呈斜条状。鳞片张角小，横截面近似圆形。但近年来，随着国内山羊养殖范围的不断扩大，山羊生长环境的好坏直接影响着绒纤维的品质。

3. 兔毛

兔毛主要指长毛兔所产的毛，典型品种是安哥拉兔毛；可分为绒兔毛、细兔毛、粗兔毛和两型毛这四大类。

绒兔毛：细度范围在 13~14μm；

细兔毛：细度范围在 20.1~30μm；

粗兔毛：细度范围在 30.1~100μm；

两型毛：纤维中一头形态像细绒毛，另一头形态像粗毛纤维。

兔毛的最大特点是基本都有髓腔，只有少数绒毛没有髓腔。而且纤维直径越粗，髓腔的列数越多。

兔毛的结构组成为鳞片层、皮质层和髓质层（髓腔）。鳞片呈环状、斜条状，层层覆盖，有房形中腔，呈点状、单列状或多列状排列。

兔毛的横截面为近似圆形或不规则四边形，中间有髓腔；粗兔毛的横截面形状多样，为腰圆形、哑铃形、扁平形，内有多列髓腔。

4. 牦牛绒

牦牛绒分为有色绒和无色绒，常见的以有色绒为主和经过脱色处理的牦牛绒。牦牛绒由鳞片层、皮质层和髓质层组成，鳞片呈不完全或不规则的环状，鳞片层很薄；表面所看到的由色素沉积所形成的色斑呈线状且较密集；但少数细牦牛绒的色斑也呈点状，与紫绒有一些类似；其横截面近似于圆形。粗毛有髓质层，形成点状髓、断续髓或连续髓等。由于牦牛绒分梳较困难，所以它的直径差异比较大。表 2-7 为牦牛绒与羊绒和羊毛的细度参考值。

表 2-7　牦牛绒与羊绒和羊毛的细度参考值

项目	牦牛绒	山羊绒	70 英支羊毛
平均细度/μm	18.30	15.00	20.03
离散系数/%	36.00	19.54	21.23

5. 羊驼毛

羊驼属于骆驼族，主要出产于秘鲁、阿根廷等地，属于较名贵的毛种。羊驼毛浓密细长、柔软，有六种自然颜色，具有自然的光泽，所以羊驼毛织成的面料不需染色。

羊驼毛从组织结构上可分为两种：

（1）由鳞片层和皮质层组成的羊驼毛。

（2）由鳞片层、皮质层和髓质层组成的羊驼毛，这种组织结构最为常见。

羊驼毛的鳞片呈环状或斜条状，边缘顺直光滑，有光泽，鳞片层非常薄。有髓质层的羊驼毛，髓质层均匀，并呈贯通状；羊驼毛的直径粗细差异较大，细的羊驼毛直径近似于羊绒，粗的羊驼毛直径可达 50~60μm 以上；羊驼毛的外观基本没有卷曲；其横截面近似于圆形或椭圆形。

6. 马海毛

马海毛即安哥拉山羊毛，是属于山羊毛的一种，主要产于土耳其的安哥拉省。颜色以白色为主。马海毛由鳞片层、皮质层和髓质层组成，皮质层的正、偏皮质细胞呈皮芯结构，所以马海毛的外观很直，没有卷曲；马海毛的鳞片平阔，呈瓦状覆盖，排列较整齐，紧贴于毛干且很少重叠；鳞片边缘光滑，光泽强；马海毛大部分没有髓质层，但有些有点状的髓质层；马海毛的直径差异较大，范围在 10~90μm。

7. 驼绒

驼绒来自骆驼，是双峰驼的产物。颜色有乳白、浅黄、黄褐、棕褐色等，目前还有许多经过脱色的驼绒应用在纺织面料的加工上。骆驼毛中含有绒毛、刚毛和两型毛。驼绒由鳞片层和皮质层组成，极少数有髓质层，且呈点状、间断线状分布；鳞片呈环状或斜条状紧贴于毛干，边缘光滑圆钝，鳞片结构不如细羊毛规则清晰；表面有细长的色素沉积；横截面为圆形。驼毛由鳞片层、皮质层和髓质层组成，鳞片层薄，大多数为斜条状，有许多不规则的色素分散沉积；髓质层呈窄细条连续分布；纤维没有卷曲；横截面为椭圆形。

第五节　蚕丝

蚕丝是自然界中集轻、柔、细为一体的天然纤维，被称为"纤维皇后"，素有"人体第二皮肤"的美誉。蚕丝的主要成分为纯天然动物蛋白纤维，其构造成分与人类的皮肤是最相近的，约有87%的成分是一模一样的，内含多种人体必需的氨基酸，有防风、除湿、安神、滋养及平衡人体肌肤的功效。蚕丝所具有的滑爽、透气、轻柔、吸湿、不刺痒及抗静电等特点使其成为制作贴身衣物的上乘料子，而以蚕丝作为内质的蚕丝被则更具有贴身保暖、蓬松轻柔、透气保健等得天独厚的品质和优点。经过长期研究证实，天然蚕丝所含的特殊"丝胶" SERJCIN成分，具有抗过敏、亲肤等保护作用，近年随着蚕桑养殖技术的大幅提高，加工工艺日益完善，人们对"纯天然"产品的追求，使蚕丝产业得到大力发展。

一、蚕丝的种类

1. 柞蚕丝

柞蚕有中国种、印度种和日本种三个品系。柞蚕生长在野外的柞树（即栎树）上，我国的柞蚕品种很多，目前放养的品种主要有一化性和二化性两种。前者一年放养一次，所结的茧既作种茧，又是缫丝原料；后者为一年放养两次，春茧只作秋茧的种茧，秋茧为缫丝原料。柞蚕茧的茧型比桑蚕茧大，其结茧时留在茧上的茧柄给缫丝带来一定的困难。

柞蚕丝是织造柞蚕茧绸、装饰绸以及一些工业、国防用丝织品的原料，一般用于织造中厚型丝织品。柞蚕茧丝的平均细度为6.16dtex（5.6旦），内外层细度也不一样，一般外层平均细度为6.82dtex（6.2旦），中层平均为6.05dtex（5.5旦），内层平均细度为4.95dtex（4.5旦），都比桑蚕茧粗。柞蚕茧的春茧为淡黄褐色，秋茧为黄褐色，而且外层较内层颜色深。

柞蚕丝的丝胶含量比桑蚕丝少12%~15%，柞蚕丝的横截面为钝三角形。与桑蚕丝基本相同，但较扁平些，长径约为65μm，短径约为12μm，越向茧的内部，长短径的差异越大，形态越扁平。单丝是由许多细纤维集聚构成，各根纤维之间有一定的孔隙，位于中心的孔隙较大，近表面的纤维较细，有利于通气和吸湿。柞蚕丝中含有微量的单宁，它与丝胶或丝朊呈化学结合。丝朊内外还含有色素，这些杂质在加工中很难去除。

2. 天蚕丝

在日常生活中，人们常常以"物以稀为贵"来形容珍稀的物品，用此成语来形容天蚕丝是最恰当不过的了。天蚕丝珍稀，价格昂贵，在国际市场上每公斤售价高达3000~5000美元，高于桑蚕丝、柞蚕丝，经济效益令人咋舌。

天蚕又名"山蚕"，是一种生活在天然柞林中吐丝作茧的昆虫，四眠五龄，以卵越冬。幼虫的形态与柞蚕酷似，只能从柞蚕幼虫头部有黑斑，而天蚕没有黑斑这一点来加以区别。天蚕的幼虫体呈绿色，多瘤状突起，生褐色刚毛，食山毛榉科栎属树叶上的野蚕，属于蚕的家族中一个成员，它适于生长在气温较温暖而半湿润的地区，但也能适应寒冷气候，能在北纬44度以北寒冷地带自然生息。主要产于中国、日本、朝鲜和俄罗斯的乌苏里等地区。

天蚕丝是一种不需染色而能保持天然绿色的野蚕丝。它的特有的淡绿色宝石般的光泽和高强度的耐拉性、韧性，常被人们誉为"纤维钻石""绿色金子"和"纤维皇后"。其经济价值极高，一般比桑蚕丝高30倍，比柞蚕丝高50倍。其纤度比桑蚕丝稍粗，与柞蚕丝差不多。由于产量极低，仅于桑蚕丝织品中加入部分，作为点缀，用来制作服装面料以及高雅庄重的饰品和绣品，是日本市场和东南亚市场的紧俏商品。

天蚕丝的丝胶含量比桑蚕丝和柞蚕丝多，约为30%，丝素含量约为70%。国外采用马赛皂15%、纯碱2%、油剂0.5%，浴比1∶45，在100℃下精练2.5h，练出的天蚕丝织物闪烁着令人喜爱的果绿色宝石光。染色时，直接染料或酸性染料都不能使大蚕丝上染，而用部分经筛选的金属络合染料、盐基染料和活性染料，经长时间的染色，可使其上染。

天蚕丝纤维纤细（平均线密度为5.5~6.6dtex），但粗细差异较大。纤维横截面呈扁平多棱三角形，如同钻石的结构，具有较强的折光性，其光犹如熠熠的宝石辉光，引人入胜。天蚕一旦成熟，蚕体就会呈现出亮丽的绿光，故在国际上被誉为"绿色钻石"。

天蚕丝长为90~600m，出丝率为50%~60%，1000粒茧产生丝量约为250g。强力为31.2cN/tex，伸长率在40%左右。天蚕丝富有光泽，色泽鲜艳，质地轻柔，具有较强的拉力和韧性，质量优于桑蚕丝和柞蚕丝，且无折痕，不用染色就能保持天然的绿宝石颜色，故享有"钻石纤维"和"金丝"之美称，是一种珍贵的蚕丝资源。采用天蚕丝制作的晚礼服，主要由皇家和贵族使用，在华灯的照耀下犹如珠翠满身，使穿着者显得格外雍容华贵象征着穿着者的富有和地位。

3. 蓖麻蚕丝

蓖麻蚕又称印度蚕。它原是野外生长的野蚕，食蓖麻叶，也食木薯叶、鹤木叶、臭椿叶、马松叶和山乌桕叶，是一种适应性很强的多食性蚕。现在是在野外生长，由人工放养，也有在室内由人工放养的。

蓖麻蚕所结的茧两端尖细，形如枣核，中部膨大，腰幅两侧阔狭不相等，也有的呈不规则的三角形，尾部封闭，头部有一个出蛾的小孔。

蓖麻蚕最适宜在气候炎热、潮湿多雨的夏季生长。它原产于印度东北部的阿萨姆森林中，故又有印度蚕之称。

蓖麻蚕的茧衣又厚又多。约占茧层量的1/3。茧层松软，缺少弹性，厚薄松紧差异较大，外层松似棉花，与茧衣无明显的界限，中层次之，内层紧密，手捏有回弹声。茧层较薄，且有明显的分层，多为层茧，外层缩皱略模糊，中层明显，内层平坦。茧的厚薄也不一致，中部最厚，尾部次之，头部最薄，且疏松，有一个出蛾的小孔。在鲜茧重量中，茧衣约占3.6%，茧层约占10%，蛹体约占86.5%。

蚕茧呈洁白色，但光泽不如桑蚕茧明亮，不能缫丝，只能作绢纺原料。蓖麻蚕丝的断面形状与桑蚕丝相类似，但比桑蚕丝更扁。其含丝胶量为7%~12%，丝素为85%~92%，杂质为 1.5% ~ 4.0%。丝的细度为 1.65 ~ 3.3dtex（1.5 ~ 3.0 旦），强度比桑蚕丝低，断裂伸长率及耐酸性与桑蚕丝相接近，而耐碱性略强于桑蚕丝，适纺 6.25tex（160 公支）绢纺纱。

4. 天然彩色蚕茧

早在 20 世纪 50 年代初期，广东省曾饲养过的多化性蚕茧就是黄色，但由于茧层薄、丝质粗、质量不高而被淘汰。在浙江桐乡试养有色蚕茧已经成功，这批夏茧产量与白色蚕茧不相上下，缫生丝品质达到 A 级以上。桐乡是全国产茧量大的县市之一，其蚕茧业产值占农业总产值 30% 左右。浙江花神丝绸集团公司、桐乡市蚕茧管理总站与浙江动物科学学院共同进行天然彩色蚕丝规模化生产、研究和开发。安徽省农科院蚕桑研究所与安徽省丝绸公司联合攻关，开发家蚕天然彩色茧技术也获得成功，主要运用在人工饲料或桑叶中添加经过处理的色素饲料喂养家蚕，使蚕茧变得五彩缤纷。四川成都华神集团资源昆虫生物技术中心利用生物基因技术生产出新蚕种，使白蚕能吐出五颜六色的彩色丝。据介绍，这项技术主要是利用家蚕的突变基因，基因定位后，利用染色体技术把需要的基因组合输入家蚕体内，从而培育能吐彩色丝的新蚕种。

二、蚕丝的形态结构

蚕丝截面形态呈半椭圆形或略呈三角形，纵向形态平直光滑，晶莹透明，如图 2-7 所示。

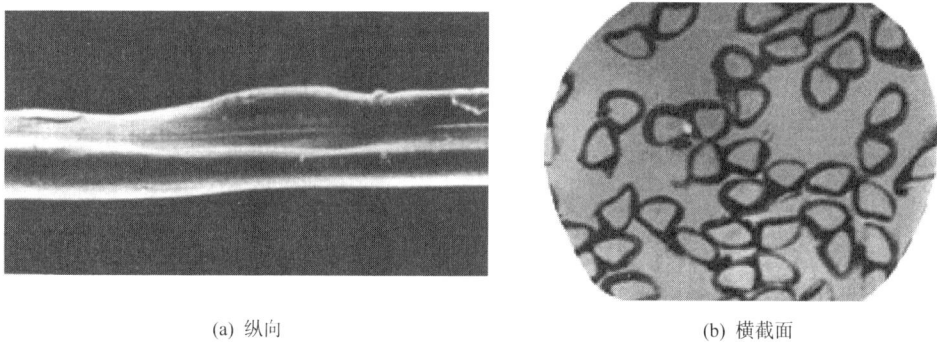

(a) 纵向　　　　　　　　　　　　　(b) 横截面

图 2-7　蚕丝形态结构

三、蚕丝的特点

（1）天然健康。100% 纯天然桑蚕丝制作而成产品无污染，是真正的绿色产品。

（2）滋养肌肤，美丽容颜。蚕丝系蛋白纤维含有人体所需的 8 种氨基酸，具有滋养肌肤，防止皮肤老化，促进血液循环，有助于皮肤新陈代谢，延缓衰老。

（3）具有绝好的御寒能力和恒温性。蚕丝含有纤维中最高的"丝容积空隙"，天冷时能降低热传导率，保暖性胜过皮棉；天热时能排出多余热量，使被内温度保持恒温，冬暖夏凉，舒适度最佳。

（4）吸湿透气，保证睡眠。使用蚕丝被对失眠多梦，睡后躁动不安的人尤其有益。另外，蚕丝外部的丝蛋白里含有一种叫"亲水侧链氨基酸"的物质，能迅速有效地吸收湿气，保持干燥，并达到预防风湿、关节炎及皮肤病的功效。

（5）抗菌环保、柔软舒适。蚕丝具有很好的吸湿排汗功能，保持蚕丝被内的水分与温度的平衡（氨基酸亲水侧链能吸收人体排放的汗液及水分，且丝胶有防止螨虫滋生的成分，丝纤维的分子结构与人体皮肤分子结构相似）。

（6）防螨、防菌、防霉、防静电。蚕丝具有极佳防螨、防霉、防静电的天然特性。它由十八种氨基酸的结晶体叠加而成，氨基酸分子结构上大多含有亲水性基因，并且结晶体之间有间隙的表面上有无数的小孔，所以吸湿性强；在高科技的今天，人造纤维只能从端面造成七个孔，并且也只能是短纤维；它具有防止螨虫和霉菌滋生的能力，尤粉尘，对过敏体质哮喘病人更为有益。

（7）各季皆能用（双向调节、冬暖夏凉，丝容积空隙大）。蚕丝的传导率低，蚕丝纤维的孔隙率很高，这样更便于吸收和保存空气。

此外，脱胶后的丝，弹性好，不易燃，是最理想的保温材料，温暖而不闷热，贴身而舒适；蚕丝越长，质量越好；蚕丝越白，质量越好；蚕丝杂质越少，质量越好。

第六节　蜘蛛丝

蜘蛛丝是一种天然高分子蛋白纤维和生物材料。纤维具有很高的强度、弹性、伸长、韧性及抗断裂性，同时还具有质轻、抗紫外线、比重小、耐低温的特点，是其他纤维所不能比拟的。蜘蛛丝初始模量高、断裂功大、韧性强，是加工特种纺织品的首选原料。蜘蛛丝由蛋白质组成，是一种可生物降解且无污染的纤维。蜘蛛丝纺织品的生产可追溯至 18 世纪，最具代表性的是 1710 年巴黎科学院展出的蜘蛛丝长筒袜和手套，这是人类历史上第一双用蜘蛛丝织成的长筒袜与手套；1864 年美国制作了另外一双薄蛛丝长筒袜，所用的蛛丝是从 500 个蜘蛛喷丝头中抽取出来的，这种长筒袜由于太薄而不能穿；1900 年巴黎世界博览会上展示了用 2.5 万只蜘蛛吐出的 9.14 万米长的丝织成的一块长 16.46m、宽 0.46m 的布，该产品因花费太高，没有带来商业利润。到 1997 年初，美国生物学家安妮·穆尔发现，在美国南部有一种被称为"黑寡妇"的蜘蛛，它吐出的丝比现在所知道的任何蜘蛛丝的强度都高。蜘蛛丝特殊的结构和性能已引起世界各国的关注，并在纺织、医疗卫生和军事领域产生了极其重要的影响。目前，国内外许多科学家已通过基因工程将蜘蛛的基因移植到其他动植物体内，从而使蜘蛛丝纤维实现工业化生产的梦想成为现实。

一、蜘蛛丝的组成

蜘蛛丝产生于蜘蛛体内特殊的分泌腺，这些分泌腺因蜘蛛的种类不同而各异。到目前为止，生物学家共发现了 7 种类型的分泌腺，常见的有葡萄腺、梨状腺、壶状腺、叶状腺、集合腺等。蜘蛛的种类繁多，会吐丝结网的有 2 万多种。按吐丝种类的多少，蜘蛛可分为古蛛亚目、原蛛亚目和新蛛亚目。古蛛亚目的蜘蛛只能吐出一种丝；原蛛亚目的蜘蛛可吐出 3 种丝；新蛛亚目的蜘蛛可吐出 7 种丝。一般来说，新蛛亚目所有的蜘蛛都会有 7 种丝腺，各种丝腺分别能吐出不同性质的蜘蛛丝。蜘蛛丝的主要成分是蛋白质，其基本组成单元为氨基酸。蜘蛛丝中含 17 种左右的氨基酸，各种氨基酸的含量因蜘蛛的种类不同而存有一定的差异。蜘蛛丝中含量最高的 7 种氨基酸的总和约占其总量的 90%，它们分别为甘氨酸、丙氨酸、谷氨酸、脯氨酸、丝氨酸、亮氨酸和精氨酸。

二、蜘蛛丝的性能

（一）蜘蛛丝的力学性能

1. 断裂性能

蜘蛛丝的物理密度是 $1.34g/cm^3$，与蚕丝和羊毛接近。蜘蛛丝最吸引人的地方是其具有优异的力学性能，即高强度、高弹性、高柔韧性、高断裂能。大腹圆蜘蛛的牵引丝、框丝和外层包卵丝的断裂强度均比蚕丝丝素大，断裂伸长是丝素的 3~5 倍，断裂比功也比丝素大得多。蜘蛛丝的断裂强度虽然不及钢丝和用于制造防弹衣的高性能纤维凯夫拉（Kevlar），但是其断裂伸长是钢丝的 5~10 倍，是凯夫拉（Kevlar）的 10~20 倍，其断裂功比钢丝和凯夫拉（Kevlar）大得多。此外，纤维有较高的干湿模量，在干湿态下都具有高拉伸强度和高延伸度。

2. 剪切性能

蜘蛛丝很细，其横向压缩能力要比其他纤维差，纤维有很大的各向异性。蜘蛛丝有很强的扭转性能，其剪切强度比其他纤维（包括凯夫拉）要高得多，具有很高的扭转稳定性。

3. 弹性

蜘蛛丝具有良好的弹性，当伸长至断裂伸长率的 70% 时，弹性回复率仍可高达 80%~90%。

（二）蜘蛛丝的耐热性

蜘蛛丝有良好的耐高温、低温性能。据报道，蜘蛛丝在 200℃ 下表现出很好的热稳定性；在 300℃ 以上才变黄，并开始分解；在零下 40℃ 时仍有弹性，只有在更低的温度下才会变硬。在有高温、低温使用需求的场合下，蜘蛛丝纤维的优点非常显著。

（三）蜘蛛丝的化学性能

蜘蛛丝是一种蛋白质纤维，具有独特的溶解性，不溶于水、稀酸和稀碱，但溶于溴化锂、甲酸、浓硫酸等。对蛋白水解酶具有抵抗性，不能被其分解。遇高温加热时可以溶于乙醇。蜘蛛丝所显示的橙黄色遇碱加深，遇酸则褪色。它的微量化学性质与蚕丝相似。蜘蛛的腺液离开身体后马上形成固体，成为一种蛋白质丝，这种蛋白质丝不溶于水。蜘蛛丝可以生物降解和回收，不会对环境造成污染。

（四）蜘蛛丝的生产方法

蜘蛛的天然共存性很差，它们会自相残杀，同类相食。如果通过大量饲养繁殖蜘蛛的方法来获取蜘蛛丝是无法满足生产需要的。随着生物技术、遗传基因技术的发展，通过对蜘蛛丝蛋白和腺体分泌物的研究，科学家们成功地制造出了蜘蛛丝蛋白的合成基因，利用这种基因可生产出与天然蜘蛛丝蛋白相似的产品，这一研究成果，使得大规模生产人工合成蜘蛛丝成为可能。从分类学的角度出发，这种人工合成的蜘蛛丝应属于再生蛋白质纤维。目前，蜘蛛丝的生产方法有以下几种。

1. 牛、羊乳蜘蛛丝

利用生物技术、转基因技术使奶羊或奶牛与蜘蛛"联姻"，将蜘蛛的蛋白基因注入奶牛或奶羊，其产下的奶中就含有大量的柔软光滑的蜘蛛蛋白成分，可用来生产有"生物钢"之称的纤维。据报道，加拿大一家生物技术公司已经成功地利用基因移植技术，使山羊生产的奶中含有类似于蜘蛛丝蛋白的蛋白质。用这种蛋白质生产的纤维，其强度是芳纶的 3.5 倍。利用这种纤维，可织成强度很高的面料。我国于近两年开始研究人工合成蜘蛛丝。科学家们将蜘蛛丝蛋白基因注入小白鼠身上，成功地培养了一批带有蜘蛛丝蛋白基因的老鼠，并从这些转基因鼠的乳汁中提取了蜘蛛丝蛋白。不久将开始培育转基因奶牛，以达到大规模生产蜘蛛丝蛋白的目的。

2. 蚕吐蜘蛛丝

利用转基因技术，将蜘蛛丝的基因通过"电穿孔"的方法注入很小的蚕卵中，用蜘蛛丝基因取代蚕丝基因中的强度片段，从而在家蚕基因链中产生了部分蜘蛛丝基因。中科院上海生命科学研究院运用转基因方法，在国际上首次实现了绿色荧光蛋白与蜘蛛丝基因的融合，获得了荧光茧——一种高级的绿色环保材料。

3. 微生物合成蜘蛛丝

将蜘蛛丝蛋白的基因移植给微生物，当微生物繁殖时，可产生大量的类似于蜘蛛丝蛋白的蛋白质。科学家发现了一种细菌和一种酵母菌通过基因移植技术能够合成出类似于蜘蛛丝蛋白的蛋白质。

4. 转基因植物合成蜘蛛丝

虽然利用转基因动物或培育转基因细菌能生产出蜘蛛丝，但使用转基因植物生产丝蛋白的成本更低。将能生产蜘蛛丝蛋白的合成基因移植给植物，如谷物、花生、土豆和烟草等，通过大面积的种植，获取丝蛋白。德国科学家已从蜘蛛体内提取出蜘蛛丝蛋白基因，并将它植入多种植物的基因组。所培育出的转基因植物中，植株体内产生的丝蛋白含量超过了 2%。

（五）蜘蛛丝的开发应用

蜘蛛丝属于蛋白质纤维，具有许多其他纤维无法比拟的特性。所以，在很多领域都有广泛的开发应用价值。

1. 纺织制品

蜘蛛丝弹性好、柔软，穿着舒适，是很好的纺织纤维。利用基因技术将绿色荧光蛋白质与丝蛋白分子相融合生产出荧光丝，可与普通丝交织制成织物，如服装、围巾、帽子等，在紫色、蓝色灯光下会发出荧光图案，成为全球时装展示会上最时尚的纺织面料。

2. 军事及民用防护领域

由于蜘蛛丝具备强度高、弹性好、柔软、质轻、断裂功大等优良性能，可以加工成防弹背心和防弹衣，也可以用于制造坦克和飞机的装甲，以及军事建筑物的"防弹衣"等，还可以用于复合材料和结构改性等方面。此外，蜘蛛丝还可以加工成网具、轮胎、防护材料等。

3. 航天航空领域

蜘蛛丝的强度高，韧性大，有一定的热稳定性，可用于做降落伞布、降落伞索，这种降落伞重量轻、防缠绕、展开力强大、抗风性能佳，坚牢耐用。蜘蛛丝还可用于织造太空服等高强度面料。

4. 医学领域

蜘蛛丝的优越性还在于它是天然的蛋白质纤维，与人体有很好的相容性。目前尚未发现人体对蜘蛛丝所含的蛋白质有任何排异反应，因而可以通过转基因技术制成伤口封闭材料和生理组织工程材料，如人工关节、韧带、人类使用的假肢、人造肌腱、组织修复、神经外科及眼科等手术的超细伤口缝线等产品，具有韧性好、可降解等特性。

（1）人造皮肤。蜘蛛丝的通透性与天然皮肤非常接近，具有比较发达的伸展性，非常适合未来的人造皮肤的要求。

（2）人工肌腱。将磷酸等嵌入丝以后，丝纤维可以吸附到骨骼的晶体外层，而蜘蛛丝的高强度、良好的柔韧性以及可塑性，使其成为替代肌腱的理想材料。

（3）缝合线。蜘蛛丝用作缝合线可使手术更精细，修复更完整，术后通过一定的方法使其降解并被人体吸收，无须再进行一次痛苦的拆线。

（4）人体角膜。蜘蛛丝蛋白透明，可润湿，具有通透性，有可能利用它对人体角膜进行更换，以及利用其强弹性来调节眼睛，从而缓解或彻底解决近视对人类的困扰。

5. 建筑领域

可用作结构材料和复合材料，应用于桥梁、高层建筑和民用建筑等，起增强作用。可以代替混凝土中的钢筋，用于减轻建筑物自身的重量。

第三章　化学纤维

本章课件

第一节　概述

化学纤维是指以天然或合成的高分子化合物为原料，经过化学方法及物理加工制成的纤维。纤维的制造方法是人类从蚕吐丝过程中得到的启示，是以纤维成形为目的的加工。其制造过程主要可分为三部分。

一、纺丝融体或纺丝液的制备

化学纤维一般是高分子化合物，制造化学纤维必须有高分子原料。对再生纤维而言，高分子原料是从自然界中获取的，需对这些原料进行溶解和提取；对合成纤维而言，需通过聚合方法获取高分子原料。同时固态高聚物须变成液态才能进行纺丝。将固态高聚物转变成液态可采用溶液法或熔融法。分解温度高于熔点的高聚物，可直接将聚合物熔化成熔体或溶解在适当的溶剂中，制成纺丝液。分解温度低于熔点的高聚物，必须将聚合物溶解在适当的溶剂中，或先将聚合物制成可溶性中间体，再溶解成纺丝液。

二、化学纤维的纺丝成形

模仿蚕吐丝过程，将纺丝熔体或纺丝液通过喷丝孔挤出后凝固成丝条的过程称为纺丝。熔融纺丝法的纺丝液是熔体，纺出的丝在空气中固化。熔融纺丝加工干净、无污染、低成本，通常丝截面为圆形。涤纶、锦纶、丙纶等均采用此法。溶液纺丝法的纺丝液是溶解的高聚物溶液，纺出的丝的固化方式分为湿法与干法两种。湿法纺丝纺出的丝在溶液中固化。腈纶、维纶、氯纶、黏胶纤维多采用此方法。干法纺丝纺出的丝在空气中降温固化，干法纺丝溶剂的挥发，极易污染环境，且成本高，但丝的质量好。

三、化学纤维的一般后整理

纺丝成形得到的丝称为初生丝，初生丝强度低、伸长大、沸水收缩率大、往往不能直接用于纺织加工，因此初生丝还需经过一系列的后加工。其中主要的工序是牵伸和热定形。短纤一般需要经过以下工序：

牵伸→干燥定形→上油→卷曲→切断

长丝需要进行加捻和络筒。随着合成纤维生产技术的发展，纺丝和后加工技术已从间歇式的多道工序发展为连续式，不需进行后加工，便可直接用作纺织原料。化学纤维根据原料来源和处理方法的不同，可分为再生纤维和合成纤维两大类。

第二节　再生纤维

再生纤维是指以纤维素和蛋白质等天然高分子化合物为原料，经化学加工制成高分子浓溶液，再经纺丝和后处理而制得的纺织纤维。

一、再生纤维素纤维

再生纤维素纤维是以自然界中广泛存在的纤维素物质（如棉短绒、木材、竹、芦苇、麻秆芯、甘蔗渣等）提取纤维素制成的浆粕为原料，通过适当的化学处理和机械加工而制成的。该类纤维由于原料来源广泛，成本低廉，因此在纺织纤维中占有相当重要的位置。

1. 黏胶纤维

黏胶纤维是再生纤维中的一个主要品种，也是最早研制和生产的化学纤维。黏胶纤维于1891年在英国研制成功，1905年投入工业化生产。其原料来源广泛，成本低廉，地位重要。

（1）黏胶纤维的结构特征。黏胶纤维的主要组成物质是纤维素，其分子结构式与棉纤维相同，聚合度低于棉，一般为250~550。黏胶纤维的截面边缘为不规则的锯齿形，纵向平直有不连续的条纹，如图3-1所示。通过对其结构的研究发现，纤维的外层和内层在结晶度、取向度、晶粒大小及密度等方面具有差异，纤维的这种结构称为皮芯结构。

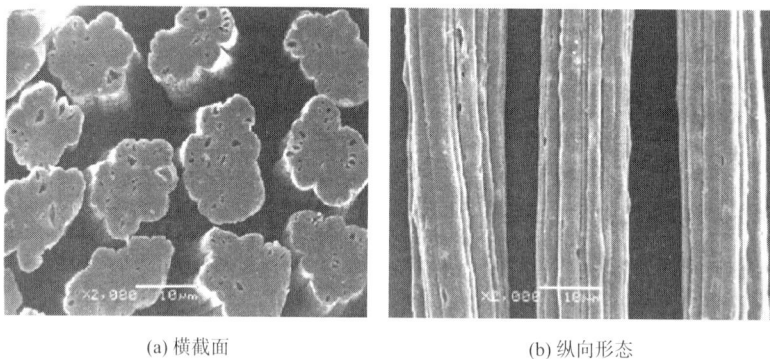

(a) 横截面　　　　　　　　　　　　　(b) 纵向形态

图3-1　黏胶纤维形态结构

（2）黏胶纤维的性能。

①吸湿性和染色性。黏胶纤维的吸湿性是传统化学纤维中最高的，标准大气条件下（温度为20℃，相对湿度为65%）的平衡回潮率为12%~15%，相对湿度95%时的回潮率约为30%。纤维在水中润湿后，截面积膨胀率可达50%以上，最高可达140%，所以一般的黏胶纤维织物沾

水后会发硬。普通黏胶纤维的染色性能良好，染色色谱全，色泽鲜艳，染色牢度较好。

②力学性质。普通黏胶纤维的断裂比强度较低，一般在 1.6~2.7cN/dtex，断裂伸长率为 16%~22%。润湿后的黏胶纤维比强度急剧下降，其湿干强度比为 40%~50%。在剧烈的洗涤条件下，黏胶纤维织物易受损伤。此外，普通黏胶纤维在小负荷下容易变形，且变形后不易恢复，即弹性差，织物容易起皱，耐磨性差，易起毛起球。

③热学性质。黏胶纤维虽与棉纤维同为纤维素纤维，但因为黏胶纤维的相对分子质量比棉纤维低得多，所以其耐热性较差，在加热到 150℃ 时强力降低比棉纤维慢，但在 180~200℃ 时，会产生热分解。

④其他性质。黏胶纤维耐碱不耐酸，且其密度为 1.50~1.52g/cm³。

（3）黏胶纤维的种类和用途。普通黏胶纤维有长丝和短纤维之分，黏胶短纤维有棉型、毛型和中长型，可与棉、毛等天然纤维混纺，也可与涤纶、腈纶等合成纤维混纺，用于织制各种服装面料和家庭装饰织物及产业用纺织品。其特点是成本低，吸湿性好，抗静电性能优良。长丝可以纯织，也可与蚕丝、棉纱、合成纤维长丝等交织，用于制作服装面料、床上用品及装饰品等。

高湿模量黏胶纤维（富强纤维、莫代尔）通过改变普通黏胶纤维的纺丝工艺条件而开发的，其横截面近似圆形，结构近乎全芯层，强度高于普通黏胶纤维，湿态强度明显提高。

强力黏胶丝结构为全皮层，是一种高强度、耐疲劳性能良好的黏胶纤维，强度可达棉的两倍以上，可做汽车轮胎帘子布，也可以制作运输带、胶管、帆布等。

2. Lyocell 纤维

Lyocell 纤维中国译名天丝，商品名称为 Tencel 纤维，是以欧洲的针叶树为主的木浆为原料，加水和高浓度的溶剂 NMMO 叔胺氧化物混合，加热至完全溶解，经除杂而直接纺丝。Lyocell 纤维能完全降解，对环境无污染；另外，生产中所使用的叔胺氧化物溶剂对人体完全无害，几乎完全能回收，可反复使用，生产中原料浆粕所含的纤维素分子不起化学变化，无副产物，几乎无废弃物排出，是环保或绿色纤维。

Lyocell 纤维

（1）Lyocell 纤维的结构特征。Lyocell 纤维的横截面呈圆形，无皮芯结构，纵截面光滑，类似涤纶，如图 3-2 所示。聚合度比普通黏胶纤维高，随着聚合度的提高，纤维的强度增加，伸长率下降，尺寸稳定性增加，可洗性能改善。纤维的结晶度高于黏胶纤维，表明它分子内部结构紧密，无定型区小，纤维吸湿能力有所下降，纤维的强度、初始模量增加，抗皱和耐磨性都有增加。纤维大分子的取向度高于黏胶纤维，说明 Lyocell 纤维同向性好，纤维的弹性和弹性回复性好，即保型性好。

（2）Lyocell 纤维的性能。

①吸湿性和染色性。Lyocell 纤维吸湿性强，标准回潮率达 11%，略低于黏胶纤维，染色性能好而持久。

②力学性能。Lyocell 纤维的强力与合成纤维相近，干强约为 4.2cN/dtex，接近涤纶，湿

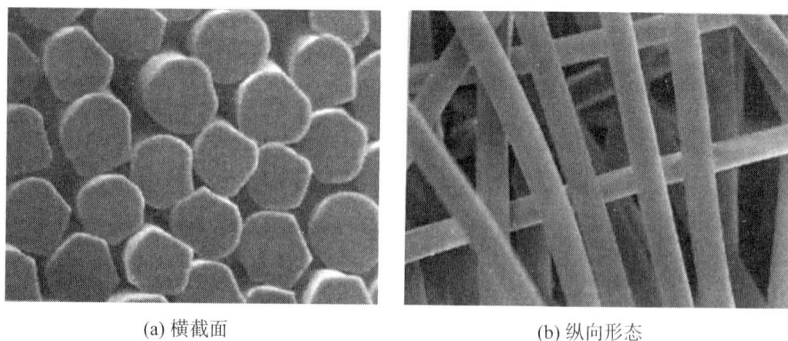

(a) 横截面　　　　　　　　　　(b) 纵向形态

图 3-2　Lyocell 纤维形态结构

强仅下降约 15%。尺寸稳定性好，织物缩水率低。

③其他性能。Lyocell 纤维在湿状态下，受机械力作用，纤维表面被拉出细小原纤，能改变织物性能，若通过酶处理，去掉较长原纤，可得到桃皮绒效果。

（3）Lyocell 纤维的应用。Lyocell 纤维由于具有棉的吸湿性能，丝的手感和光泽、化纤的强力、毛的挺爽等优良性能，可用来开发高附加值的机织和针织产品。

3. 铜氨纤维

铜氨纤维

铜氨纤维是由日本东洋纺公司开发的再生纤维素纤维。因在制造过程中以氨及氢氧化铜进行纤维素溶解再生处理而得名。它是将松散的棉短绒等天然纤维素溶解在氢氧化铜或碱性铜盐的浓氨溶液中，配成纺丝溶液；经过过滤和脱泡后，在水或稀碱溶液的纺丝浴中凝固成形，再在含 2%~3% 硫酸溶液的凝固液中使铜氨纤维素分子化合物发生分解而形成再生纤维素。生成的水合纤维素纤维经水洗涤，再用稀酸液处理除去铜的残迹，此后再经洗涤、上油并干燥。

（1）铜氨纤维的结构特征。由于铜氨纤维纺丝液的可塑性很好，可承受高度拉伸，因此可制成很细的纤维，其单纤维线密度为 0.44~1.44dtex。铜氨纤维的横截面是结构均匀的圆形无皮芯结构，纵向表面光滑。

（2）铜氨纤维的性能。

①吸湿性和染色性。在标准状态下，铜氨纤维的回潮率为 12%~13.5%，吸湿性比棉纤维好，与黏胶纤维相近，但吸水量比黏胶纤维高 20% 左右，吸水膨胀率也较高。铜氨纤维的无皮层结构使其对染料的亲和力较大，上色较快，上染率较高。

②力学性能。铜氨纤维的断裂比强度较黏胶纤维稍高，干态断裂比强度为 2.6~3.0cN/dtex，湿干强度比为 65%~70%。这主要是因为铜氨纤维的聚合度较高，而且铜氨纤维经过高度拉伸，大分子的取向度较好。此外，铜氨纤维的耐磨性和耐疲劳性也比黏胶纤维好。

③光泽和手感。铜氨纤维的单纤维很细，制成的织物手感柔软光滑。并且由于其单纤维的线密度小，同样线密度的长丝纱中可有更多根单纤维，使成纱散射增加，光泽柔和，具有

蚕丝织物的风格。

④其他性能。铜氨纤维的密度与棉纤维及黏胶纤维接近或相同，为 $1.52g/cm^3$。铜氨纤维的耐酸性与黏胶纤维相似，能被热稀酸和冷浓酸溶解；遇强碱会发生膨化并使纤维的强度降低，直至溶解。铜氨纤维一般不溶于有机溶剂，但溶于铜氨溶液。

（3）铜氨纤维的应用。铜氨纤维一般制成长丝，用于制作轻薄面料和仿丝绸产品，如内衣、裙装、睡衣等。铜氨纤维面料也是高档服装里料的重要品种之一，铜氨纤维与涤纶交织面料、铜氨纤维与黏胶纤维交织面料是高档西装的常用里料。铜氨纤维里料特点为滑爽、悬垂性好。

二、再生蛋白质纤维

再生蛋白质纤维是指以酪素、大豆、花生、牛奶、胶原等天然蛋白质为原料经纺丝形成的纤维。为了克服天然蛋白质本身性能上的弱点，通常将其他高聚物接枝或共混纺成复合纤维。

1. 大豆蛋白复合纤维

大豆蛋白复合纤维是由大豆中提取的蛋白质（球状结晶体）混合一定的高聚物（如聚乙烯醇）配成纺丝液，用湿法纺制而成。

（1）大豆蛋白复合纤维的结构特征。大豆蛋白复合纤维横截面呈扁平状哑铃形、腰圆形或不规则三角形，纵向表面呈不明显的凹凸沟槽，纤维具有一定的卷曲。大豆蛋白复合纤维短纤维常规线密度为 1.67 ~ 2.78dtex，切断长度通常为 38~41nm。

大豆蛋白复合
纤维

（2）大豆蛋白复合纤维的性能。

①力学性能。大豆蛋白复合纤维的干态断裂比强度接近于涤纶，断裂伸长与蚕丝和黏胶纤维接近。大豆蛋白复合纤维吸湿后，强力下降明显与黏胶纤维类似。因此，在纺纱过程中应适当控制其含湿量，保证纺纱过程的顺利进行。

②卷曲性能。大豆蛋白复合纤维的初始模量较小，弹性回复率较低，卷曲弹性回复率也低，在纺织加工中有一定困难。

③吸湿透气性。大豆蛋白复合纤维的标准回潮率约为4%，放湿速率较棉和羊毛快，这是影响织物湿热舒适性的关键因素。大豆蛋白纤维的热阻较大，保暖性能优于棉和黏胶纤维，具有良好的热湿舒适性。

④导电性能。大豆蛋白复合纤维的电阻率接近于蚕丝，明显小于合成纤维，在抗静电剂适当时，静电不显著，对生产无明显影响。

⑤摩擦性能。由于大豆蛋白复合纤维的摩擦因数相对其他纤维低，且动、静摩擦因数差异小，从而使纺出的纱条抱合力差，松散易断，所以在纺纱过程中可加入一定量的油剂，以确保成网、成条和成纱质量。因其摩擦系数低，皮肤接触滑爽、柔韧，亲肤性良好，但易起球。

⑥溶解性。大豆蛋白复合纤维中，蛋白质在接枝不良时，洗涤中会溶解逸失，因此，在

染整加工中增加固着技术，防止蛋白质逸失。

⑦染色性能。大豆蛋白复合纤维本色为淡黄色。它可用酸性染料、活性染料染色。尤其是采用活性染料染色时，其产品色彩鲜艳而有光泽。同时其耐日晒、耐汗渍色牢度较好。

（3）大豆蛋白复合纤维的应用。一般用于与其他纤维混纺、交织，并采用集聚纺纱以减少起球性，多用于内衣、T恤及其他针织产品等。

2. 酪素复合纤维

酪素复合纤维俗称牛奶蛋白复合纤维，100kg牛奶只能提取4kg蛋白质，所以其制造成本高。通常采取与其他高聚物接枝或混合，复合形成纤维。将液态牛奶去水、脱脂，利用接枝共聚技术将蛋白质分子与丙烯腈分子制成含牛奶蛋白的浆液，再经湿纺丝工艺制成复合纤维。

（1）酪素复合纤维的结构特征。纤维横截面呈腰圆形或近似哑铃形，纵向有沟槽。

（2）酪素复合纤维的性能。

①物理性能。牛奶蛋白复合纤维初始模量较高，断裂比强度较高，抵抗变形能力较强；质量比电阻高于羊毛，低于蚕丝；具有一定的卷曲、摩擦力和抱合力；具有良好的吸湿性及透气性。另外，牛奶蛋白复合纤维腰圆形或哑铃形的横截面和纵向的沟槽也有利于吸湿导湿性和透气性的增加。

②化学性能。牛奶蛋白复合纤维具有较低的耐碱性和耐酸性；纤维具有较好的耐光性，经紫外线照射后，强力下降不明显；由于其化学和物理结构不同于羊毛、蚕丝等蛋白质纤维，适用的染色剂种类较多，上染率高且速度快，染色均匀，色牢度较好。

③生物性能。牛奶蛋白复合纤维具有天然抗菌功效，不会对皮肤造成过敏反应，对皮肤具有一定的亲和性，所制成的纺织品、服装舒适性良好。

④纺纱性能。牛奶蛋白复合纤维表面光滑柔软，在纺纱过程中的抱合力差，容易黏附机件，表现为清棉成卷困难、各工序纤维断裂严重和粗纱断头率高。在纺纱过程中为满足成纱的需要，必须采取添加抗静电剂等措施进行预处理，以提高其抗静电能力。

（3）酪素复合纤维的应用。牛奶蛋白复合纤维制成的面料光泽柔和、质地轻柔，手感柔软丰满，具有良好的悬垂性，给人高雅、潇洒、飘逸之感，以制作多种高档服装（衬衫、T恤、连衣裙、套裙等）面料及床上用品。

3. 蚕蛹蛋白复合纤维

蚕蛹蛋白复合纤维是将经过选择的新鲜蚕蛹经烘干、脱脂、浸泡，在碱溶液中溶解后，进行过滤，用分子筛控制相对分子质量，再经脱色、水洗、脱水、烘干制得蚕蛹蛋白，将蚕蛹蛋白溶解成蚕蛹蛋白溶液，加化学修饰剂修饰后，与高聚物共混或接枝后纺丝。

（1）蚕蛹蛋白复合纤维的组成及结构特征。蚕蛹蛋白复合纤维是由18种氨基酸组成的蛋白质与其他高聚物复合生产的纤维。这些氨基酸大多是生物营养物质，与人体皮肤的成分极为相似，其中丝氨酸、苏氨酸、亮氨酸等具有促进细胞新陈代谢，加速伤口愈合，防止皮肤衰老的功能。内氨酸可阻挡阳光辐射，对于防止皮肤瘙痒等皮肤病均有明显的作用。蚕蛹蛋白黏胶共混纤维由纤维素和蛋白质构成，具有两种聚合物的特性，该纤维有金黄色和浅黄色两种，从纤维切片染色后的照片显示是皮芯结构。

（2）蚕蛹蛋白复合纤维的性能。

①物理性能。蚕蛹蛋白黏胶共混长丝纤维的常用线密度为133dtex/48f，干态断裂比强度为1.32cN/dtex，干态断裂伸长率为17%，回潮率为15%。蚕蛹蛋白丙烯腈接枝共聚纤维的干态断裂比强度为1.41cN/dtex，断裂伸长率为10%~30%。蚕蛹蛋白丙烯腈接枝共聚纤维具有蛋白纤维吸湿性、抗静电性等特点，同时具有聚丙烯腈手感柔软、保暖性好的优良特性。

②化学性能。蚕蛹蛋白黏胶共混纤维为皮芯层结构，纤维素在纤维的中间，蛋白质在纤维的外层。因此，很多情况下纤维表现蛋白质的性质。蚕蛹蛋白丙烯腈接枝共聚纤维同时含有聚丙烯腈和蚕蛹蛋白分子，同时表现出两种纤维的化学性能。

③生物性能。由于蛋白质在蚕蛹蛋白黏胶共混纤维的外层，所以蚕蛹蛋白黏胶共混纤维长丝织成的织物与人体直接接触时，其对皮肤具有良好的相容性、保健性和舒适性。

（3）蚕蛹蛋白复合纤维的应用。蚕蛹蛋白黏胶长丝兼具真丝和黏胶纤维的优良特性，在一定程度上优于真丝，织物既可以达到高度仿真的程度，又在很多方面比真丝绸更有优势。此外还可以与真丝、棉纤维交织开发高档服用面料。目前产品设计开发以高档衬衫、春夏季服装面料及家纺面料为主。

三、甲壳质和壳聚糖纤维

甲壳质是指由虾、蟹、昆虫的外壳及从菌类、藻类细胞壁中提炼出来的天然高聚物，壳聚糖是甲壳质经浓碱处理后脱去乙酰基后的化学产物。由甲壳质和壳聚糖溶液再生改制形成的纤维分别被称为甲壳质纤维和壳聚糖纤维。甲壳质纤维和壳聚糖纤维主要采用湿法纺丝。首先将制备的甲壳质或壳聚糖粉末溶解在合适的溶剂中成为纺丝液，然后经过滤脱泡，再用压力将纺丝原液从喷丝板喷出进入凝固浴中，可经历多次凝固成为固态纤维，再经拉伸、洗涤、干燥后成为甲壳质纤维或壳聚糖纤维。

1. 甲壳质和壳聚糖纤维的性能

（1）生物性能。生物医药性能是甲壳质与壳聚糖的优势性能，所以将它们再生纺制成纤维后，仍是该纤维的一种应用优势。由于它和人体组织具有很好的相容性，可以被人体的溶解酶溶解并被人体吸收，甲壳质和壳聚糖纤维还具有消炎、止血、镇痛、抑菌和促进伤口愈合的作用。

（2）化学性能。在一定条件下，甲壳质与壳聚糖都能发生水解、烷基化、酰基化、羧甲基化、碘化、硝化、卤化、氧化、还原、缩合等化学反应，从而生成各种具有不同性能的甲壳质或壳聚糖的衍生物。

（3）溶解性能。由于甲壳质大分子内具有稳定的环状结构，并在大分子之间存在较强的氢键，因而甲壳质纤维溶解性能较差，它不溶于水、稀酸、稀碱和一般的有机溶剂，但能在浓硫酸、盐酸、硝酸和高浓度（85%）的磷酸等强酸中溶解，并在溶解的同时发生剧烈的降解，使相对分子质量明显下降。

（4）其他性能。甲壳质纤维具有良好的吸湿性，染色性能优良，可采用直接染料、活性染料及硫化染料等多种染料进行染色，而且色泽鲜艳。但甲壳质和壳聚糖纤维的强度均低于一般的纺织纤维，因此其在纺纱和织造时均有一定的困难，进一步提高甲壳质和壳聚糖纤维的力学性能将是今后需要解决的一个重要课题。

2. 甲壳质和壳聚糖纤维的应用

甲壳质纤维和壳聚糖纤维是优异的生物工程材料，可以制成无毒性、无刺激的安全生物材料。可以用作医用材料，用于创可贴及制作手术缝线，在直径为 0.21mm 时的断裂强力可达 900cN 以上，打结断裂强力也大于 450cN，缝在人体内后，10 天左右即可被降解并由人体排出，还可用其制成各种抑菌防臭纺织品，具有一定的保健作用。用甲壳质纤维与超级淀粉吸水剂结合制成的妇女卫生巾、婴儿尿不湿等具有卫生和舒适的特点。甲壳质纤维还可为功能性保健内衣、裤袜、服装及床上用品、医用非织造材料提供新型材料。

第三节　合成纤维

合成纤维是由低分子物质经化学合成的高分子聚合物，再经纺丝加工而成的纤维。合成纤维的生产有三大工序：合成聚合物制备、纺丝成型、后处理。

一、合成纤维的分类

合成纤维可从不同的方面来进行分类。按合成纤维的纵向形态特征，可分为长丝和短纤维两大类；按化学纤维的截面形态和结构，可分成异形纤维和复合纤维。按化学纤维的加工及性能特点，可分为普通合成纤维、差别化纤维及功能性纤维。

（一）按形态结构分类

化学纤维加工得到的连续丝条，不经过切断工序的称为长丝。长丝可分为单丝、复丝，单丝中只有一根纤维，复丝中包括多根单丝。单丝用于加工细薄织物或针织物，如透明袜、面纱巾等。一般用于织造的长丝，大多为复丝。

化纤在纺丝后加工中可以切断成各种长度规格的短纤维，长度基本相等的称为等长纤维，长度形成一个分布的称为不等长纤维。短纤维按长度区分为棉型（33mm、35mm、38mm、41mm）、中长型（45mm、51mm、60mm、65mm）、毛型（76～150mm），一部分毛型化纤采用牵切法加工成不等长纤维，使加工得到的产品更具有毛型的风格。

（二）按化学组成分类

按其分子结构，可分为碳链合成纤维，如聚酯纤维（PET，涤纶）、聚酰胺纤维（PA，锦纶）、聚丙烯腈纤维（PAN，腈纶）、聚乙烯醇缩甲醛纤维（PVA，维纶）、聚丙烯纤维（PP，丙纶）、聚氯乙烯纤维（PVC，氯纶）、聚氨酯纤维（PU，氨纶）等。

（三）按性能差别分类

按照合成纤维性能特点及加工差别可分为差别化纤维、功能性纤维和高性能纤维。差别化纤维是经过化学或物理变化从而不同于常规纤维的化学纤维，通常包括异形纤维、复合纤维、超细纤维等；功能性纤维是指在某一或某些性能上表现突出的纤维，如导电纤维、光导纤维、离子交换纤维、调温保温纤维、防辐射纤维等；高性能纤维是用特殊工艺加工的、具有特殊或特别优异性能的纤维，如高模量纤维、耐高温纤维等。

二、普通合成纤维

普通合成纤维的命名以化学组成为主，国内以"纶"的命名，属简称，主要是指传统的六大纶，即涤纶、锦纶、腈纶、丙纶、维纶、氯纶和其他合成纤维（如乙纶、芳纶等）。其中前四种纤维逐渐发展成为大宗类纤维，以产量排序为涤纶>丙纶>锦纶>腈纶，它们主要作为服用纺织原料。

（一）涤纶

涤纶是聚酯纤维的商品名，学名为聚对苯二甲酸乙二酯纤维，由熔体纺丝法制得。可分为长丝和短纤。长丝又可分为普通长丝（包括帘子线）和变形丝；短纤又可分为棉型、毛型和中长型等。涤纶产量居所有化学纤维之首。

1. 涤纶的形态结构

采用熔体纺丝制成的聚酯纤维，其形态结构如图 3-3 所示，具有圆形实心的横截面，纵向均匀而无条痕。聚酯纤维大分子的聚集态结构与生产过程的拉伸及热处理有密切关系，采用一般纺丝速度纺制的初生纤维几乎完全是无定形的，密度为 $1.335 \sim 1.337 \mathrm{g/cm^3}$，而经过拉伸及热处理后，就具有一定的结晶度和取向度。结晶度和取向度与生产条件及测试方法有关，涤纶的结晶度可达 $40\% \sim 60\%$，取向度高的双折射可达 0.188，密度为 $1.38 \mathrm{g/cm^3}$。

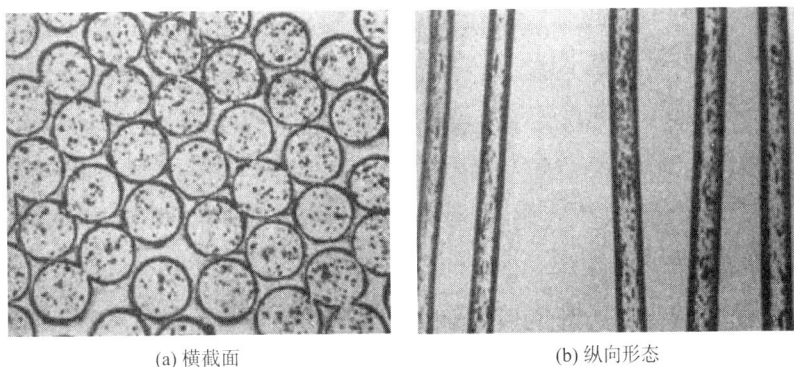

(a) 横截面　　(b) 纵向形态

图 3-3　涤纶形态结构

2. 涤纶的性能特点

（1）吸湿性。涤纶除了大分子两端各有一个羟基（—OH）外，分子中不含有其他亲水性基团，而且其结晶度高，分子链排列很紧密，因此吸湿性差，在标准状态下回潮率只有0.4%，即使在相对湿度为100%的条件下吸湿率也仅为0.6%～0.97%。由于涤纶的吸湿性低，在水中的溶胀度小，湿、干比强度和湿、干断裂伸长率比值皆近于1.0，导电性差，容易产生静电现象，并且染色困难。高密涤纶织物穿着时感觉气闷，但具有易洗快干的特性。

（2）热性能。涤纶具有良好的热塑性能，在不同的温度下产生不同的变形，具有比较清楚的四种热力学形态。在脆折转变温度以下时，分子、链段、链节、侧基均被冻结，属脆折态，呈现高模量和脆性。在脆折转变温度至玻璃化转变温度之间时，分子侧基、链节可能转动，属玻璃态，变形能力很低。在玻璃化温度以上、软化点以下时，非晶区内某些链段活动，纤维柔韧，属高弹态。温度到涤纶的软化点（230～240℃）时，非晶区的分子链运动加剧，分子间的相互作用力被拆开，类似黏流态，但结晶区内的链段仍未被拆开，纤维只软化而不熔融，但此时已丧失了纤维的使用价值，所以在加工中不允许超越此温度。温度升至255～265℃时，结晶区内分子链开始运动，纤维熔融，此温度即涤纶的熔程。

涤纶在无张力的情况下，纱线在沸水中的收缩率达7%，在100℃的热空气中纤维收缩率为4%～7%，200℃时可达16%～18%。这种现象是由涤纶纺丝时拉伸条件下应力残留的影响和结晶状况所造成的。如将未拉伸、未定形的纤维预先在高于其结晶温度、有张力的条件下处理，然后在无张力的条件下热处理，纤维就不会有显著的收缩。经过高温定形处理后，涤纶的尺寸稳定性提高。

在主要几种合成纤维中，涤纶的热稳定性最好。在温度低于150℃时处理，涤纶的色泽不变；在150℃下受热168h后，涤纶比强度损失不超过3%；在150℃下加热1000h，仍能保持原来比强度的50%。

（3）力学性能。涤纶大分子属线性分子链，侧面没有连接大的基团和支链，因此涤纶大分子相互间结合紧密，使纤维具有较高的比强度和形状稳定性。

①断裂比强度和断裂伸长率。涤纶的断裂比强度和拉伸性能与其生产工艺条件有关，取决于纺丝过程中的拉伸程度。按实际需要可制成高模量型（比强度高、伸长率低）、低模量型（比强度低、伸长率高）和中模量型（介于两者之间）的纤维。涤纶具有较高的强度和伸长率，由于其吸湿性低，所以干、湿比强度基本相等，干、湿断裂伸长率也接近。涤纶长丝的断裂比强度为3.8～5.2cN/dtex，断裂伸长率为20%～32%，初始模量为79.4～141.1cN/dtex。

②弹性和耐磨性。涤纶的弹性相比其他合成纤维较高，与羊毛接近，这是由于在涤纶的线型分子链中分散着苯环。苯环是平面结构，不易旋转，当受到外力后虽然产生变形，但一旦外力消失，纤维变形迅速回复。

涤纶的耐磨性仅次于锦纶，比其他合成纤维高出几倍。耐磨性是比强度、断裂伸长率和弹性之间的综合效果。由于涤纶的弹性极佳，比强度和伸长率又好，故耐磨性能也好，而且干态和湿态下的耐磨性大致相同。涤纶与天然纤维或黏胶纤维混纺，可显著提高织物的耐磨性。

③洗可穿性。涤纶织物的最大特点是优异的抗皱性和保形性，制成的衣服挺括不皱，外

形美观，经久耐用。这是因为涤纶的比强度高、弹性模量高、刚性大、受力不易变形以及其弹性回复率高，变形后容易回复，再加上吸湿性低，所以涤纶服饰穿着挺括、平整、形状稳定性好，能达到易洗、快干、免烫的效果。

（4）化学稳定性。在涤纶分子链中，苯环和亚甲基均较稳定，结构中存在的酯基是唯一能起化学反应的基团，另外纤维的物理结构紧密，化学稳定性较高。

①对酸和碱的稳定性。涤纶大分子中存在酯键，可被水解，从而引起相对分子质量的降低。酸碱对酯键的水解具有催化作用，以碱更为剧烈，涤纶对碱的稳定性比对酸的差。涤纶的耐酸性较好，无论是对无机酸或是有机酸都有良好的稳定性。涤纶在60℃以下，用70%硫酸处理72h，其强度基本上没有变化；处理温度提高后，纤维强度迅速降低，利用这一特点用酸侵蚀涤/棉包芯纱织物可制成烂花产品。

②对氧化剂和还原剂的稳定性。涤纶对氧化剂和还原剂的稳定性很高，即使在浓度、温度、时间等条件均较高时，纤维强度的损伤也不十分明显。因此在染整加工中，常用的漂白剂有次氯酸钠、亚氯酸钠、过氧化氢等，常用的还原剂有保险粉、二氧化硫脲等。

③耐溶剂性。常用的有机溶剂如丙酮、苯、三氯甲烷、苯酚—氯仿、苯酚—氯苯、苯酚—甲苯，在室温下能使涤纶溶胀，在70~110℃下能使涤纶很快溶解。涤纶还能在2%的苯酚、苯甲酸或水杨酸的水溶液、0.5%氯苯的水分散液、四氢萘及苯甲酸甲酯等溶剂中溶胀，所以酚类化合物常用作涤纶染色的载体。

（5）染色性能。涤纶染色比较困难，原因除涤纶缺乏亲水性、在水中膨化程度低以外，还可以从两方面加以说明。首先，涤纶分子中缺少像纤维素或蛋白质那样能和染料发生结合的活性基团，因此原来能用于纤维素或蛋白质纤维染色的染料，不能用来染涤纶，但可以采用醋酸纤维染色的分散染料。其次，即使采用分散染料染色，除某些相对分子质量较小的染料外，也还存在着另外一些困难，主要是由于涤纶分子排列得比较紧密，纤维中只存在较小的空隙。当温度低时，分子热运动改变其位置的幅度较小，并且在潮湿的条件下，涤纶又不会像棉纤维那样通过剧烈溶胀而使空隙增大，因此染料分子很难渗透到纤维内部去，所以必须采取一些有效的方法，如载体染色法、高温高压染色法和热熔染色法等。目前还开展了涤纶分散染料超临界 CO_2 染色研究。

（6）起毛起球现象。涤纶的最大缺点之一是织物表面容易起毛起球。这是因为其纤维截面呈圆形，表面光滑，纤维之间抱合力差，纤维末端容易浮出织物表面形成绒毛，经摩擦后，纤维纠缠在一起结成小球，并且由于纤维强度高、弹性好，小球难于脱落，因而涤纶织物起球现象比较显著。

（7）静电现象。涤纶由于吸湿性低，表面具有较高的电阻率，当它与别的物体相互摩擦又立即分开时，涤纶表面易积聚大量电荷而不易逸散，产生静电，这不仅给纺织染整加工带来困难，而且使穿着者有不舒服的感觉。

（8）其他性能。

①燃烧性。涤纶与火焰接触时，伴随着纤维发生卷缩并熔融成珠状滴落。燃烧时会产生

黑烟且具有芳香味，燃烧后灰烬为黑色硬颗粒状。

②微生物的作用。涤纶不受虫蛀和霉菌的作用，这些微生物只能侵蚀纤维表面的油剂和浆料，对涤纶本身无影响。

③耐光性。涤纶的耐光性好，仅次于腈纶和醋酯纤维，优于其他纤维。涤纶对波长为300~330nm范围的紫外光较为敏感，如果在纺丝时加入消光剂二氧化钛等，可导致纤维的耐光性降低；而在纺丝或缩聚时加入少量水杨酸苯甲酯或2，5-羟基对苯二甲酸乙二酯等耐光剂，可使其耐光性显著提高。

3. 涤纶的应用

涤纶短纤可与棉、毛、丝、麻或其他化纤混纺，用于衣着、装饰等。长丝，特别是变形丝用于针织、机织制成各种仿真型内外衣。长丝也因其良好的物理化学性能，广泛用于轮胎帘子线、工业绳索、传动带、滤布、绝缘材料、船帆、帐篷等工业制品。

（二）锦纶

锦纶是聚酰胺纤维（polyamide fiber，PA）的商品名，是指其分子主链由酰胺键（—CO—NH—）连接的一类合成纤维。锦纶是世界上最早实现工业化生产的合成纤维，也是化学纤维的主要品种之一。

1. 锦纶的形态结构

（1）分子结构。聚酰胺的分子是由许多重复结构单元（链节）通过酰胺键连接起来的线型长链分子，在晶体中为完全伸展的平面曲折形结构。

（2）形态结构和聚集态结构。锦纶是由熔体纺丝制成的，在显微镜下观察其截面近似圆形，纵向无特殊结构，在电子显微镜下可以观察到丝状的原纤组织，锦纶66的原纤宽度为10~15mm。

锦纶的聚集态结构是折叠链和伸直链晶体共存的体系。聚酰胺分子链间相邻酰胺基可以定向形成氢键，这导致聚酰胺倾向于形成结晶。纺丝冷却成形时由于内外温度不一致，一般纤维的皮层取向度较高、结晶度较低，而芯层则结晶度较高、取向度较低。锦纶的结晶度为50%~60%，甚至高达70%。

2. 锦纶的主要性能

锦纶大分子中的酰胺键与丝素大分子中的肽键结构相同，但聚酰胺分子链上除了氢、氧原子外，并无其他侧基，因此分子间结合紧密，纤维的化学稳定性、力学强度、形状稳定性等都比蚕丝高得多。

（1）密度。聚己内酰胺的密度随着内部结构和制造条件的不同而有差异，通常聚己内酰胺是部分结晶的，测得的密度为 $1.12 \sim 1.14 g/cm^3$；聚己二酰己二胺也是部分结晶的，其密度为 $1.13 \sim 1.16 g/cm^3$。

（2）热性能。

①热转变点。聚酰胺是部分结晶高聚物，具有较窄的熔融转变温度范围。锦纶6和锦纶66的分子结构十分相似，化学组成可以认为完全相同，但锦纶66的熔点比锦纶6高40℃。

通常测得聚己内酰胺的熔点为 215~220℃，软化点为 160~180℃，玻璃化转变温度为 47~50℃，聚己二酰己二胺的熔点为 250~265℃，软化点为 235℃，玻璃化转变温度为 47~50℃。

②耐热性。锦纶的耐热性较差，在 150℃ 下受热 5h，断裂比强度和断裂伸长率会明显下降，收缩率增加。锦纶 66 和锦纶 6 的安全使用温度分别为 130℃ 和 93℃。在高温条件下，锦纶会发生各种氧化和裂解反应，主要是—C—N—键断裂形成双键和氰基。

（3）力学性能。锦纶的初始模量接近羊毛，比涤纶低得多，其手感柔软，但易变形。在同样条件下，锦纶 66 的初始模量略高于锦纶 6。

锦纶短纤维的断裂比强度为 3.35~4.85cN/dtex；一般纺织用锦纶长丝的断裂比强度为 3.53~5.29cN/dtex，比蚕丝高 1~2 倍，比黏胶纤维高 2~3 倍；特殊用途的高强力丝比强度可达 6.17~8.38cN/dtex，甚至更高，这种强力丝适合制造载重汽车和飞机轮胎的帘子线及降落伞、缆绳等。湿态时，锦纶的断裂比强度稍有降低，为干态的 85%~90%。

锦纶的断裂伸长率比较高，其大小随品种而异，普通长丝为 25%~40%，高强力丝为 20%~30%，湿态断裂伸长率较干态高 3%~5%。

在所有普通纤维中，锦纶的回弹性最高。当伸长 3% 时，锦纶 6 的回弹率为 100%；当伸长 10% 时，回弹率为 90%。而涤纶为 67%，黏胶长丝为 32%。

由于锦纶的强度高、弹性回复率高，所以锦纶是所有纤维中耐磨性最好的纤维，它的耐磨性比蚕丝和棉纤维高 10 倍，比羊毛高 20 倍，因此最适合做袜子，与其他纤维混纺，可提高织物的耐磨性。

（4）耐光性。锦纶的耐光性较差，但优于蚕丝，在长时间日光或紫外光照射下，会引起大分子链断裂，强度下降，颜色发黄。实验表明，经日光照射 16 周后，有光锦纶、无光锦纶、棉纤维和蚕丝的强度分别降低 23%、50%、18% 和 82%。

（5）吸湿与染色性能。锦纶除大分子首尾的一个氨基和一个羧基是亲水性基团外，链中的酰胺基也具有一定的亲水性，因此它具有中等的吸湿性（标准大气条件下回潮率为 4.5% 左右）。锦纶膨胀的各向异性很小，几乎是各向同性的，关于这个问题，多数认为是皮层结构限制了截面方向的溶胀。

锦纶大分子两端含有氨基和羧基，因此可以用酸性染料染色，也可以用阳离子染料（碱性染料）染色，还可以用分散染料染色。

（6）化学性质。与碳链纤维相比，锦纶 6 含酰胺键，因此容易发生水解，在温度为 100℃ 以下时，水解作用不明显；但温度超过 100℃ 时，则水解反应逐渐剧烈。

酸是水解反应的催化剂，因此锦纶对酸是不稳定的，对浓的强有机酸特别敏感。在常温下，浓硝酸、盐酸、硫酸都能使锦纶迅速水解，如在 10% 的硝酸中浸渍 24h，锦纶强度将下降 30%。

锦纶对碱的稳定性较高，在温度为 100℃、浓度为 10% 的苛性钠溶液中浸渍 100h，纤维强度下降不多，对其他碱及氨水的作用也很稳定。

锦纶对氧化剂的稳定性较差。在通常使用的漂白剂中，次氯酸钠对锦纶的损伤最严重，氯能取代酰胺键上的氢，进而使纤维水解。过氧化氢也能使聚酰胺大分子降解。因此，锦纶不适于用次氯酸钠和过氧化氢漂白，而亚氯酸钠、过氧乙酸能使锦纶获得良好的漂白效果。

3. 锦纶的应用

由于锦纶具有良好的力学性能及染色性能，因此其应用非常广泛，在衣料服装、产业和装饰地毯等三大领域均有很好的应用。在服用方面，它主要用于制作袜子、内衣、衬衣、运动衫等，并可和棉、毛、黏胶纤维等混纺，使混纺织物具有很好的耐磨损性，还可制作寝具、室外饰物及家具用布等。在产业用方面，它主要用于制作轮胎帘子线、传送带、运输带、渔网、绳缆等，涉及交通运输、渔业、军工等许多领域。

（三）腈纶

腈纶主要由聚丙烯腈组成，它是用85%以上的丙烯腈和不超过15%的第二、第三单体共聚而成，经湿法或干法纺丝制成短纤或长丝。

1. 腈纶的形态结构

腈纶采用湿法纺丝，因此纤维的截面形体多为圆形或哑铃形，纵向平直有沟槽。

2. 腈纶的性能

腈纶强度较涤纶、锦纶低。断裂伸长与涤纶、锦纶相近。其强度为25～40cN/tex，断裂伸长率为25%～50%。弹性较差，在重复拉伸下弹性恢复较差，尺寸稳定性较差。耐磨性为化学纤维中较差的一种纤维。腈纶的吸湿能力较涤纶好，但较锦纶差，在通常大气条件下为2%左右。由于空穴结构和第二、第三单体的引入使纤维的染色性能较好，且色泽鲜艳。耐热性仅次于涤纶，比锦纶好。具有良好的热弹性，使其可以加工膨体纱。腈纶的比电阻较高，较一般纤维易产生静电。腈纶大分子中含有—CN，使其耐光性与耐气候性特别好，是常见纤维中耐光性能最好的。

3. 腈纶的应用

腈纶蓬松、柔软且外观酷似羊毛，从而有合成羊毛之美称，故常制成短纤维与羊毛、棉或其他化学纤维混纺，织制毛型织物或纺成绒线，还可以制成毛毯、人造毛皮、絮制品等。利用腈纶的热弹性可制成膨体纱。

（四）维纶

维纶也称维尼纶，是聚乙烯醇缩甲醛纤维的商品名。

1. 维纶的形态结构

维纶的主要组成聚乙烯醇的部分羟基经缩甲醛化处理被封闭，纤维大多为湿法纺丝制得，截面呈腰圆形，皮芯结构，纵向平直有1～2根沟槽。

2. 维纶的性能

维纶的吸湿能力是常见合成纤维中最好的，回潮率可达5%左右，但由于皮芯结构和缩醛化处理，染色性能较差，染色色谱不全，不易染成鲜艳的色泽。

维纶的强度、断裂伸长率、弹性等均优于棉纤维，且耐磨、耐光、抗老化性较好，较棉纤维经久耐用。密度较棉低，为 $1.26～1.30g/cm^3$。

维纶的耐碱性优良，但不耐强酸，对一般的有机溶剂抵抗力强，且不易腐蚀，不霉不蛀。

维纶的耐热水性差，所以须经缩醛化处理以提高耐热水性，否则，在热水中剧烈收缩，甚至溶解。维纶的热传导率低，故保暖性良好。

3. 维纶的应用

维纶的生产以短纤维为主，常与棉混纺。由于性质的限制，一般纺制较低档的民用织物，但维纶与橡胶有良好的黏着性能，故大量用于工业制品，如绳索、水龙带、渔网、帆布、帐篷等。

（五）丙纶

丙纶是聚丙烯（polypropylene，PP）纤维的商品名，是以丙烯聚合得到的等规聚丙烯为原料纺制而成的合成纤维。目前产量仅次于腈纶，其产品主要有普通长丝、短纤维、膜裂纤维、膨体长丝、工业用丝、纺粘和熔喷法非织造织物等。

1. 丙纶的形态结构

丙纶由熔体纺丝法制得，一般情况下，纤维截面呈圆形，纵向光滑无条纹。

2. 丙纶的性能

（1）密度。丙纶的密度为 $0.90 \sim 0.92 \mathrm{g/cm}^3$，在所有化学纤维中是最轻的，因此聚丙烯纤维质轻、覆盖性好。

（2）吸湿性。丙纶大分子上不含极性基团，纤维的微结构紧密，其吸湿性是合成纤维中最差的，其回潮率低于 0.03%，因此用于衣着时多与吸湿性高的纤维混纺。

（3）热性能。丙纶是一种热塑性纤维，熔点较低，因此加上和使用时温度不能过高，在有空气存在的情况下受热，容易发生氧化裂解。

（4）力学性能。丙纶与其他合成纤维一样，断裂比强度和断裂伸长率与加工工艺有关，其主要力学性能见表 3-1，聚乙烯纤维和丙纶无任何极性基因，如果只有范德瓦尔斯力，不可能具有如此高的拉伸比强度。1974—1983 年发展了"熵变能"理论，在国际化学学会和国际物理化学学会联合大会上承认了"熵联"（entropy union）力，并对此做出了解释。

表 3-1 丙纶的主要性能

性能	短纤维	长丝	性能	短纤维	长丝
初始模量/（cN/dtex）	23~63	46~136	弹性回复率/%（伸长 5% 时）	88~95	88~98
断裂比强度/（cN/dtex）	2.5~5.3	3.7~6.4	沸水收缩率/%	0~5	0~5
断裂伸长率/%	20~35	15~35			

丙纶的断裂比强度高，断裂伸长率和弹性回复率较高，所以丙纶的耐磨性也较高，特别是耐反复弯曲性能优于其他合成纤维，它与棉纤维的混纺织物具有较高的耐曲磨牢度，丙纶耐平磨的性能也很好，与涤纶接近，但比锦纶差些。

（5）染色性能。丙纶不含可染色的基团，吸湿性又差，故难以染色，采用分散染料只能得到很浅的颜色，且色牢度很差。通常采用原液着色、纤维改性、在熔融纺丝前掺混染料络合剂等方法，可解决丙纶的染色问题。

（6）化学稳定性。丙纶是碳链高分子化合物，又不含极性基团，故对酸、碱及氧化剂的稳定性很高，耐化学性能优于一般化学纤维。

（7）耐光性。丙纶耐光性较差，日光暴晒后易发生强度损失，这主要是由于光分解或光氧化作用。从化学组成来看，丙纶没有吸收紫外光的羰基，但由于分子链中叔碳原子的氢比较活泼，易被氧化，所以其耐光性差。

（8）其他性能。丙纶的电阻率很高（$7 \times 10^{19} \Omega \cdot cm$），导热系数很小，与其他化学纤维相比，它的电绝缘性和保暖性好。同时丙纶抗微生物性也好，不霉不蛀。

3. 丙纶的应用

丙纶是合成纤维中发展较迟的一个品种，生产以短纤维为主，丙纶短纤维可以纯纺或与棉、黏纤等混纺，织制服装面料、地毯等装饰用织物、土工布、过滤布、人造草坪等；丙纶做成的纱布不粘伤口，故可用于医疗事业；长丝（包括变形丝）可用于针织或机织内衣裤、运动服等。

（六）氯纶

氯纶是聚氯乙烯纤维的商品名，它是由聚氯乙烯或聚氯乙烯占50%以上的共聚物经湿法或干法纺丝而制得。

1. 氯纶的形态结构

氯纶截面接近圆形，纵向平滑或有1~2根沟槽。

2. 氯纶的性能

氯纶的吸湿能力极小，几乎不吸湿，因此电绝缘性强。当积聚静电荷，产生的阴离子有助于关节炎的防治。其染色性能较差，对染料的选择性较窄，常采用分散染料染色。氯纶分子中含有大量的氯原子，约占总重量75%以上，氯原子一般条件下极难氧化，所以氯纶织物具有很好的阻燃性。氯纶耐晒且保暖性较优良。氯纶的强度接近棉，约2.65cN/dtex，断裂伸长率在合成纤维中属较差者。氯纶的化学稳性好，耐酸耐碱性均优良。氯纶的密度为1.38~1.40g/cm^3。

3. 氯纶的应用

氯纶主要用于制作各种针织内衣、绒线、毯子、絮制品、防燃装饰用布等；还可做成鬃丝，用来编织窗纱、筛网、渔网、绳索；此外还可用于工业滤布、工作服、绝缘布、安全帐幕等。

（七）氨纶

氨纶是一种与其他高聚物嵌段共聚时，至少含有85%的氨基甲酸酯（或醚）的链节单元组成的线型大分子构成的弹性纤维，多采用干法纺丝。

1. 氨纶的形态结构

氨纶截面呈圆形、蚕豆形，纵向表面暗深、呈不清晰骨形条纹。

2. 氨纶的性能

吸湿性较差，回潮率为 0.8%~1%。具有高伸长、高弹性，这也是氨纶的最大特点。穿着舒适，没有像橡胶丝那样的压迫感。强度比橡胶丝高 2~3 倍，但与其他常见纺织纤维相比，则强度较低。氨纶具有较好的耐酸、耐碱、耐光、耐磨等性质。密度较橡胶丝低，为 $1.0~1.3g/cm^3$。

3. 氨纶的应用

氨纶主要用于纺制有弹性的织物，做紧身衣，还可做袜子。除了织造针织罗口外，很少直接使用氨纶裸丝。一般将氨纶丝与其他纤维的纱线一起做成包芯纱或加捻纱后使用。

三、差别化纤维

（一）基本定义与获得方法

差别化纤维是相对于常规纤维具有某些性能，获得改进及具有某些特点的纤维，主要通过物理方法或化学改性以改善常规化学纤维的服用性能，纤维的差别化加工处理起因于普通合成纤维的一些不足，大多采用模仿天然纤维的特征进行形态或性能的改进。纤维的差别化途径主要有以下三种。

（1）物理改性。通过改变纤维高分子材料的物理结构使纤维性质发生变化的物理改性，主要包括改进聚合与纺丝条件，采用特殊的喷丝孔形状开发异形纤维，将两种或两种以上的高聚物或性能不同的同种聚合物通过同一喷丝孔纺成一根纤维的复合技术，利用聚合物的可混合性和溶解性，将两种或两种以上聚合物混合后喷纺成丝的混合纤维等。

（2）化学改性。通过改变纤维原来的化学结构来达到改性目的的化学改性方法，主要包括共聚、接枝、交联、溶蚀、电镀等。

（3）表面物理化学改性。表面物理化学改性主要是指如采用高能射线（γ 射线、β 射线）、强紫外辐射和低温等离子体对纤维进行表面蚀刻、活化、接枝、交联、涂覆等改性处理。

（二）差别化纤维的分类

1. 变形丝

变形丝主要针对普通长丝的直、易分离或堆砌密度高所导致的织物光泽呆板、易于纰裂、手感滑溜、穿着湿冷而黏滑等缺陷，通过改变合成纤维卷曲形态，即模仿羊毛的卷曲特征来改善纤维性能。通过机械作用给予长丝（或纤维）二维或三维空间的卷曲变形，并用适当的方法（如热定形）加以固定，使原有的长丝（或纤维）获得永久、牢固的卷曲形态的过程，通常被称为卷曲变形加工，简称变形加工。这种卷曲变形大幅改善了纤维制品的服用性能，并扩大了它们的应用范围。现在主要的变形方法有填塞箱法、刀刃卷曲变形法、假捻变形法、空气变形法、网络变形法等。

2. 异形纤维

异形是相对圆形而言，采用非圆形喷丝板孔加工的非圆形截面形状的纤维，称为异形纤维。其中兼有异形截面和中空结构两种特征的，称为异形中空纤维。目的是改善合成纤维的手感、光泽、抗起毛起球性、蓬松性等特性。为了仿蚕丝的光泽使截面呈三角形；为了仿棉的保暖性使纤维呈中空形。纤维截面形状的变化，使纤维反射光分布发生变化，导致纤维光泽的改变；使纤维间的摩擦与接触发生变化，导致纤维的触感及弯曲、扭转性质变化以及织物手感和风格变化。对异形截面纤维，相同线密度的同种纤维，异形纤维截面宽度和抗弯刚度大于圆形纤维，故可减少织物的起毛起球。异形纤维一般采用非圆形孔眼喷丝板纺丝制得，如图 3-4 所示。除此之外，也可采用膨化黏着法、复合纤维分离法、热塑性挤压法和变形加工法等制得。

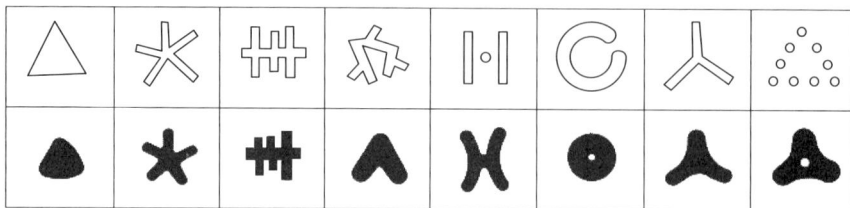

图 3-4　异形喷丝孔形状与纤维的截面形状

3. 复合纤维

复合纤维是将两种或两种以上的高聚物或性能不同的品种聚合物通过一个喷丝孔纺成的纤维。通过复合，在纤维同一截面上可以获得并列型、皮芯型、海岛型等其他复合方式的复合纤维，如图 3-5 所示。复合纤维是模仿羊毛正、偏皮质双边分布的永久卷曲和麻纤维的原纤基质结构等产生的。

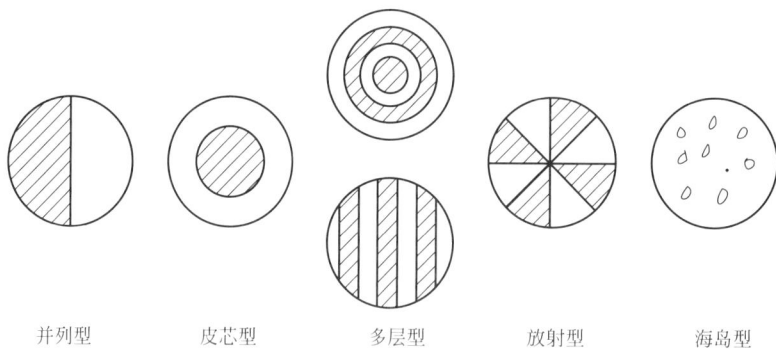

并列型　　　　皮芯型　　　　多层型　　　　放射型　　　　海岛型

图 3-5　复合纤维的复合方式

复合纤维不仅可以解决纤维的永久卷曲和弹性而且可以多组分的连续覆盖作用，提供纤维易染色、难燃、抗静电、高吸湿等特性。

4. 超细纤维

根据国家标准，单根纤维线密度低于 0.44dtex 的纤维为超细纤维。超细纤维可通过直接纺丝法（如熔喷纺丝、静电纺丝等）、分裂剥离法和溶解去除法等方法加工获得，如图 3-6 所示。超细纤维抗弯刚度小，织物手感柔软、细腻，具有良好的悬垂性、保暖性和覆盖性，但弹性低、蓬松性差。超细纤维比表面积大，吸附性能和除污能力强，可用来制作高级清洁擦镜纸。但超细纤维的染色要比同样深浅的常规纤维消耗染料多，且染色不易均匀。

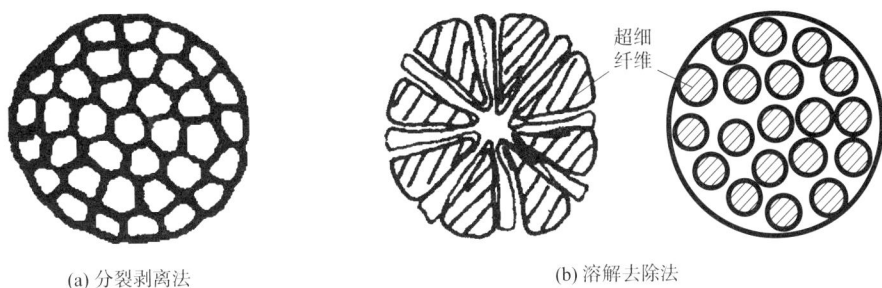

(a) 分裂剥离法　　　　　　　　　　　　　(b) 溶解去除法

图 3-6　分裂剥离法和溶解去除法获得超细纤维示意图

5. 高收缩纤维

高收缩纤维是指纤维在热或热湿作用下的长度有规律差异收缩弯曲或复合收缩的纤维。一般高收缩纤狂热处理时的收缩率在 20%～50%，而一般纤维的沸水收缩率<5%（长丝<9%）。高收缩纤维广泛应用于纺毛产品的改性，泡绉织物、膨体图形织物、提花织物、高密织物、膨体织物、人造麂皮等织物的生产。

6. 易染纤维

易染色是指可用不同类型染料染色，且色泽鲜艳、色谱齐全、色调均匀、色牢度好、染色条件温和（常温、无载体）等。涤纶是常用合成纤维中染色最难的纤维，易染色合成纤维主要是指涤纶的染色改性纤维，如阳离子可染改性涤纶。常温常压阳离子可染涤纶（ECDP），另外，酸性染料可染涤纶，酸性或碱性染料可染涤纶，酸性染料可染腈纶，深色酸性可染锦纶和阳离子可染锦纶等。

7. 吸水吸湿纤维

吸水吸湿纤维是指具有吸收水分并将水分向临近纤维输送能力的纤维。与天然纤维相比，多数合成纤维吸湿性较差，尤其是涤纶与丙纶，严重地影响了这些纤维服装的穿着舒适性和卫生性。同时，纤维吸湿性差也带来了诸如静电、易脏等问题。吸水吸湿纤维主要用于功能性内衣、运动服、训练服、运动袜和卫生用品等。

8. 混纤丝

混纤丝是指由几何形态或物理性能不同的单丝组成的复丝，混纤丝的目的在于提高合成纤维的自然感。常见的混纤丝有异收缩、异截面形状、异线密度及多异混纤等几种类型。异收缩混纤丝是由高收缩纤维与普通纤维组成的复合丝，在织物整理及后加工过程中，高收缩纤维因受热发生收缩而成为芯丝，普通的纤维因丝长差而浮出表面，产生卷曲，形成空隙，赋予织物蓬松感。异形混纤丝是由截面形状不同的单丝组成的混纤丝，在纤维之间存在空隙及毛细管结构，可降低纤维间的摩擦系数，其织物具有良好的蓬松性、吸湿性和回弹性。多异混纤丝是指将具有不同的线密度、截面形状、热收缩率、伸长率、单丝粗细不匀等多种特征差异纤维的组合，目的是使之更接近天然纤维的风格。

四、功能性纤维

功能纤维是指在纤维现有的性能之外，再同时附加上某些特殊功能的纤维，如导电纤维、光导纤维、离子交换纤维、陶瓷粒子纤维、调温保温纤维、生物活性纤维、生物降解纤维、弹性纤维、高发射率远红外纤维、可产生负离子纤维、抗菌除臭纤维、阻燃纤维、香味纤维、变色纤维、防辐射纤维等。功能性纤维可分为以下三大类。

（1）对常规合成纤维改性，克服其固有缺点，如聚酯纤维的不吸湿，聚丙烯腈的静电作用等。

（2）针对天然纤维和化学纤维原来没有的性能，通过化学和物理改性手段赋予其蓄热、导电、吸水、吸湿、抗菌、消臭、芳香、阻燃、紫外线遮蔽等附加性能，使之更适合于人类穿着舒适和装饰应用。

（3）具有特殊性能（如高强度、高初始模量、耐热、阻燃等）的纤维。具有高强度和高模量性能的纤维，如对位芳纶（聚对苯二甲酰对苯二胺）、高强聚乙烯、碳纤维等；具有耐热性能的纤维，如间位芳纶、聚苯硫醚、聚酰亚胺纤维等阻燃纤维；具有高功能的纤维，如光导纤维、多孔中空纤维等各类高性能、智能化纤维。

1. 抗静电纤维和导电纤维

抗静电纤维是指通过提高纤维表面的吸湿性能来改善其导电性的纤维。目前广泛采用的方法是使用表面活性剂（即抗静电剂）进行表面处理。抗静电剂多为亲水性聚合物，所以纤维制品的抗静电性依赖于使用环境的湿度，一般要求相对湿度大于40%。

导电纤维包括金属纤维，金属镀层纤维，炭粉、金属氧化、硫化、碘化物掺杂纤维，络合物导电纤维，导电性树脂涂层与复合纤维，以及本征导电高聚物纤维等。该类纤维有比较低的电阻率，均在$10^7\Omega \cdot cm$以下。常用方法是把导电纤维的短纤维以一定的百分比（1%~5%）混入需要改性的短纤维中或把导电纤维的长丝等间隔地编入织物中。实践证明，通过混用导电纤维可防止纤维制品带电，其抗静电效果既可靠又耐久，特别是在低湿度下也能显示出优良的抗静电性能。

2. 蓄热纤维和远红外纤维

陶瓷纤维具有蓄热保温的效果，根据所用陶瓷粉末的种类不同，其蓄热保温机理有两种：将阳光转换为远红外线，相应的纤维被称为蓄热纤维；低温（接近低温）下辐射远红外线，相应的纤维被称为远红外纤维。

医疗应用中认为，波长在$3\mu m$以上的红外线具有增强人体新陈代谢、促进血液循环、提高免疫功能、消炎、消肿、镇痛等作用。远红外纤维和众多的远红外治疗仪不同，在常温下就有较高的远红外线发射率，即不需要其他热源，所以对使用的时间和场所都没有限制。远红外纤维可将保健作用结合于使用过程中，作用时间长。但蓄热纤维、远红外纤维的评价标准不一致，质量保障存在问题，副作用评价也极少进行，因此使用安全性受到质疑。

3. 防紫外线纤维

防紫外线的方法一般是涂层，但会影响织物的风格和手感。采用防紫外线纤维可克服这一缺陷。其方法是在纤维表面涂层、接枝或在纤维中掺入防紫外线或紫外线高吸收性物质，制得防紫外线纤维。防紫外线纺织品包括衬衫、运动服、工作服、制服、窗帘以及遮阳伞等，其紫外线遮挡率可达95%以上。

4. 阻燃纤维

从提高纤维材料的热稳定性、改变纤维的热分解产物、阻隔和稀释氧气、吸收或降低燃烧热等方面着手，来达到阻燃的目的。阻燃黏胶纤维大多采用磷系阻燃剂并通过共混法制得，其极限氧指数一般可达到27%~30%。

5. 光导纤维

光导纤维简称光纤，是将各种信号转变成光信号进行传递的载体，是当今通信中最具发展前景的材料，具有传输信息量大、抗电磁干扰、保密性强、质量轻等特性。

应用的光导纤维主要有三大类：高纯石英掺杂 P 和 Ge 等元素组成的石英光纤，是光纤的主体；氟化物玻璃光纤，基本组成为 ZrF_4-BaF_2-LaF_3 三元系；高聚物光纤，以透明高聚物为芯材，以折射率比芯材低的高聚物为包覆层而组成。

6. 弹性纤维

弹性纤维是指具有 400%~700% 的断裂伸长率，弹性回复能力接近100%，初始模量很低的纤维。弹性纤维分为橡胶弹性纤维和聚氨酯弹性纤维。橡胶弹性纤维由橡胶乳液纺丝或橡胶膜切割而制得，只有单丝，有极好的弹性回复能力；聚氨酯弹性纤维即氨纶。

氨纶丝的收缩力比橡胶丝大 1.8~2 倍，所以只要加入少量氨纶丝就能得到与加入大量橡胶丝同样的效果。氨纶可改善织物的适体性和抗皱性，是衣着类织物增弹的最重要纤维原料。但橡胶丝的弹性回复速度较氨纶丝快，有些特殊用品必须用橡胶丝，如高尔夫球。

7. 抗菌防臭纤维

抗菌防臭纤维是指具有除菌、抑菌作用的纤维。大致有两类：一类是本身带有抗菌抑菌作用的纤维，如大麻、罗布麻、甲壳素纤维、金属纤维等；另一类是借助螯合、纳米、粉末添加等技术，将抗菌剂在纺丝或改性时加入纤维中而制成的抗菌纤维。

8. 变色纤维

变色纤维是指在光、热作用下颜色会发生变化的纤维。在不同波长、不同强度的光的作用下，颜色发生变化的纤维称光敏变色纤维；在不同温度作用下呈不同颜色的纤维称热敏变色纤维。实际上变色纤维往往与光和热的作用都有关。光敏变色纤维使用光致变色显色剂，热敏变色纤维使用热致变色显色剂。变色纤维多用于登山、滑雪、游泳、滑冰等运动服以及救生、军用隐身着装，但其抗菌性较为有限，而且在使用和染色整理加工中会衰退或消失。

9. 香味纤维

香味纤维是在纤维中添加香料而使纤维具有香味。香味纤维能持久地散发天然芳香，产生自然清新的气息。芳香纤维多为皮芯复合结构，皮层为聚酯纤维，芯层为掺有天然香精的聚合物，所用香精以唇形科熏衣香油精或柏木精油为主，也可采用微胶囊填充或涂层的方法。香味除清新空气外，同时具有去臭、安神等作用。香味纤维可以制成絮棉、地毯、窗帘和睡衣等。

10. 相变纤维

相变纤维是指含有相变物质（PCM），能起到蓄热降温、放热调节作用的纤维，也称空调纤维。纤维中的相转变材料在一定温度范围内能从液态转变为固态或由固态转变为液态，在此相转变过程中，使周围环境或物质的温度保持恒定，起到缓冲温度变化的作用。常用的相转变材料是石蜡烃类、带结晶水的无机盐、聚乙二醇以及无机/有机复合物等。用相变纤维制成的纺织品用途很广，可以制作空调鞋、空调服、空洞手套、床上用品、窗帘、汽车内装饰、帐篷等。相变能量、激发点温度、力学和相变性能的稳定，是这类纤维是否实用的关键。

五、高性能纤维

高性能纤维包括超高强度、高模量、耐高温等纤维，主要有芳族共聚酰胺纤维，简称芳纶，包括对位芳纶（芳纶 1414、Kevlar、Twaron 等）、间位芳纶（芳纶 1313、Nomax、Conex、Technora 等）、芳砜纶、聚对哑苯基苯并二噁唑纤维（PBO）、聚间亚苯基苯并二咪唑纤维（PBI）等，高性能纤维的基本分类与性能见表 3-2，几种高性能纤维物理指标见表 3-3。

表 3-2　主要高性能纤维的基本分类与性能

分类	高强高模纤维	耐高温纤维	耐化学作用纤维	无机类纤维
名称	对位芳纶（PPTA）、芳香族聚酯（PHBA）、聚苯并噁唑（PBO）、高性能聚乙烯（HPPE）纤维	聚苯并咪唑（PBI）、聚苯并噁唑（PBO）、氧化 PAN 纤维、间位芳纶（MPIA）	聚四氟乙烯纤维（PTFE）、聚醚醚酮（PEEK）、聚醚酰亚胺（PEI）纤维	碳纤维（CF）、高性能玻璃纤维（HPGF）、陶瓷纤维（碳化硅、氧化铝等纤维）高性能金属纤维
主要特征	高强（3~6GPa）、高模（50~600GPa）、耐较高的温度（120~300℃）的柔性高聚物	高极限氧指数，耐高温柔性高聚物	耐各种化学腐蚀，性能稳定，高极限氧指数，耐较高温（200~300℃）的高聚物	高强、高模、低伸长性、脆性、耐高温（>600℃）的无机物

表 3-3　几种高性能纤维的物理指标

纤维名称	密度/（g/cm³）	强度/（cN/dtex）	模量/（cN/dtex）	伸长率/%	LOI/%	回潮率/%
Kevlar 29	1.44	20.3	490	3.6	30	3.9
Kevlar 49	1.45	20.8	780	2.4	30	4.5
Kevlar 129	1.44	23.9	700	3.3	30	3.9
Nomex	1.46	4.9	75	35	28~32	4.5
Twaron 1000	1.44	19.8	495	3.6	29	4.5

纤维名称	密度/(g/cm³)	强度/(cN/dtex)	模量/(cN/dtex)	伸长率/%	LOI/%	回潮率/%
Twaron 2000	1.44	23	640	3.3	29	4.5
Technora	1.39	22	500	4.4	25	3.9
Terlon	1.46	23	773	2.8	27~30	2~3
PBO AS	1.54	42	1300	3.5	68	2.0
PBO HM	1.56	42	2000	2.5	68	0.6
PBI	1.40	2.4	28	28.5	41	15.0
Dyneema SK 60	0.97	28	910	3.5	<20	0
Dyneema SK 65	0.97	31	970	3.6	<20	0
Dyneema SK 75	0.97	35	1100	3.8	<20	0
Spectra 1000	0.97	32	1100	3.3	<20	0
Spectra 2000	0.97	34	1200	2.9	<20	0
高模碳纤维	1.83	12.3	2560	0.8	—	—
高强碳纤维	1.78	19.1	1340	1.4	—	—
E-玻璃纤维	2.58	7.8	280	4.8	—	—
S-玻璃纤维	2.50	18.5	340	5.2	—	—
钢丝	7.85	4	265	11.2	—	—

（一）芳纶

芳纶全称为芳香族聚酰胺纤维，主要产品有对位芳纶、间位芳纶和聚对苯甲酰胺纤维。

1. 对位芳纶

对位芳纶也称芳纶1414，是对位取代芳香族聚酰胺（聚对苯二甲酰对苯二胺，PPTA）。它具有超刚硬分子链、超高相对分子质量，其后又不断根据性能要求特点，美国杜邦公司开发生产出了 Kevlar 29、Kevlar 49、Kevlar 119、Kevlar 129、Kevlar 149 等不同规格的产品。对位芳纶分子式如下：

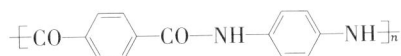

芳纶

$$\text{─}\!\!\left[\text{CO}\text{─}\bigcirc\!\!\text{─CO─NH─}\bigcirc\!\!\text{─NH}\right]_n$$

（1）对位芳纶的性能。

①力学性能。对位芳纶具有较高的断裂比强度和比模量，另外，它的强伸性能对于温度是不敏感的，一直到玻璃化温度以上。对位芳纶长丝的断裂强度为 15.9~23.8cN/dtex，断裂伸长率为 1.5%~4.4%，比模量为 379.5~970.9cN/dtex。

对位芳纶的压缩性能完全不同于它的拉伸性能，它在轴向和径向具有较低的压缩性能，这主要是由于它的高结晶和高取向。

对位芳纶具有较低的剪切性能，这是由于它具有较高的各向异性。对位芳纶的剪切性能

远远低于拉伸性能和压缩性能。对位芳纶的切变模量虽然低于拉伸和压缩模量，但远远高于一般纤维的切变模量。

由于对位芳纶较低的横向结合力，因此它具有较低的耐磨性能，当纤维之间摩擦或与金属表面摩擦时易原纤化，以致形成断裂。为了保护其表面，大部分 Kevlar 制品需使用上油剂，增加其耐磨性。

②热性能。对位芳纶比一般纤维具有良好的散热和绝热性能。如 Kevlar 49 室温时比热容为 $1.7 \times 10^3 J/(kg \cdot K)$，且随着温度增加而增加，而 Technora 的比热容为 $1.1 \times 10^3 J/(kg \cdot K)$。Kevlar 的导热系数为 $0.52 J/(m^2 \cdot K)$。Kevlar 29 的织物与相同厚度的玻璃纤维布、石棉布具有相同的热绝缘性能，但在相同质量下，对位芳纶比玻璃纤维和石棉纤维具有更好的热绝缘性能。

③其他性能。对位芳纶的平均分子量为 20000，聚合度为 84，分子长度为 108nm。大部分纤维的截面为圆形，直径为 $12\mu m$，密度为 $1.43 \sim 1.44 g/cm^3$，比锦纶、涤纶大，比碳纤维、玻璃纤维和钢丝小，质量较轻。

对位芳纶的标准回潮率为 $3.9\% \sim 4.5\%$。对位芳纶是有光泽的、黄色的，当加热到 450℃以上，对位芳纶逐渐变焦和变脆。对位芳纶的颜色是因为在对位取代链中通过酰胺键和氨基氧化形成了共轭结构，具有扭曲的或螺旋线构象的纤维，共轭较低，颜色较淡。

（2）对位芳纶的用途。对位芳纶的用途极为广泛，在轮胎帘子线方面，用其制作的帘子线特别适合于载重汽车和飞机的轮胎；在复合材料方面是极为理想的纤维增强材料，主要用于飞机、宇航器的结构材料和火箭发动机壳体材料；在防弹制品（头盔、防弹背心等）方面，其制成品防弹性能优良；另外，在绳索、防割手套和体育用品方面也起着重要的作用。

2. 间位芳纶

间位芳纶也称芳纶 1313，美国杜邦公司生产的商品名为诺梅克斯（Nomex），是一种耐高温纤维，而且是耐高温纤维中产量大、应用广的一个品种。其分子式如下：

$$\left[CO-\bigcirc-CO-NH-\bigcirc-NH \right]_n$$

（1）间位芳纶的性能。间位芳纶具有优异的耐热性、阻燃性和高温下的尺寸稳定性、电绝缘性、耐老化性和耐辐射性，在 260℃下连续使用 1000h，其强度损失率为 $25\% \sim 35\%$；在高温下不熔融，在温度达到 400℃才开始碳化，且其燃烧时极限氧指数为 $28 \sim 30$，具有自熄性。对位芳纶耐酸、耐碱性好，但长期置于强酸和强碱中，强度有所下降。其耐光性较差，这是它的缺点。间位芳纶密度为 $1.46 g/cm^3$，标准回潮率为 4.5%，断裂比强度为 $4.85 cN/dtex$，断裂伸长率为 35%，比模量为 $75 cN/dtex$。

（2）间位芳纶的用途。间位芳纶用途广泛，除用于高温、化学品、烟尘等过滤、提纯外，还可以制作各种军事和消防防火帘、隔热服、消防服、作战服、地毯、耐热降落伞等，而且在工业用耐高温传输带等生产中发挥重要作用。

3. 芳纶 14

聚对苯甲酰胺（芳纶 14）是一种专为航空航天工业而设计的高性能纤维材料。与对位芳纶相比，其强度略低而模量较高，耐高温性、耐酸、耐碱和阻燃性良好。

芳纶 14 主要用于制作复合材料，如飞机客舱的护墙板，作为结构材料可制作飞机的机翼，具有质轻且坚牢的特点。

（二）芳砜纶

聚苯砜对苯二甲酰胺纤维（polysulfone amide，PSA）是由 4,4'-二氨基二苯砜、3,3'-二氨基二苯砜和对苯二甲酰氯的缩聚物制成的纤维，其主要特点是具有优良的绝缘性和耐热性，此外其阻燃性高，耐化学稳定性好，除几种极性很强的溶剂和浓硫酸外，在常温下对化学品均具有良好的稳定性。芳砜纶不仅可以制作多种耐高温滤材和高温高压电器用的绝缘材料，而且还可加工成运输工具中的高级阻燃织物等。

芳砜纶属于对位芳纶系列，纤维断裂比强度为 3.3～4.9cN/dtex；断裂伸长率为 20%～25%；初始比模量为 760kg/mm^2；密度为 1.42g/cm^3。

与间位芳纶相比，芳砜纶表现出更优异的耐热性和热稳定性，芳砜纶在 250℃和 300℃时的强度保持率分别为 70%、50%，在 350℃的高温下，依然保持 38% 的强度，而在此温度下间位芳纶已遭破坏；芳砜纶在 250℃和 300℃热空气中处理 100h 后的强度保持率分别为 90% 和 80%，而在同样条件下芳纶 1313 为 78% 和 60%，芳砜纶可在 200℃的温度下长期使用。

芳砜纶具有高温下尺寸的稳定性。沸水收缩率为 0.5%～1.0%，在 300℃热空气中的收缩率为 2.0%。

芳砜纶的极限氧指数 LOI 值高达 33，水洗 100 次或干洗 25 次对 100% 芳砜纶织物的阻燃性没有影响。当易燃纤维与芳砜纶混纺时，即使有很小比例的芳砜纶存在，也能限制熔融混合物的熔滴。芳砜纶具有良好的染色性能，这些性能使芳砜纶适合于制作炉前工作服、电焊工作服、均压服、防辐射工作服、化学防护服、高压屏蔽服、宾馆用纺织品及救生通道。

（三）聚对苯硫醚纤维

聚对苯硫醚［poly（p-phenylene sulfide），PPS］分子式如下：

$$\left[\!\!\left\langle\bigcirc\right\rangle\!\!-\!S\right]_n$$

PPS 纤维的特点是有优良的耐热性和强度，同时绝缘性、耐化学稳定性良好。玻璃化转变温度为 200℃，熔点为 285℃，可在 200℃以上使用，极限氧指数值为 34。短纤维回潮率为 0，密度为 1.37g/cm^3，线密度为 2.1dtex，断裂比强度为 3.61cN/dtex，断裂伸长率为 15%～35%，卷曲度为 19.2%，180℃时干热收缩率为 1.25%。

目前广泛用于阻燃、高温尾气过滤等领域。

（四）聚杂环纤维

1. PBO 纤维

聚对亚苯基苯并二噁唑［poly（p-phenylenebenzobisoxazole），PBO］，简称聚苯并噁唑，

其分子式如下：

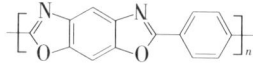

$$\left[\begin{array}{c} N \\ O \end{array}\right]_{n}$$

PBO 纤维的特点是高断裂比强度、高比模量以及优良的耐热性和阻燃性。PBO 纤维的断裂比强度为 37cN/dtex，比模量为 1150～1760cN/dtex，断裂伸长率为 1.2%～3.5%，密度为 1.54～1.56g/cm³。极限氧指数值为 68，点火时不燃，纤维也不收缩。在 400℃ 的温度下，PBO 纤维的模量和性能基本没有变化，因此它可在 350℃ 以下长期使用。

PBO 纤维富有柔韧性，手感近似于涤纶。其吸湿性比对位芳纶差，标准回潮率为 0.6%，吸湿除湿后，纤维不变形。PBO 纤维有很好的尺寸稳定性，这是由于它耐热性好，吸湿性小，热和水分对其尺寸的影响极小，因此它适于在有张力的条件下使用。

PBO 纤维几乎对所有的有机溶剂和碱具有很好的稳定性，PBO 纤维长时间和这些化学品接触，其强度也几乎没有变化。PBO 纤维对强氧化剂的耐受性也很好，如在浓度为 5% 的次氯酸钠溶液中浸泡 300h，其强度下降还不到 10%。

PBO 纤维的弱点是耐酸性较差，在与酸性物质接触时，其强度随着时间的延长而下降。另外，PBO 纤维的耐光性也较差，光线照射后将引起强度的下降，因此在室外使用时，应采取遮光措施。同时其耐气候老化性也较差。

2. PBI 纤维

聚间亚苯基苯并二咪唑〔poly（m-phenylene benzobisimidazol），PBI〕纤维，简称聚苯并咪唑纤维。

PBI 纤维的密度为 1.43g/cm³，断裂比强度为 2.4cN/dtex（最高可达 6.6cN/dtex），断裂伸长率为 20%～25%，拉伸比模量为 28～32cN/dtex。吸湿性好，标准回潮率达 15%，因而加工时不会产生静电。其制品的穿着舒适性与天然纤维的相似，远优于其他合成纤维制品。

PBI 纤维具有优良的耐热性，极限氧指数为 38～43，在空气中一般不燃烧，可在 30℃ 以下的温度中长期使用。

PBI 纤维对化学药品的稳定性良好，对强碱和强酸都有很好的耐受性；对有机溶剂也很稳定，如在醋酸、甲醇、全氯乙烯、二甲基乙酰胺、二甲基甲酰胺、二甲基亚砜、煤油、汽油和丙酮等有机溶剂中，30℃ 浸泡 168h，其强度不变。

PBI 纤维织物是飞行衣、消防服、航天服、赛车服、耐高温工作服的优良面料，也可作为飞机、船艇等内部铺饰材料，如窗帘、盖布及地毯等，还可用于制作宇航用降落伞、吊装带。

3. PEEK 纤维

聚醚醚酮〔poly（ether-ether-ketone），PEEK〕纤维是半结晶的芳香族热塑性聚合物，属聚醚酮类。它是芳香族高性能纤维中难得的可以高温熔体纺丝的纤维材料。其分子式如下：

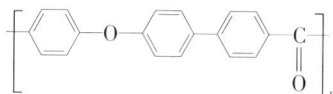

$$\left[\begin{array}{c} O \\ \parallel \\ C \end{array}\right]_{n}$$

PEEK 纤维耐湿热性优良，使用温度可达 250℃，熔点为 334℃，极限氧指数为 35。密度为 1.30~1.32g/cm³，结晶度为 30%~35%，体积比电阻为 5×10¹⁶Ω·cm，热容量为 1.34kJ/(kg·℃)，导热系数为 0.25W/(m·℃)，断裂比强度为 6.5cN/dtex，断裂伸长率为 25% 左右，比模量为 40~50cN/dtex，且温度在 80℃ 时的收缩率小于 1%。PEEK 纤维的玻璃化温度为 143℃。

PEEK 纤维的耐化学性较好，在浓度为 10% 的盐酸、硝酸、甲酸、10% 的醋酸、50% 的磷酸中基本无损伤，对于五氧化二磷、溴化钾、二氧化硫、四氯化碳、氯仿、三氯乙烯、芳香族溶剂、苯、矿物油、石油、萘、甲烷、发动机油均无侵蚀作用。

由于 PEEK 纤维具有优良的耐化学和耐热性，及其与常规涤纶相近的力学性能，它可以应用于各种化学腐蚀和热作用场合的传送带和连接器件，压滤和过滤材料，防护带及服装，洗刷用工业鬃丝、电缆、开关的防护绝缘层，热塑性复合材料的增强体，土工膜及土工材料以及乐器的弦和网球板弦线等。

第四章　纺织纤维鉴别

本章课件

纤维的鉴别

第一节　纤维鉴别方法

一、手感目测法

手感目测法主要通过眼看、手摸（手感目测）来观察、感知纤维的长度、细度及其分布、卷曲、色泽及其含杂类型、刚柔性、弹性、冷暖感等来认识各种纤维。天然纤维与化学纤维手感目测差异见表4-1。

表4-1　天然纤维与化学纤维手感目测差异

项目	天然纤维	化学纤维
长度、细度	不同品种差异很大	相同品种比较均匀
含杂	附有各种杂质	几乎没有
色泽	柔和但欠均一	近似雪白、均匀，有的有金属般光泽

四种天然纤维手感目测差异见表4-2。

表4-2　天然纤维手感目测差异

项目	棉	麻	羊毛	蚕丝
手感	柔软	粗硬	弹性好、有暖感	柔软、光滑、有冷感
长度/mm	15~40，离散大	60~250，离散大	20~200，离散大	很长
细度/μm	10~25	20~80	10~40	10~30
含杂类型	碎叶、硬籽、僵片、软籽等	枝叶	粪尿、汗液、油脂等	纤维清洁

通过手感目测可知，在外观方面，天然纤维和化学纤维差异很大，而天然纤维的不同品种差异也很大。因此，手感目测是鉴别天然纤维与化学纤维以及天然纤维中棉、麻、毛、丝等不同品种的简便方法之一。

二、燃烧法

（1）鉴别依据。纤维化学组成不同其燃烧特征也不同，从而粗略地区分纤维。

（2）燃烧特征的观察。接近火焰、在火焰中、离开火焰后、气味、残留物特征。

（3）操作方法和注意事项。用镊子（切忌用手）夹取少量纤维，在酒精灯上燃烧，仔细观察燃烧特征。该法适用于单一纯品种纤维或制品。混纺或交织产品只能粗略判断是否有某类纤维。经过防燃等处理过的纤维或制品燃烧特征会有所改变。常见纤维燃烧特征见表4-3。

表4-3　纤维燃烧特征表

纤维种类	燃烧状态				
	接近火焰	在火焰中	离开火焰后	气味	残留物特征
棉、麻、黏纤、铜氨纤维	不缩不熔	迅速燃烧	继续燃烧	烧纸的气味	少量灰黑或灰白色灰烬
蚕丝、毛	卷曲且熔	卷曲、熔化、燃烧	缓慢燃烧，有时自行熄灭	烧毛发的臭味	松而脆的黑色颗粒或焦炭状
涤纶	熔缩	熔融、冒烟、缓慢燃烧、小火花	继续燃烧，有时自行熄灭	特殊芳香甜味	硬的黑色圆珠
锦纶	熔缩	熔融、燃烧，先熔后烧，有熔液滴下	自灭	氨基味	坚硬淡棕透明圆珠
腈纶	收缩、发焦	微熔、燃烧，明亮火花	继续燃烧，冒黑烟	辛辣味	黑色不规则小珠，易碎
丙纶	熔缩	熔融、燃烧，有熔液滴下	继续燃烧	石蜡味	灰白色硬透明圆珠
氨纶	熔缩	熔融、燃烧	自灭	特异气味	白色胶状
氯纶	熔缩	熔融、燃烧，大量黑烟	自行熄灭	刺鼻气味	深棕色硬块
维纶	收缩	收缩、燃烧	继续燃烧，冒黑烟	特有香味	不规则焦茶色硬块
Lyocell 纤维	不熔不缩	迅速燃烧	继续燃烧	烧纸味	少量灰黑色灰
Modal 纤维	不熔不缩	迅速燃烧	继续燃烧	烧纸味	少量灰黑色灰
大豆蛋白纤维	收缩	燃烧有黑烟	不易延烧	烧毛发臭味	松脆黑灰微量硬块
竹纤维	不熔不缩	迅速燃烧	继续燃烧	烧纸味	少量灰黑色灰
牛奶纤维	收缩微熔	逐渐燃烧	不易延烧	烧毛发臭味	黑色硬块
甲壳素纤维	不熔不缩	迅速燃烧保持原圈束状	继续燃烧	轻度烧毛发臭味	黑色至灰白色，易碎

三、显微镜观察法

利用显微镜观察纤维纵向和横截面形态特征来判断纤维类型。需用切片器将纤维先行制作成横截面切片，观察时注意抓住各纤维与众不同的特征。该方法特别适用于天然纤维的鉴别，化学纤维除黏胶纤维、维纶和几种新型纤维以外只能将纤维初步分成大类。

常见纤维纵向和横截面形态特征见表4-4。

表4-4　纤维纵、横向形态特征

纤维种类	纵向形态	横截面形态
棉	有天然转曲	腰圆形，有中腔
羊毛	表面有鳞片	圆形或接近圆形，粗毛有毛髓
桑蚕丝	平滑	不规则三角形
苎麻	有横节竖纹	腰圆形，有中腔及裂纹
亚麻	有横节竖纹	多角形，中腔小
黄麻	有横节竖纹	多角形，中腔较大
黏胶纤维	有沟槽	锯齿形，有皮芯层
维纶	有 1~2 根沟槽	腰圆形，有皮芯层
腈纶	平滑或 1~2 根沟槽	圆形或哑铃形
氯纶	平滑	接近圆形
涤纶、锦纶、丙纶	平滑	圆形
Lyocell 纤维	光滑	圆形或椭圆形
Modal 纤维	表面有 1~2 根沟槽	不规则腰圆形，有皮芯层，皮层较厚，芯层有黑点
大豆蛋白纤维	表面有沟槽和不规则凹凸，不光滑	不规则哑铃形，海岛结构，有细微孔隙
竹纤维	表面有沟槽，光滑均一	锯齿形，无皮芯结构
牛奶纤维	组织均匀，有隐条纹和不规则斑点	腰圆形或哑铃形

四、药品着色法

利用各种纤维其化学组成不同在相同着色剂下呈现不同的着色性能来鉴别纤维品种。取少量纤维置于表面皿中，滴入着色剂，试样浸没 0.5~1min 后，取出充分洗涤，观察着色情况。对照着色性能表，判别纤维种类。该法适用于未染色或未着色的纯品种纤维或制品。各种纤维着色性能见表4-5。

表4-5　纤维着色性能表

纤维种类	1 号着色剂	碘—碘化钾溶液
棉	灰	不染色
麻（苎麻）	青莲	不染色
蚕丝	深紫	淡黄
羊毛	红莲	淡黄
黏胶	绿	黑蓝青
醋酯纤维	橘红	黄褐
维纶	玫红	蓝灰
锦纶	酱红	黑褐
腈纶	桃红	褐色

纤维种类	1号着色剂	碘—碘化钾溶液
涤纶	红玉	不染色
丙纶	鹅黄	不染色
氨纶	姜黄	—

五、化学溶解法

利用各种纤维在不同溶剂中的溶解性能来鉴别纤维品种。取少量纤维，置于试管中，根据前面鉴别步骤的初步印象有针对性地选择特征溶剂，观察溶解性能，对照溶解性能表，判别纤维种类。各种纤维溶解性能见溶解性能表4-6。

表4-6　溶解性能表

纤维种类	盐酸（37%）	硫酸（98%）	氢氧化钠（5%沸）	甲酸（85%）	冰醋酸（99%）	间甲酚	N,N-二甲基甲酰胺	二甲苯
棉	I	S	I	I	I	I	I	I
羊毛	I	I	I	I	I	I	I	I
蚕丝	S	S	S	I	I	I	I	I
麻	I	S	I	I	I	I	I	I
黏胶纤维	S	S	I	I	I	I	I	I
醋酯纤维	S	S	P	S	S	S	S	I
涤纶	I	S	I	I	I	S（93℃）	I	I
锦纶	S	S	I	S	I	S	I	I
腈纶	I	S	I	I	I	I	S（93℃）	I
维纶	S	S	I	S	I	S	I	I
丙纶	I	I	I	I	I	I	I	S（140℃）
氯纶	I	I	I	I	I	I	S（93℃）	I

注　S—溶解，SS—微溶，P—部分溶解，I—不溶解。

第二节　多组分纤维混纺产品定量分析方法

混纺产品中含有一些非纤维物质，如天然伴生的非纤维物质，纺织、染整加工过程中的添加物质（主要是油剂、浆料、树脂或其他特种整理剂），因此，在正式试验前，必须用合适的方法将试样上的非纤维物质除去，即"预处理"。正常预处理是用石油醚或水萃取，除去油脂、蜡以及其他水溶性物质。

基本方法是：在定量分析之前，先作纤维定性鉴别，对试样预处理，后用溶剂溶去混纺产品中的某一种纤维，将剩余纤维（未溶纤维）清洗、烘干、称量和计算。

二组分纤维混纺产品的溶解试剂、不溶纤维质量修正系数见表4-7。

表4-7 二组分纤维混纺产品

编号	混纺纤维	溶剂	不溶纤维	不溶纤维质量修正系数 d
1	棉/涤纶，棉/丙纶，麻/涤纶，麻/丙纶	75%硫酸	涤纶，丙纶	$d=1$
2	羊毛或蚕丝与棉，黏胶纤维，麻，涤纶，丙纶，锦纶，腈纶	1mol/L次氯酸钠溶液中加入氢氧化钠，碱度达5±0.5g/L	棉，黏胶纤维，麻，涤纶，丙纶，锦纶，腈纶	棉 $d=1.03$ 其余纤维 $d=1$
3	羊毛与棉，黏胶纤维，麻，涤纶，丙纶，锦纶，腈纶	2.5%氢氧化钠溶液	棉，黏胶纤维，麻，涤纶，丙纶，锦纶，腈纶	棉 $d=1.02$ 麻及黏胶纤维 $d=1.04$ 其余纤维 $d=1$
4	维纶/棉，维纶/黏胶纤维	20%盐酸	棉，黏胶纤维	棉 $d=1.01$ 黏胶纤维 $d=1$
5	腈纶与棉，黏胶纤维，麻，羊毛，蚕丝，涤纶，丙纶	N,N-二甲基甲酰胺	棉，黏胶纤维，麻，羊毛，蚕丝，涤纶，丙纶	涤纶 $d=1.01$ 其余纤维 $d=1$
		50%硫氰酸钠溶液		棉或羊毛 $d=1.01$ 黏胶纤维 $d=1.02$ 其余纤维 $d=1$
6	锦纶与棉，黏胶纤维，麻，羊毛，蚕丝，涤纶，丙纶，腈纶	80%甲酸	棉，黏胶纤维，麻，羊毛，蚕丝，涤纶，丙纶，腈纶	$d=1$
		20%盐酸	棉，黏胶纤维，麻，羊毛，蚕丝，涤纶，丙纶，腈纶	亚麻 $d=1.005$ 棉或苎麻 $d=1.01$ 其余纤维 $d=1$

第五章　纱线的分类及结构特征

本章课件

第一节　纱线的分类

单纱是指只有一股纤维束捻合的纱。可以由一种原料纺成纯纺纱，由此构成纯纺织物，也可以由两种或两种以上原料构成混纺纱，由此构成混纺织物。

股线是由两根或两根以上的单纱捻合而成的线。其强力、耐磨性好于单纱。同时，股线还可按一定方式进行合股并合加捻，得到复捻股线，如双股线、三股线和多股线。主要用作缝纫线、编织线或用于织制中厚结实织物。各种纱线结构如图 5-1 所示。

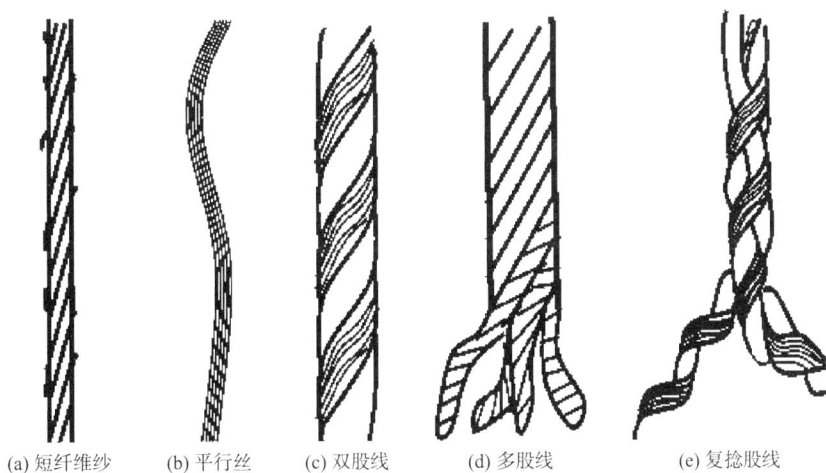

(a) 短纤维纱　　(b) 平行丝　　(c) 双股线　　(d) 多股线　　(e) 复捻股线

图 5-1　各种纱线结构

单丝是由一根纤维长丝构成的。其直径大小决定于纤维长丝的粗细。一般只用于加工细薄织物或针织物，如尼龙袜、面纱巾等。

变形纱是对合成纤维长丝进行变形处理，使之由伸直变为卷曲而得到的，也称为变形丝或加工丝。变形纱包括高弹丝、低弹丝、膨体纱和网络丝等。

各种纱线形态

高弹丝或高弹变形丝具有很高的伸缩性，而蓬松性一般。主要用于弹性织物，以锦纶高弹丝为主。

低弹丝或变形弹性丝具有适度的伸缩性和蓬松性。多用于针织物，以涤纶低弹丝为多。

膨体纱具有较低的伸缩性和很高的蓬松性。主要用来作绒线、内衣或外衣等要求蓬松性好的织物，其典型代表是腈纶膨体纱，也叫作开司米。

网络丝又名交络丝，是化学纤维制丝过程中在尚未成形时，让部分丝抱合在一起而形成的。此丝手感柔软、蓬松、仿毛效果好，多用于女式呢。流行的高尔夫呢也是用此丝织制。

特种纱线，又称花式纱线，是指在纺纱和制线过程中采用特种原料、特种设备或特种工艺对纤维或纱线进行加工而得到的具有特殊的结构和外观效应的纱线，是纱线产品中具有装饰作用的一种纱线。

花式纱线针织产品被广泛用于制作针织服装；此外，花式纱线也大量用于织制羊毛衫、帽子、围巾、领带、地毯等以及纱发布、窗帘布、床上用品、高级贴墙材料等装饰用布。特种纱线使用的原料品种也很广泛，包括棉、毛、丝、麻、化学纤维，以及边角料等。特种纱线生产方法很多，不同的方法又可以组合在一起形成新的花式纱线产品。

一、按纱线原料分类

（1）纯纺纱。纯纺纱是由一种纤维材料纺成的纱，如棉纱、毛纱、麻纱和绢纺纱等。此类纱适宜制作纯纺织物。

（2）混纺纱。混纺纱是由两种或两种以上的纤维纺成的纱，如涤纶与棉的混纺纱，羊毛与黏胶的混纺纱等。此类纱用于突出两种纤维优点的织物。

二、按纱线粗细分类

（1）粗特纱。粗特纱指 32tex 及以上（18 英支及以下）的纱线。此类纱线适于粗厚织物，如粗花呢、粗平布等。

（2）中特纱。中特纱指 21~32tex（19~28 英支）的纱线。此类纱线适于中厚织物，如中平布、华达呢、卡其等。

（3）细特纱。细特纱指 11~20tex（29~54 英支）的纱线。此类纱线适于细薄织物，如细布、府绸等。

（4）特细特纱。特细特纱指 10tex 及以下（58 英支及以上）的纱线。此类纱适于高档精细面料，如高支衬衫、精纺贴身羊毛衫等。

三、按纺纱系统分类

（1）精纺纱。精纺纱也称精梳纱，是指通过精梳工序纺成的纱，包括精梳棉纱和精梳毛纱。纱中纤维平行伸直度高，条干均匀、光洁，但成本较高，纱支较高。精梳纱主要用于高级织物及针织品的原料，如细纺、华达呢、花呢、羊毛衫等。

（2）粗纺纱。粗纺纱也称粗梳毛纱或普梳棉纱，是指按一般的纺纱系统进行梳理，不经过精梳工序纺成的纱。粗纺纱中短纤维含量较多，纤维平行伸直度差，结构松散，毛茸多，纱支较低，品质较差。此类纱多用于一般织物和针织品的原料，如粗纺毛织物、中特以上棉织物等。

（3）废纺纱。废纺纱是指用纺织下脚料（废棉）或混入低级原料纺成的纱。纱线品质差、松软、条干不匀、含杂多、色泽差，一般只用来织粗棉毯、厚绒布和包装布等低级的织品。

四、按纺纱方法分类

（1）环锭纱。环锭纱是指在环锭细纱机上，用传统的纺纱方法加捻制成的纱线。纱中纤维内外缠绕联结，纱线结构紧密、强力高，但由于同时靠一套机构来完成加捻和卷绕工作，因而生产效率受到限制。此类纱线用途广泛，可用于各类织物、编结物、绳带中。

（2）自由端纱。自由端纱是指在高速回转的纺杯流场内或在静电场内使纤维凝聚并加捻成纱，其纱线的加捻与卷绕作用分别由不同的部件完成，因而效率高、成本较低。

（3）气流纱。气流纱也称转杯纺纱，是利用气流将纤维在高速回转的纺纱杯内凝聚加捻输出成纱。纱线结构比环锭纱蓬松、耐磨、条干均匀、染色较鲜艳，但强力较低。此类纱线主要用于机织物中蓬松厚实的平布、手感良好的绒布及针织品类。

（4）静电纱。静电纱是利用静电场对纤维进行凝聚并加捻制得的纱。纱线结构同气流纱，用途也与气流纱相似。

（5）涡流纱。涡流纱是用固定不动的涡流纺纱管，代替高速回转的纺纱杯所纺制的纱。纱上弯曲纤维较多、强力低、条干均匀度较差，但染色、耐磨性能较好。此类纱多用于起绒织物，如绒衣、运动衣等。

（6）尘笼纱。尘笼纱也称摩擦纺纱，是利用一对尘笼对纤维进行凝聚和加捻纺制的纱。纱线呈分层结构，纱芯捻度大、手感硬，外层捻度小、手感较柔软。此类纱主要用于工业纺织品、装饰织物，也可用在外衣（如工作服、防护服）上。

（7）非自由端纱。非自由端纱是又一种与自由端纱不同的新型纺纱方法纺制的纱，即在对纤维进行加捻过程中，纤维条两端是受握持状态，不是自由端。这种新型纱线包括自捻纱、喷气纱和包芯纱等。

（8）自捻纱。自捻纱属非自由端新型纱的一种，是通过往复运动的罗拉给两根纱条施以加捻，当纱条平行贴紧时，靠其退捻回转的力，互相扭缠成纱。这种纱线捻度不匀，在一根纱线上有无捻区段存在，因而纱强较低。适于生产羊毛纱和化纤纱，用在花色织物和绒面织物上较合适。

（9）喷气纱。喷气纱是利用压缩空气所产生的高速喷射涡流，对纱条施以加捻，经过包缠和扭结而纺制的纱线。成纱结构独特，纱芯几乎无捻，外包纤维随机包缠，纱较疏松，手感粗糙，且强力较低。此类纱线可加工机织物和针织物，用于男女上衣、衬衣、运动服和工作服等。

（10）包芯纱。包芯纱是一种以长丝为纱芯，外包短纤维而纺成的纱线，兼有纱芯长丝和外包短纤维的优点，使成纱性能超过单一纤维。常用的纱芯长丝有涤纶丝、锦纶丝、氨纶丝，外包短纤维常用棉、涤/棉、腈纶、羊毛等。包芯纱主要用作缝纫线、衬衫面料、烂花织物和弹性织物等。

五、按纱线用途分类

（1）机织用纱。机织用纱指加工机织物所用纱线，分经纱和纬纱两种。经纱用作织物纵向纱线，具有捻度较大、强力较高、耐磨较好的特点；纬纱用作织物横向纱线，具有捻度较小、强力较低，但柔软的特点。

（2）针织用纱。针织用纱为针织物所用纱线。纱线质量要求较高，捻度较小，强度适中。

（3）其他用纱。包括缝纫线、绣花线、编结线、杂用线等。根据用途不同，对这些纱的要求是不同的。

第二节　纱线的细度

纱线的基本特征包括纱线的外观形态特征、加捻特征、纤维在纱线中的转移及分布特征，以及纱线表面的毛羽和内部蓬松性等。

一、纱线的细度指标

（1）线密度 Tt。特克斯制是法定的计量单位，指 1000m 长的纱线在公定回潮率时的质量（标准质量），即：

$$Tt = \frac{1000 \times G_k}{L}$$

式中：G_k 为公定质量（g）；L 为长度（m）。

常用纱线的公定回潮率见表 5-1。

表 5-1　常用纱线的公定回潮率

纱线种类	公定回潮率/%	纱线种类	公定回潮率/%
棉纱	8.5	黏胶纱及长丝	13.0
亚、苎麻纱	12.0	锦纶纱及长丝	4.5
黄麻	14.0	涤纶纱及长丝	0.4
精梳毛纱	16.0	腈纶纱及长丝	2.0
粗梳毛纱	15.0	维纶纱	5.0
毛绒线、针织绒	15.0	氨纶丝	1.3
绢纺蚕丝	11.0	涤/棉混纺纱（65/35）	3.2

（2）公制支数 N_m。毛纺及毛型化纤纯纺或混纺纱线的细度通常用公制支数表示。即在公

定回潮率时，重量为 1g 的纱线所具有的长度（m）。

$$N_m = \frac{L}{G_k} = \frac{1000}{Tt}$$

（3）英制支数 N_e。英制支数是我国计量棉纱线及棉型纱线细度曾用指标。英制支数是指在英制公定回潮率下，一磅重的棉纱线所具有的 840 码长度的个数，既多少英支。

$$N_e = \frac{(100 + W_k)}{(100 + W_e)} \times \frac{590.5}{Tt} = \frac{C}{Tt}$$

式中：W_k 为公定回潮率；W_e 为英制回潮率。

（4）旦尼尔数 N_D。在化学纤维中应用较多，因此长丝纱的粗细表达常用 N_D 来表示，同时蚕丝也常用该指标。表示 9000m 长的纱线在公定回潮率时的质量（g）。

$$N_D = \frac{9000 \times G_k}{L}$$

二、细度测试

纱线细度测试需同时测定长度、质量及回潮率。其中长度用缕纱测长仪测定，回潮率常采用烘箱测试。质量用万分之一天平测试。

第三节　纱线的捻度

一、纱线加捻的特征指标

1. 捻度及捻向

纱线的捻度是指单位长度内的加捻回数。当纱线细度采用特克斯时，捻度为"捻回数/10cm"，符号 T_t；当纱线细度采用公制支数时，捻度为"捻回数/m"，符号 T_m；当纱线细度采用英制支数时，捻度为"捻回数/英寸"，符号 T_e。捻向是指纱线加捻的方向，分为顺时针拧紧的 S 捻和逆时针拧紧的 Z 捻，如图 5-2 所示。

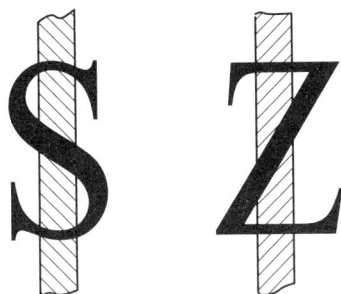

纱线捻度测试

图 5-2　纱线捻向

2. 捻回角

纱表面纤维对纱轴的倾斜角称捻回角。由于捻回角的存在，纱线沿其轴向受到外力作用时，在经向产生侧压力，增加了纤维之间的摩擦，阻止纱线中纤维的滑移，使纱线具有承受外界负荷的能力，纱线捻回角如图5-3所示。

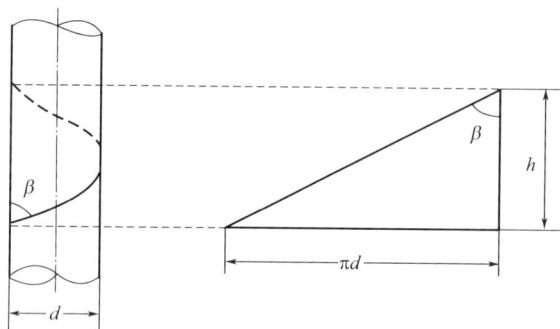

图5-3　纱线捻回角

3. 捻系数

毛纱绒线的支数不同，捻度也不同，为了便于比较不同支数毛纱及绒线的捻度，常用"捻系数"这个概念。"捻系数"的选择，一般纯毛大于混纺纱，混纺纱大于化纤纱，短毛含量高的大于短毛含量低的，纱支细的大于纱支粗的。捻系数计算式如下：

特克斯制捻系数：$\alpha_t = T_t = \sqrt{T_t}$

公制支数制捻系数：$\alpha_m = T_m / \sqrt{N_m}$

英制支数制捻系数：$\alpha_c = T_c / \sqrt{N_c}$

4. 捻缩

纱线因加捻而引起的长度的缩短，叫捻缩。

二、捻度的测定

捻度通常用捻度测量仪测量，有以下两种方法。

1. 直接计数法

指在规定的张力下，夹住一定长度试样的两端，旋转试样一端，退去试样的捻度，直至试样构成单元平行时测得捻回数的方法。退去的捻数即为该长度纱线试样的捻回数。

2. 退捻加捻法

适用于单纱，是在一定张力下，用夹持器夹住已知长度被测试样纱线的两端，经退捻和反向加捻后，试样回复到起始长度所需捻回数即为该长度下的纱线捻回数。

第四节 纱线的毛羽

短纤维纱线上有毛羽，所谓毛羽一般来讲，指的是伸出纱线主体的纤维端或圈。毛羽的情况错综复杂，千变万化，伸出纱线的毛羽有端，有圈，有团，而且具有方向性和很强的可动性。

一、影响纱线毛羽的因素

1. 原料（纤维）的特性

纤维长度、细度、短绒率、纤维所携带的杂质等在纱线的形成过程中，对毛羽的产生将带来直接的影响。纤维的抗扭刚度和抗弯刚度越大，成纱毛羽就越多；纤维越细，纱线截面内的纤维根数越多，其纤维头端外露的可能性越大，则造成成纱毛羽的概率就越多；纤维自身所携带的杂质在纺纱过程中容易产生疵点，影响须条的正常运行与伸直平行，使纤维露出纱体的机会增加而产生毛羽；纤维成熟度好、长度长、整齐度好，则单位长度内纤维根数越少，其成纱毛羽就越少。

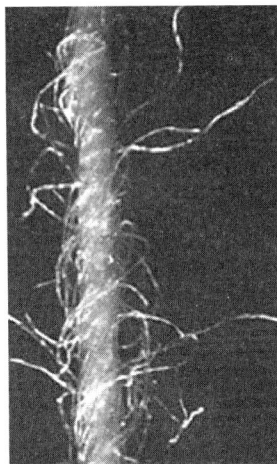

图5-4　短纤维形态

2. 温湿度条件影响

从理论上讲，湿度是影响毛羽变化的主要原因之一，但是在实际生产中，由于各种条件变化的不稳定性，很难量化其对毛羽的影响，只有从长期的监测中才能看到其对毛羽的影响趋势。湿度大，则纤维体积膨胀，透气性差，单纤维强力提高，纱线在相同条件下耐受强力提高，耐摩擦力提高，毛羽有减少趋势。纱线自身相互摩擦也会产生毛羽，所以在生产过程中，要注意轻拿轻放，尽量减少毛羽的产生机会。

二、评价纱线毛羽的指标

1. 毛羽指数

在单位纱线长度的单边上，超过某一定投影长度（垂直距离）的毛羽累计根数。

2. 毛羽伸出长度

纤维端或圈凸出纱线基本表面的长度。

3. 毛羽量

纱上一定长度内毛羽的总量。

第五节　纱线的力学性能

纱线的力学性能包括纱线的拉伸、弯曲和剪切性能、耐磨损性及其相关性能的耐久性等。本节重点介绍纱线的拉伸性能。

1. 纱线的拉伸性能

纱线拉伸性能包含拉伸断裂强力以及断裂伸长率，一般同一种纱线，拉伸断裂强力越高，强力变异系数值越低，该纱线性能越好。检验时，使用专用的仪器设备将试样拉伸直至断裂，仪器自动记录纱线的断裂强力和断裂伸长率。一般采用试样原长度的恒定速度拉伸试样，自动实验仪允许采用更高的拉伸速度。实验时采用两种隔距长度，通常为 500mm（拉伸速度为 500mm/min），特殊情况为 250mm（拉伸速度为 250mm/min）。对于玻璃纱、弹性纱、芳纶纱、陶瓷纱、碳纤维纱和聚烯扁丝纱等纱线，需要专用仪器进行测试。

其中纱线拉伸强力是纱线承受拉力的指标，有绝对强度与相对强度。绝对强度即断裂强力，为纱线拉伸到断裂时所能承受的外力，有单纱强力、股线强力和缕纱强力等，单位为牛顿（N）、达因（dyn）、克力（gf）、公斤力（kgf）或磅力（lbf）。

相对强度有四类指标：

（1）断裂强度。拉伸纱线到断裂时，纱线单位截面积上所能承受的外力，单位为 N/mm^2、dyn/mm^2、kgf/mm^2。

（2）比强度。拉伸纱线到断裂时，单位细度纱线所能承受的外力，单位为 N/tex、gf/tex、gf/旦。

（3）断裂长度。纱线重量等于其断裂强力时所具有的长度，单位为 km。在纱线细度公制系列中，断裂长度等于单纱或股线的强力（gf）与其公制支数的乘积除以 1000；在特克斯系列中，断裂长度等于单纱或股线的强力（gf）与其特克斯的比值即比强度。

（4）品质指标。品质指标是表示缕纱相对强度的指标。纱线细度用英制时，等于缕纱强力（lbf）与其单纱英制支数的乘积；纱线细度用特克斯制时，等于缕纱强力（kgf）与其单纱特克斯之比的 1000 倍。比较不同细度纱线强度大小时，应用相对强度。纱线强度是纱线内在质量的反映，是纱线具有加工性能和最终用途的必要条件。品质指标是我国目前决定棉纱线或棉型化学纤维的纯纺或混纺纱线品等的主要依据，所以纱线强度是纺织生产中最主要的常规检验项目之一。

2. 影响纱线强力的因素

（1）原料性能。纤维长度、细度、断裂长度、成熟度以及短纤维含量等都对纱线的强力有所影响。纤维长度长，整齐度好，纤维细度细，单位截面上纤维根数越多，加捻效率高，则成纱强力越高，强力不匀小；细度不匀率大，则成纱强力下降。

（2）纺纱工艺过程。合理选择开松和除杂工艺参数，在充分开松和梳理的前提下，避免纤维的过度损伤，尽可能地排除短绒和杂质；并相应合理配置牵伸工艺和牵伸形式，保证牵伸过程中对纤维的控制，提高纤维的伸直平行度，适当提高粗纱温湿度，增大粗纱回潮率，易于纤维应力消失而保证其伸直；缩小牵伸隔距，可稳定纤维运动，制成条干均匀、结构良好的粗纱。同时控制熟条定量的差异，减少卷绕伸长的锭差，加强设备的维修和基础管理工作，减少弱环的产生。减少原料的性状差异率，增强前纺对原料的均匀混合，提高梳理作用，增加单纤维间的混合，增加精梳、并条工序的并合数等，各原料成分在纱线内均匀分布，使纱线在拉伸过程中每根纤维的强力得到合理充分的利用。

（3）成纱结构。如纤维的伸直平行度及在纱中的排列分布状况，纱线的捻度大小，须条加捻前的紧张程度、宽度、紧密度、纤维排列和伸直等对纱线强力都有一定的影响。紧密纺纱是改善加捻前须条的结构，减少成纱毛羽，提高纱线强力的好方法。

（4）成纱均匀度。如重量不匀率、条干不匀及捻度不匀等均会影响细纱条干均匀度。控制前区的工艺和摩擦力界的合理分布，前牵伸区隔距、浮游区的长度、胶圈钳口的大小等，控制成纱百米重不匀率在2%以内，棉卷不匀率在1%以内，精梳短绒率在8%以内等可提高纱线重量不匀。锭与锭之间速度一致性是影响纱线捻度不匀的直接因素，锭带及接头方法、锭带张力装置是保证锭速稳定的基础。提高成纱强力应从合理选择原料、减少混合差异、提高前纺半制品质量、改善半制品和成纱结构、提高细纱条干及合理选择捻系数等方面着手。

第六节　缝纫线

一、缝纫线的分类与特点

1. 天然纤维缝纫线

（1）棉缝纫线。以棉纤维为原料经练漂、上浆、打蜡等工序制成的缝纫线。强度较高，耐热性好，适于高速缝纫与耐久压烫，缺点是弹性与耐磨性较差。主要包括软线、丝光线、蜡光线。

（2）蚕丝线。用天然蚕丝制成的长丝线或绢丝线，有极好的光泽，其强度、弹性和耐磨性能均优于棉线。

2. 合成纤维缝纫线

（1）涤纶缝纫线。以涤纶长丝或短纤维为原料制成，具有强度高、弹性好、耐磨、缩水率低、化学稳定性好的特点。

（2）锦纶缝纫线。锦纶缝纫线由纯锦纶复丝制造而成，分长丝线、短纤维线和弹性变形线三种，目前主要品种是锦纶长丝线。优点是强伸度大、弹性好，其断裂长度高于同规格棉线三倍。

（3）维纶缝纫线。由维纶制成，其强度高，线迹平稳。

（4）腈纶缝纫线。由腈纶制成，主要用作装饰线和绣花线，纱线捻度较低，染色鲜艳。

3. 混合缝纫线

（1）涤/棉缝纫线。采用65%的涤和35%的棉混纺而成。兼有涤和棉两者的优点，既能保证强度、耐磨、缩水率的要求，又能克服涤纶不耐热的缺陷，适应高速缝纫。

（2）包芯缝纫线。以长丝为芯线，外包覆天然纤维而制得的缝纫线。其强度取决于芯线，而耐磨与耐热性取决于外包纱。

二、缝纫线的卷装形式

缝纫线按照卷装形式分为宝塔线、炮竹筒式（纸芯线、塑芯线、本芯线）、线团（线球）和胶线。但是适用于缝纫机用线要求，市场上一般有三种形式，即宝塔形筒式、炮竹筒式以及线团式。

（1）宝塔形筒式。宝塔形筒式是缝纫大批量制品时用的线筒，其出线顺畅，不易出故障，线量一般在5000m以上，适用于高速缝纫机。

（2）炮竹筒式。炮竹筒式是小批量多种的服装业常用的线筒。这种线筒的线量通常为1000~2500m，适用于调色需要，内芯一般是塑料芯和纸芯。

（3）线团式。内芯是木制的，线量较少，一般适用于低速工业机，或者家用机。多用于生产批量小、颜色变化多的缝纫业，如修补业、皮塑制品业、制鞋业等。

三、缝线的选用

在规定条件里，缝线形成良好线迹的同时具有保持一定力学性能的能力，称为可缝性，是评定缝线质量的综合指标。根据缝料材质、厚度、组织、颜色、缝纫款式、缝纫设备或手段，选用种类和规格相匹配的缝线和机针，一般可遵循下列原则：

1. 与面料特性协调

可保证收缩率、耐热性、耐磨性、耐用性等的统一，避免线、面料差异过大而引起皱缩。一般软薄料用细线，配小号机针；硬厚料用粗线，配大号机针。

2. 与缝纫设备协调

平缝机选用左旋缝线，缝纫时可加捻，保持缝线强度。

3. 与线迹形式协调

包（绷）缝机选用细棉线，缝料不易变形和起皱，且使链式线迹美观、手感舒服。双线线迹应选用延伸性好的缝线。裆缝、肩缝应选用坚牢的缝线。纽扣眼线迹应选择耐磨的缝线。

4. 与服装种类协调

特殊用途的服装，如弹性服装需用弹性缝线，消防服应用耐热、阻燃和防水处理的缝线。

四、常规缝纫线规格

1. 尼龙线

尼龙线又称锦纶线、珠光线，是由连续长丝尼龙捻合而成，平顺、柔软，延伸率为20%~35%，有较好的弹性，燃烧冒白烟。耐磨度高，耐光性能良好，防霉，可低温染色。因其线缝强力高、耐用、缝口平伏、能切合不同缝纫工业产品的需要而被广泛使用。

其一般物理特性见表5-2。

表5-2 尼龙线的一般物理特性

线号	旦尼尔	平均强度/kg
40#	210旦/1×2	2.3
30#	210旦/1×3	3.5
20#	210旦/4	4.8
10#	210旦/2×3	7.0
5#	210旦/3×3	10.0
0#	210旦/4×3	14.0

2. 特多龙线

特多龙线又称高强线、涤纶线，是由连续涤纶高强低伸长丝捻合而成，耐130℃温度，拉力高，延伸率低，无弹性；但耐磨性差，比尼龙线硬，燃烧冒黑烟，130℃高温染色，光滑、无更多接头、色牢度好，是符合国际环保要求的缝纫线。

其常用规格型号见表5-3。

表5-3 特多龙线常用规格型号

线号	旦尼尔	平均强度/kg
60#	150旦/1×3	2.4
40#	210旦/1×2	2.4
30#	210旦/1×3	3.6
20#	210旦/1×4	4.5
10#	210旦/2×3	6.0
5#	210旦/3×3	9.0
0#	210旦/4×3	11.0

还有其他一些较粗规格，如15股、18股、21股、24股、30股等。

3. PP 纯涤纶线

PP 纯涤纶线又称SP线、PP线，也是由高强力低延伸的涤纶原料生产制成，表面有毛丝，耐130℃温度，高温染色。涤纶原料是所有物料中最能抵受摩擦、干洗、石磨洗、漂白及其他洗涤剂的材料，其低伸度及低伸缩率，保障了极佳的可缝性，并能防止褶皱和跳针。

常用型号有 20 英支/2、20 英支/3、20 英支/4、30 英支/3、30 英支/2、40 英支/2、40 英支/3、50 英支/2、50 英支/3、60 英支/2、60 英支/3。

4. 邦迪线

邦迪线有 Nylon 6 和 Nylon 6.6 两种材料，是由持续尼龙长丝捻合，再加以黏合处理后，将所有股数的纱黏合在一起，即使是用剪刀剪过，也不会岔开。再经由高效能润滑处理，可配合日常的重型缝纫工序，如皮革、帆布制品或运动鞋。延伸率为 20%～28%，耐磨性较佳，不易断线，表面如丝带般平滑。

常用型号有 210 旦/1×3、20# 280 旦/1×3、420 旦/1×3、630 旦/1×3。

5. 聚酯纤维皮具缝纫线

聚酯纤维皮具缝纫线又称特品线，选用一种优质高强力聚酯化纤长丝捻合而成。它与同级别的尼龙线或 PP 线比较，拉力较强、质料柔软、低伸度、无弹性、颜色鲜艳光亮、不褪色，并具有耐晒、耐热及耐磨损的特性，最适合于缝制各种皮具、女鞋、人造皮革制品等。

常用规格型号有：100 旦/1×3、150 旦/1×3、210 旦/1×3、280 旦/1×3、420 旦/1×3、630 旦/1×3、840 旦/1×3、1050 旦/1×3、1260 旦/1×3。

第六章　织物结构

本章课件

第一节　织物分类

一、按照用途分类

织物按用途可分为服用纺织品、装饰用纺织品、产业用纺织品三大类。

（1）服用纺织品。包括制作服装的各种纺织面料以及缝纫线、松紧带、领衬、里衬等各种纺织辅料和针织成衣、手套、袜子等。

（2）装饰用纺织品。在品种结构、织纹图案和配色等各方面较其他纺织品有更突出的特点，也可以说是一种工艺美术品。可分为室内用品、床上用品和户外用品，包括家居布和餐厅、浴洗室用品，如地毯、沙发套、椅子、壁毯、贴布、像罩、纺品、窗帘、毛巾、茶巾、台布、手帕等；床上用品包括床罩、床单、被面、被套、毛毯、毛巾被、枕芯、被芯、枕套等；户外用品包括人造草坪等。

（3）产业用纺织品。使用范围广，品种多，常见的有篷盖布、枪炮衣、过滤布、筛网、路基布等。

二、按织物的生产加工方式分类

按生产加工方式不同分为机织物、针织物及非织造布。

（1）机织物。采用经纬相交织造的织物称为机织物。

（2）针织物。由纱线成圈相互串套而成的织物和直接成型的衣着用品称为针织物。

（3）非织造布。不经传统纺织工艺，而由纤维铺网加工处理而形成的薄片称为非织造布。

三、按染整加工工艺分

（1）本色白布。如普通布面、细布、粗布、帆布、斜纹坯布、原色布等。

（2）色布。如硫化蓝布、硫化墨布、士林蓝布、士林灰布、色府绸、各色咔叽、各色华呢等。

（3）花布。花布是指印染上各种各样颜色和图案的布。如印花平纹布、印花斜纹布、印花哔叽、印花直贡等。

（4）色织布。色织布是指把纱或线先经过染色，后在机器上织成的布，如条格布、被单布、绒布、线呢、装饰布等。

四、按织物的组成材料分类

（1）再生纤维织物。它是化学纤维中最多生产的品种，是利用含有纤维素或蛋白质的天然高分子物质如木材、蔗渣、芦苇、大豆、乳酪等为原料，经化学和机械加工而成，如人造棉、黏胶丝、人造毛、虎木棉、富强棉。

（2）天然纤维织物。主要包括棉织物、毛织物、麻织物、丝织物。

（3）合成纤维织物。合成纤维织物是化学纤维中的一大类，它是采用石油化工工业和炼焦工业中的副产品，如涤纶、锦纶、腈纶、维纶、丙纶、氯纶等。

（4）混纺织物。混纺织物是化学纤维与其他棉、毛、丝、麻等天然纤维混合纺纱织成的纺织产品，如涤/棉布、涤/毛华达呢等。

第二节　机织物结构及基本特征

一、机织物的基本定义

1. 机织物的概念

由相互垂直排列的两个系统的纱线，按一定的规律相互浮沉交错（即交织）而成的制品，称为机织物，商业上也称梭织物。

机织物中，沿长度方向的一个系统的纱线称为"经"。与经垂直，沿宽度方向的一个系统的纱线称为"纬"。有时经或纬又可能是几组纱线构成。经或纬按纱线的结构可能是单纱、股线或长丝等，一般情况下可统称为经纱或纬纱，如图6-1所示。

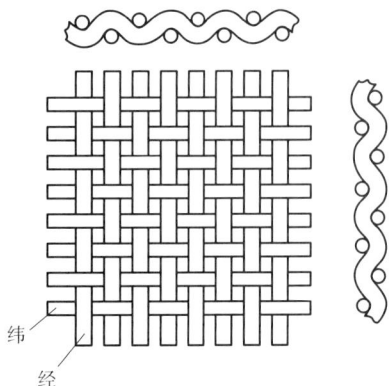

图6-1　经纬纱交织图

2. 机织物的形成

机织物由织机织造而成，而织机是由电子纹板装置、提综装置、送纬装置和打纬装置等主要部件来实现经丝的升降运动和纬丝的织入。具体过程如图6-2所示。

（1）送经运动。把经纱从织轴上放出的运动。

（2）开口运动。按照经纬纱交织规律，将经纱分成上下两片，形成梭口的运动。

（3）引纬运动。将纬纱引入梭口的运动。

（4）打纬运动。把引入梭口的纬纱推向织口的运动。

（5）卷取运动。把织物引离织物形成区，卷到卷布辊上。

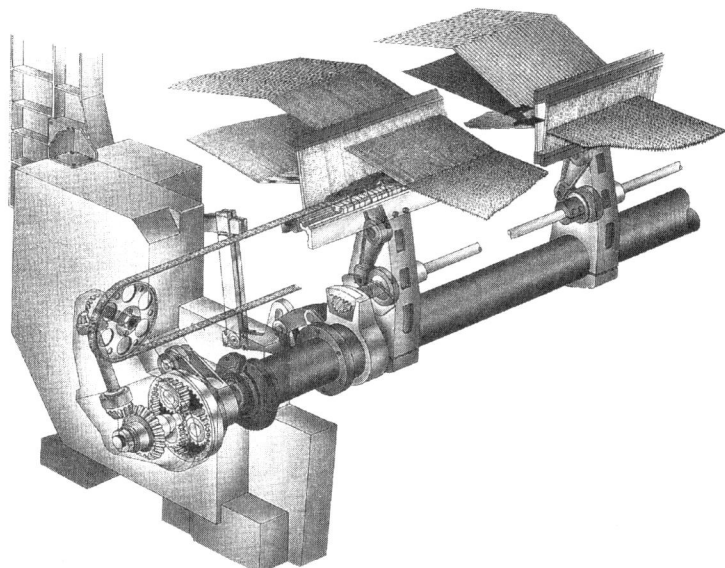

图 6-2　机织物织造原理

二、机织物结构及基本特征

1. 织物密度

织物密度是指织物中经向或纬向单位长度内的纱线根数，用 M 表示，单位为根/10cm，有经纱密度和纬纱密度之分。经纱密度又称经密，是织物中沿纬向单位长度内的经纱根数。纬纱密度又称纬密，是织物中沿经向单位长度内的纬纱根数。

习惯上将经密和纬密自左向右联写成 $M_j \times M_w$，如 236×220，表示织物经密是 236 根/10cm，纬密是 220 根/10cm。表示织物经纬纱线密度和经纬密的方法为自左向右联写成 $Tt_j \times Tt \times M_j \times M_w$。

大多数织物中，经纬密采用经密大于或等于纬密的配置。当然最重要的是根据织物的性能要求进行织物经纬密的设计。经纬密只能用来比较相同直径纱线所织成的不同密度织物的紧密程度。当纱线的直径不同时，则无可比性。

2. 织物紧度

织物紧度是指织物中纱线挤紧的程度，有经向紧度和纬向紧度之分，用单位长度内纱线直径之和所占百分率来表示。

图 6-3 为织物紧度图，图中 P_j、P_w 为经、纬向纱线线密度（根/10cm）；d_j、d_w 为经、纬向纱线直径（cm）；a、b 为两根经、纬纱之间的平均中心距（mm）。

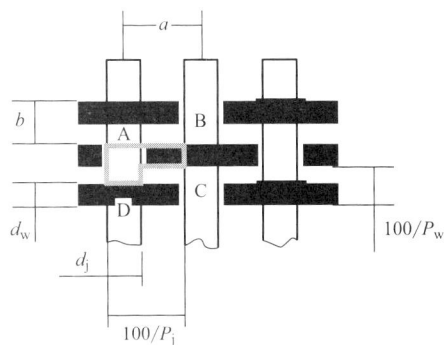

图 6-3　织物紧度图解

$$经向紧度\ E_j = \frac{d_j}{100/P_j} \times 100 = d_j P_j$$

$$纬向紧度\ E_w = \frac{d_w}{100/P_w} \times 100 = d_w P_w$$

$$总紧度\ E = E_j + E_w - \frac{E_j \times E_w}{100}$$

紧度中既考虑了经纬密度，也考虑了纱线直径的因素，因此可以比较不同粗细纱线织造的织物的紧密程度。$E<100\%$，说明纱线间尚有空隙；$E=100\%$，说明纱线刚刚挨靠；$E>100\%$，说明纱线已经挤压、甚至重叠。E 值越大，纱线间挤压越严重。

各种织物，即使原料、组织相同，如果紧度不同，也会引起使用性能与外观风格的不同。试验表明，经纬向紧度过大的织物其刚性增大，抗折皱性下降，耐平磨性增加，而折磨性降低，手感板硬。而紧度过小，则织物过于稀松，缺乏身骨。在总紧度一定的条件下，以经向紧度与纬向紧度比为 1 时，织物显得最紧密，刚性最大；当二者比例大于 1 或小于 1 时，织物就比较柔软，悬垂性好。

3. 织物组织

织物结构的要素之一是经纬的交织规律，称为织物组织。它对织物的形成和性质影响很大，是讨论织物结构的重要内容。

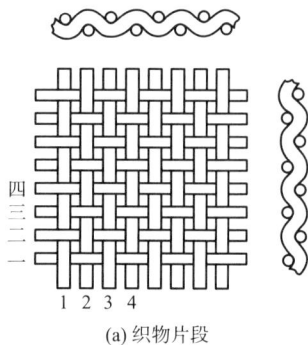

（1）组织图。要将织物的交织规律表达出来，一般采用方格法画成组织图，即把织物组织画在专门的方格纸——意匠纸上。这种纸每一纵行表示一根经纱，每一横列表示一根纬纱，它们的排列顺序是，经纱由左至右，纬纱由下至上。纸上每个方格表示经纬重叠处，称为组织点。组织点有两种，一种是经浮于纬之上，称为经组织点，规定在方格内涂色或画×、〇等符号，习惯叫作"上"；另一种是纬浮于经之上，称为纬组织点，习惯叫作"下"，规定在方格内不画符号。这样就将织物组织画成组织图。图 6-4（b）为织物的组织图。图上每一纵行（或横列）经纬组织点的变化分界处，即为该经（纬）纱的上下交错的地方。用方格法表示织物组织是一种示意方法，虽然缺乏立体感，但能正确地表示经纬的交织规律，其作图方法很简便，当织物组织复杂时，用此法更为显著。

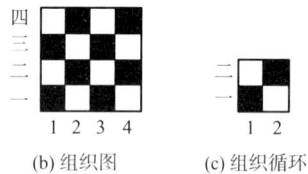

(a) 织物片段

(b) 组织图　　(c) 组织循环

图 6-4　织物交织片段及
其组织图、组织循环

（2）组织循环。织物中经纬纱的根数很多，但交织状态往往是一个最小基本组织的重复。如图 6-4（c）所示，从织物片段和组织图中可看出第 3、第 4 根经纱分别与第 1、第 2 根经纱的交织状态完全相同。第三、第四根纬纱分别与第一、第二根纬纱的交织状态完全相同，且以后都按此规律。可见此织物的交织规律只需用两经两纬就可以表示了如图 6-4（c）所示，而其他部分都是其重复。这个基本组织称为组织循环，又称完全组织。

所以，组织循环是保持经纬交织规律的最小单元，只需用一个组织循环就可以表示整个织物的交织规律，因而在一般情况下，组织图只画一个组织循环即可。一个组织循环中的经纬纱根数分别称为经纱循环 R_j 和纬纱循环 R_w。R_j 和 R_w 可相等，也可不等。花纹越复杂，一个组织循环中的经纬纱根数越多。

（3）组织点飞数。要了解织物的交织规律，除了组织循环外，还应知道循环中各组织点的相互位置关系。组织点飞数就是表示这种关系的参数。

在一个组织循环中，同一系统纱线相邻的两根纱线上，相应组织点之间间隔的另一系统纱线数称为组织点飞数，简称为飞数，用 S 表示。产生在相邻经纱相应组织点之间的飞数，称为经向飞数，用 S_j 表示；产生在相邻纬纱相应组织点之间的飞数，称为纬向飞数，用 S_w 表示。如图 6-5 所示，组织点 B 相应于组织点 A 的飞数是 $S_j=3$，组织点 C 相应于组织点 A 的飞数是 $S_w=2$。在织物是经面组织时，采用经向飞数 S_j；若是纬面组织，则采用纬向飞数 S_w。

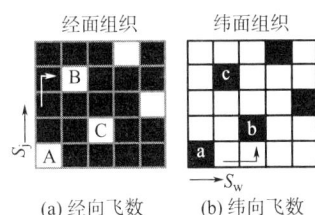

图 6-5　组织点飞数

（4）相对交错次数和平均浮长。经纱和纬纱通过交织而结合成一体，即形成了织物。这种结合可能强些也可能弱些，其强弱程度直接影响织物的许多性质，它可粗略地用参数——相对交错次数来反映。

所谓交织即经纬相互浮沉交错，其中"浮沉"是指某经（纬）纱在某纬（经）纱之上或下，在组织图上反映为组织点；而"交错"是指某经（纬）纱对某纬（经）纱由浮到沉或由沉到浮在其间穿插，在组织图上反映为该纱线上组织点的变换分界。每一次由浮到沉或由沉到浮称为一次交错。没有交错，经纬纱就没有结合，相对交错越多则经纬纱结合越强，反之则越弱。某纱线在一个组织循环中的交错次数 t 与组织循环 R（该纱线若为经纱，用纬纱循环 R_w；若为纬纱，则用 R_j 之比 t/R，即为相对交错次数，它基本反映了经纬纱结合的强弱程度。由图 6-6 可知，当其他要素如纱线细度、排列密度、纱线性质等相同时，t/R 值越大，则：

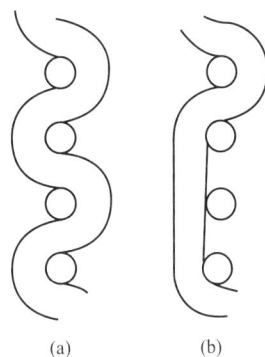

图 6-6　t/R 值的影响

（1）交织越强烈，经纬相互结合越牢固，织物越坚牢，而且较硬挺。

（2）纱线弯曲次数相对越多，一定长（宽）度的织物，需要更长的纱线，即织缩率越大。

（3）织物越紧密，但因交错占据了空间，要增加纱线的排列密度也越困难。

（4）纱线平均浮起或沉下的长度更短，织物更耐磨；但反光面更小，织物光泽弱。

相对交错次数 t/R 值的范围是：$0<t/R\leqslant 1$。

图 6-6（a）为 $t/R=2/2=1$，图 6-6（b）为 $t/R=2/4=0.5$。当该值等于零，即表示经

纬没有交织，是不允许的。当该值等于1，这是逐根交错，为最强烈的交织。一个组织循环中，各根纱线的 t/R 值可能相同，也可能不同。对于后者，各根纱线的交织强弱程度也就不同。

相对交错次数的倒数 R/t 称为平均浮长。它的意义是在一个组织循环中，各根纱线连续浮（沉）线长度（用组织点数表示）的平均值。其值大小的影响与相对交错次数相反。

第三节　针织物结构及基本特征

一、针织物的基本定义

1. 针织物的概念

针织物是由纱线通过针织机有规律的运动而形成线圈，线圈和线圈之间互相串套起来而形成的织物。线圈是针织物的最小基本单元，是识别针织物的一个重要标志。根据编织的工艺方式可以分为纬编和经编。

纬编（weft knitting）是将纱线沿纬向喂入针织机的工作织针，顺序地弯曲成圈并相互串套而形成针织物的一种工艺。在纬编中，一根或若干根纱线从纱筒上引出，沿着纬向顺序地垫放在纬编针织机各相应的织针上形成线圈，并在纵向相互串套形成纬编针织物，一般来说，纬编针织物的延伸性和弹性较好，多数用作服用面料，还可以直接加工成半成形和全成形的服用与产业用产品（图6-7）。

经编（warp knitting）是用一组或几组平行排列的纱线，于经向喂入机器的所有工作针上，同时成圈而形成针织物的一种工艺。在经编中，多组纱线从经轴上引出，沿经向一同按照编织需求在经编织针前后绕行垫纱形成相应线圈，并在横向互相串套形成经编针织物。相较纬编针织物，经编针织物的延伸性和弹性相对较小，生产效率更高，可用于服装、装饰面料，在产业用领域其应用前景更为广阔（图6-8）。

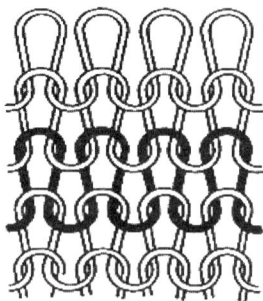

图6-7　纬编线圈图

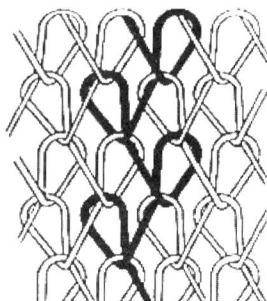

图6-8　经编线圈图

2. 针织物的形成

（1）纬编针织物的形成。纬编针织物一般是指采用舌针编织而形成的织物，以此为例。成圈机件配置如图6-9所示，针织插在针筒中，自左向右运动，并在三角作用下进行上升退圈、下降成圈运动，导纱器则是将纱线导入机器中以供编织，沉降片沿经向作进出运动，用来握持和控制旧线圈，帮助针织完成弯纱、牵拉等运动。具体成圈过程如图6-10所示，大体可以分为退圈、垫纱、闭口、套圈、弯纱、脱圈、成圈和牵拉阶段。成圈开始时，织针上升使旧线圈从针钩推到针杆上（退圈），织针上升到最高点后再往下降，下降的同时钩取新的纱线（垫纱），旧线圈推动针舌使其关闭（闭口），织针继续下降过程中，旧线圈沿针舌上升并

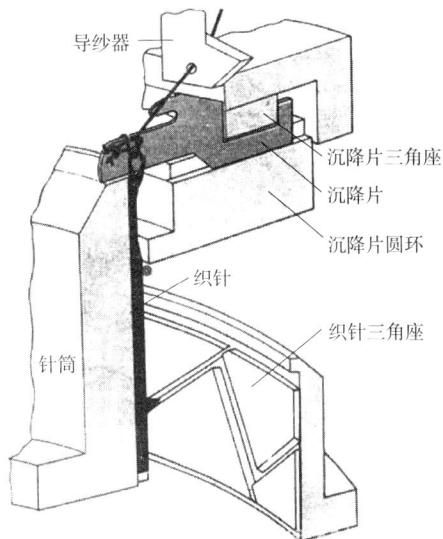

图6-9　舌针纬编机成圈机件配置

滑到新的纱线上（套圈），并使新的纱线弯纱而成为线圈（弯纱、脱圈、成圈），沉降片再对新的纱线所形成的沉降弧进行牵拉而完成一个成圈循环（牵拉）。

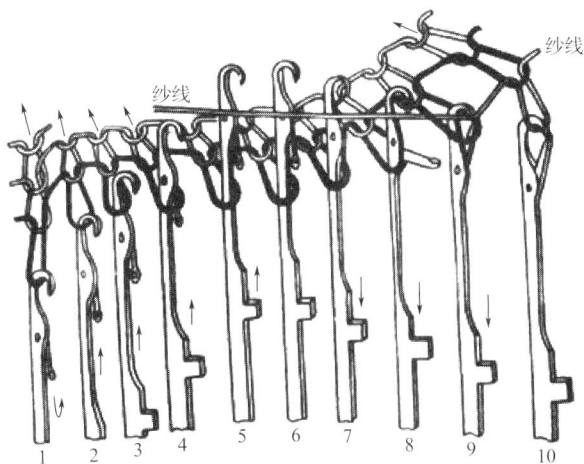

图6-10　舌针成圈编织过程

（2）经编针织物的形成。经编针织物多以复合针进行编织，以此为例。成圈机件配置如图6-11所示，复合针1上升作退圈运动，下降作成圈运动，针芯2在针槽内上下滑动，用以开启和关闭针口，上方的导纱针3则作绕针运动，将纱线垫到针上。沉降片4用来握持和控制旧线圈，使旧线圈在针上升时，不与针一起上升，在新线圈形成后，又将新线圈从成圈区域牵拉开，保证成圈过程的顺利进行。具体成圈过程如图6-11所示，大致可分为退圈、垫纱、闭口、套圈、弯纱、脱圈、成圈和牵拉阶段。成圈过程开始时，针身先于

针芯上升使旧线圈从针钩退到针杆上，针身上升到最高点后再往下降，导纱针围绕织针垫纱，下降的同时织针钩取新的纱线，针芯与针身继续下降，旧线圈沿针舌上升并滑到新的纱线上，并使新的纱线弯纱而成为线圈，沉降片再对新的纱线所形成的沉降弧进行牵拉而完成一个成圈循环。

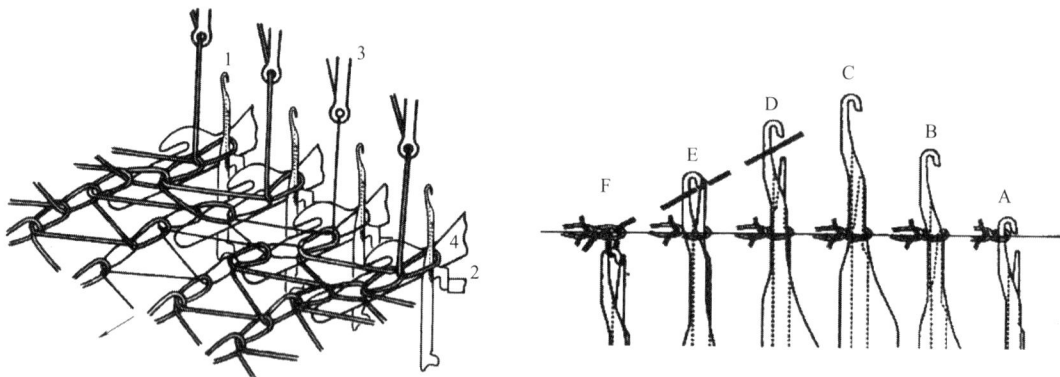

图6-11　复合针成圈编织过程

由经编针织物的形成过程可知，在经编针织物中，一个横列的线圈是由许多根纱线同时形成的。另外，由于每个导纱针在形成相邻两横列之间要进行"针背垫纱"，亦即由与一个针相对应的位置，在针背后移到与另一个针相对应的位置。因而，导纱针将轮流在几根针上垫纱，使经编针织物的每个线圈纵行是由几根纱线轮流形成的，这就形成了各根纱线所形成线圈之间的横向联系，而组成了整片的经编针织物。为了使经编针织物具有一定的结构和力学性能，达到一定花色效应，往往采用两组或更多组的纱线，利用不同穿经和不同色纱配置进行编织。

二、针织物的基本结构及特征

1. 纬编针织物的基本结构及特征

（1）线圈组成。线圈（loop）是组成针织物的基本结构单元，几何形态成三维弯曲的空间曲线。在图6-12所示的纬编线圈结构图中，线圈由圈干1—2—3—4—5和沉降弧（sinker loop）5—6—7组成，圈干包括直线部段的圈柱（leg）1—2与4—5和针编弧（needle loop）2—3—4。在线圈横列方向上，两个相邻线圈对应点之间的距离称为圈距，用A表示。在线圈纵行方向上，两个相邻线圈对应点之间距离称为圈高，用B表示。

（2）线圈纵行与线圈横列。在针织物中，线圈沿织物横向组成的一行称为线圈横列（course），沿纵向相互串套而成的一列称为线圈纵行（wale），如图6-13所示。其特征是：每一根纱线上的线圈一般沿横向配置，一个线圈横列由一根或几根纱线的线圈组成。

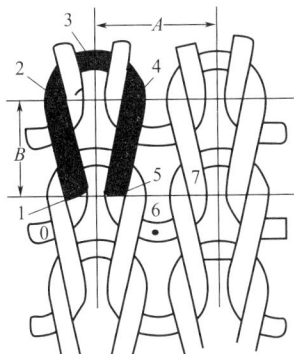

图 6-12 纬编线圈结构图

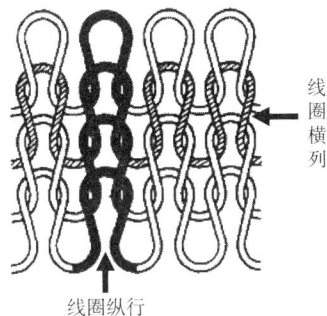

图 6-13 纬编针织物线圈横列及纵行

（3）织物的正面和反面。如图 6-14 所示，凡线圈圈柱覆盖在前一线圈圈弧之上的一面，称为织物正面；而圈弧覆盖在圈柱之上的一面，称为织物反面。根据编织时针织机采用的针床数量，针织物可分为单面和双面两类。单面针织物采用一个针床编织而成，其特征是针织物的一面全部为正面线圈，织物两面具有显著不同的外观。双面针织物采用两个针床编织而成，其特征是针织物的任何一面都显示为织物正面。

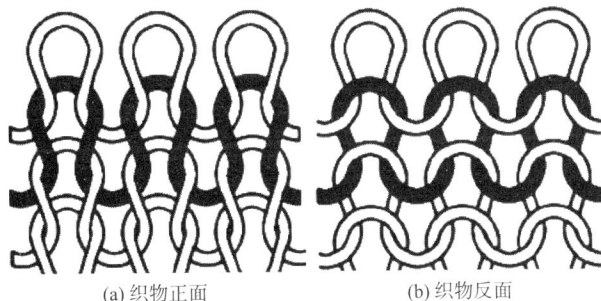

(a)织物正面　　　　　　　(b)织物反面

图 6-14 纬编针织物的织物正反面

（4）线圈密度。线圈密度可分为纵密和横密两种。纵密即织物上沿纵行方向单位长度内的线圈横列数，纬编中单位长度通常取 5cm，用 P_B 表示。横密即织物上沿横列方向单位长度内的线圈纵行数，纬编中单位长度通常取 5cm，用 P_A 表示，有时也用每英寸长度中的线圈纵行数表示，即纵行/英寸。根据织物所处状态不同，密度又分为机上密度、坯布密度和成品密度。

2. 经编织物基本结构及特征

（1）线圈组成。如图 6-15 所示，经编线圈由线圈主干（1—5）和延展线（5—6）组成，其中线圈主干由针编弧（2—3—4）和圈柱（1—2，4—5）构成，圈距 A 和圈高 B 定义同纬编部分。线圈可以分为开口线圈和闭口线圈。针前与针背作同向垫纱或有针前垫纱但针背横移为零时形成的线圈为开口线圈，针前与针背作反向垫纱形成的线圈称为闭口线圈。

85

（2）线圈纵行与线圈横列。如图 6-16 所示，由同一根针形成的纵向串套的一系列线圈，称为线圈纵行。织物的纵行数通常表示了机器上的工作针数。线圈横列表示所有工作织针完成一个编织循环所形成的肩并肩的一系列线圈。

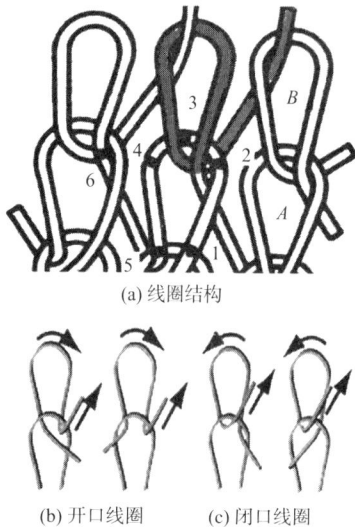

(a) 线圈结构

(b) 开口线圈　(c) 闭口线圈

图 6-15　经编线圈结构图

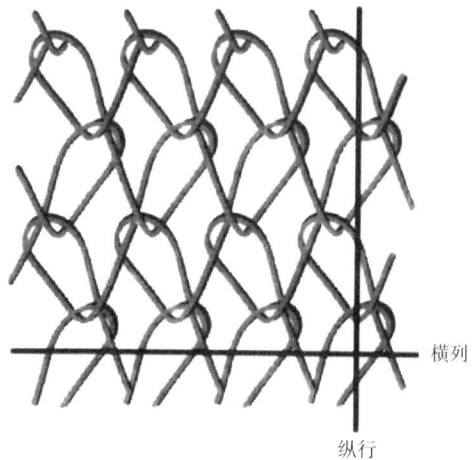

横列

纵行

图 6-16　经编针织物线圈横列及纵行

（3）工艺正面与工艺反面。经编织物有工艺正面和工艺反面之分，如图 6-17 所示。工艺正面为圈柱压住圈弧和延展线的一面，工艺反面即为延展线和圈弧压住圈柱的一面。织物的使用面可能是工艺正面，也可能是工艺反面，视具体情况而定。

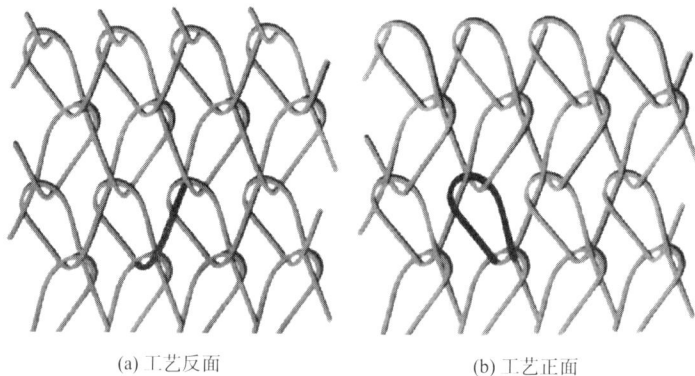

(a) 工艺反面　　　　　　　　　　(b) 工艺正面

图 6-17　纬编针织物的工艺正反面

（4）线圈密度。线圈密度可分为纵密和横密两种。纵密即织物上沿纵行方向单位长度内的线圈横列数，经编中单位长度通常取 1cm，用横列/cm 表示。横密即织物上沿横列方向单位长度内的线圈纵行数，经编中单位长度通常取 1cm，用纵行/cm 表示，有时也用每英寸长度中的线圈纵行数纵行/英寸表示。根据织物处于不同状态，又分为机上密度、坯布密度和成品密度。

第四节 非织造布结构及基本特征

一、非织造布的概念及用途

非织造布不需要经过纺纱织布，只是将纺织短纤维或者长丝进行定向或随机排列，形成纤网结构，然后采用机械、热黏或化学等方法加固而成。简单地讲，它不是由一根一根的纱线交织、编结在一起的，而是将纤维直接通过物理的方法黏合在一起。非织造布突破了传统的纺织原理，并具有工艺流程短、生产速度快，产量高、成本低、用途广、原料来源多等特点。

纺织造布的主要用途大致可分为：

（1）医疗卫生用布。手术衣、防护服、消毒包布、口罩、尿片、妇女卫生巾等。

（2）家庭装饰用布。贴墙布、台布、床单、床罩等。

（3）跟装用布。衬里、黏合衬、絮片、定型棉、各种合成革底布等。

（4）工业用布。过滤材料、绝缘材料、水泥包装袋、土工布、包覆布等。

（5）农业用布。作物保护布、育秧布、灌溉布、保温幕帘等。

（6）其他。太空棉、保温隔音材料、吸油毡、烟过滤嘴、袋包茶叶袋等。

二、非织造布的特点与分类

非织造布具有较高的生产速度，与传统织物生产效率的对比见表 6-1。

表 6-1　非织造布与传统织物生产效率的对比

生产方法	机型	相对生产速度
机织	自动有梭织机	1
	无梭织机	10
针织	纬编大圆机	28
	高速经编机	71
非织造布	缝编机	90
	针刺机（4m 工作宽度）	125
	针刺机（特宽幅）	360
	黏合法生产线	600
	热轧法生产线	1800
	纺丝成网法生产线	200～2000
	湿法生产线	2300～10000

非织造布的分类如下。

1. 根据生产工艺性质不同分类

可分为干法、聚合物挤压成网法和湿法三大类，目前国内外用得最多的生产工艺是干法和聚合物挤压成网法。

2. 根据加固技术分类

（1）采用水刺加固，即水刺非织造布。

（2）采用针刺加固，即针刺非织造布。

（3）采用热轧机黏合，即纺粘非织造布和热轧非织造布。

（4）采用热风黏合，即热风非织造布。

（5）采用汽刺固结，即汽刺非织造布。

（6）采用化学方法黏合，还可具体分为浸渍法、喷胶法和泡沫法非织造布。

三、常见的非织造布

1. 干法成网

（1）水刺非织造布。水刺工艺是将高压微细水流喷射到一层或多层纤维网上，使纤维相互缠结在一起，从而使纤网得以加固而具备一定强力。

（2）针刺非织造布。针刺非织造布是干法非织造布的一种，针刺非织造布是利用刺针的穿刺作用，将蓬松的纤网加固成布。

（3）热黏合非织造布。热黏合非织造布是指在纤网中加入纤维状或粉状热熔黏合加固材料，纤网再经过加热熔融冷却加固成布。

2. 聚合物挤压成网

（1）纺粘非织造布。纺粘非织造布是在聚合物已被挤出、拉伸而形成连续长丝后，长丝铺设成网，纤网再经过自身黏合、热黏合、化学黏合或机械加固方法，使纤网变成非织造布。

（2）熔喷非织造布。熔喷非织造布的工艺过程为：聚合物喂入→熔融挤出→纤维形成→纤维冷却→成网→加固成布。

（3）缝编非织造布。缝编非织造布是干法非织造布的一种，缝编法是利用经编线圈结构对纤网、纱线层、非纺织材料（如塑料薄片、塑料薄金属箔等）或它们的组合体进行加固，以制成非织造布。

第七章　纺织品染整

本章课件

第一节　纺织品染色

　　纺织品染色是指使纺织品获得一定牢度的颜色的加工过程，借助染料与纤维发生物理或化学的结合，或者用化学的方法在纤维上生成颜色，使整个纺织品成为有色物体。染色是在一定温度、时间、pH 和所需染色助剂等条件下进行的。各类纺织品的染色都有各自适用的染料和适应的工艺条件。如何合理地选择染料，制订合适的染色工艺，以获得质量满意的染色产品是染色工作者追求的目标。

一、概述

　　早期使用天然的植物染料给纺织品上色的方法，称为"草木染"。新石器时代的人们在应用矿物颜料的同时，也开始使用天然的植物染料。人们发

染色作品

现，漫山遍野花果的根、茎、叶、皮都可以用温水浸渍来提取染液。经过反复实践，我国古代人民终于掌握了一套使用该种染料染色的技术。到了周代，植物染料在品种及数量上都达到了一定的规模，并设置了专门管理植物染料的官员负责收集染草，以供浸染衣物之用。秦汉时，染色已基本采用植物染料，形成独特的风格。东汉《说文解字》中有39 种色彩名称，明代《天工开物》《天水冰山录》则记载有 57 种色彩名称，到了清代的《雪宦绣谱》已出现各类色彩名称共计 704 种。

　　当今随着价格便宜、质量稳定且获取方便的化学染料被广泛使用，传统的"草木染"的方法虽未被人忘记，但所占比重则越来越少，本章着重就化学染色做介绍。

（一）纺织品染色用剂

　　纺织品染色用剂主要包括染色用着色剂和助剂。纺织品染色用着色剂按染色机理不同可分为染料和颜料两种。染料是指对被染纤维具有一定的亲和力，可溶于水或在一定条件下可转化为溶于水的物质且具有一定染色牢度的一类有色有机化合物的总称。颜料是一类对被染纤维无亲和力，一般不溶于水，须通过黏合剂黏附于纤维上而着色的一类有色物质，在染色前，需将颜料、助剂、黏合剂、溶剂等调配制得具有一定黏度的有色分散体系，俗称涂料，因此，颜料染色也称为涂料染色。纺织品染色常以着色剂为染料。

　　染色助剂是一类用于改善染色效果的辅助品，包括酸、碱、盐、氧化剂、还原剂和表面活性剂。

1. 染料分类

染料的分类方法有两种，即按化学分类和按应用分类。前者是根据染料分子的化学结构或其特性基团进行分类；后者是根据染料的性能和应用方法进行分类。

根据化学分类方法，染料可分为偶氮染料、蒽醌染料、三芳甲烷染料、靛类染料等。

根据应用分类方法，染料可分为直接染料、活性染料、还原染料、可溶性还原染料、硫化染料、不溶性偶氮染料、酸性染料、酸性含媒染料、酸性媒染染料、阳离子染料、分散染料等。

2. 染料的命名

染料的品种很多，每个染料根据其化学结构都有一个化学名称，但大多数染料都是结构复杂的有机化合物，如按照其结构命名，则名称十分复杂，同时也不能反映出染料的颜色和应用性能，而且商品染料并不是纯净物，还含有同分异构体、填充剂等其他物质。甚至有些染料的结构尚未公布，无法用化学名称进行命名。因此，国产商品染料采用三段命名法命名。染料的名称由冠称、色称和尾注三部分组成。冠称一般为应用类别、品牌或染料性质，取其一种即可。如国产染料通常以应用类别作冠称，表示某只染料属于哪一类，有助于明确其应用方法，如直接、活性分属于直接染料和活性染料。国外染料多数以品牌作冠称。色称是指某只染料染色后在被染物上所呈现色泽的名称，如红、黄、蓝等。尾注由英文字母、阿拉伯数字、符号等组合而成，表示染料的色光、染色性能、状态、用途、纯度等。

如酸性红 3B："酸性"是冠称，表示酸性染料；"红"是色称，说明染料在纤维上染色后所呈现的色泽是红色的；"3B"是尾注，"B"表示染料的色光是蓝色的，"3B"表示"B"更蓝，表示这是个蓝光较大的红色染料。

在染料的名称中往往还含有百分数，如 50%、100%、200% 等，它表示染料的力份或强度。商品染料并不是纯净物，还含有其他添加剂。染料力份是一个比值，不是染料含量的绝对值。它是将染料标准品的力份定为 100%，其他染料的浓度与之相比，所得染料相对浓度的大小。在相同染色条件下，染相同浓淡程度的色泽时，若所需要的染料量为标准品染料用量的一半，也即 0.5 倍，则该染料的力份为 200%；若所需染料量为标准染料用量的 2 倍，则该染料的力份为 50%。

3. 染料的基本性能

对于某只染料性能的评价指标比较多，但主要有色光、力份、溶解度、杂质含量、上染百分率、染色牢度等几大项。色光主要表示某只染料的色相及纯度情况。染料使用者在仿色实验时，色光是选择染料的首要指标。

力份是染料有效含量的一种相对表示方法，其基准通常以企业在该只染料开发初期时确定。染料溶解度是指在规定温度下，某染料在总体积 1L 的溶液中所能溶解的最多克数。染料的溶解度是评价染料性能的一个重要指标，是决定染料能否顺利染色的第一步。

上染百分率是指染料达到平衡时，上染到纤维上色染料量与所使用的染料总量之比。它既可反映染料的上染性能，也可反映染色工艺的合理性。染色牢度是指经染色后的材料在使用或染色后的加工过程中能保持其原有色泽的能力，因此染色牢度又分为服用色牢度和工艺色牢度两类。

4. 颜料的类别

颜料的类别有三类，第一类是无机颜料，如目前在服装上通常可见的金、银色就是由青铜粉形成金色，铝粉形成银色。颜料中的黑色常用炭黑，白色则用钛白粉，这些都是常见的无机颜料；第二类是有机颜料研磨后的细粉；第三类是荧光颜料，是将一些荧光物质与某些黏流态的塑料混合后，待其硬化后粉碎研细而制得。

5. 助剂的类别

通常染色助剂命名是以其在染色中所起的作用而确定。对于酸、碱、盐等多种化合物直接使用其化学名称或俗称，如硫酸、乙酸（醋酸）、氢氧化钠（烧碱）、碳酸钠（纯碱）、重铬酸钠（红矾）等。按染色助剂的应用类别划分为两类，一类是对染料溶解和上染起重要作用的助剂，称为助溶剂和助染剂；另一类是改善染色效果的助剂，主要有润湿渗透剂、匀染剂、固色剂、促染剂、媒染剂、增艳剂等。这类助剂的命名由冠称加尾注组成。进口助剂通常以品牌为冠称，国产助剂多采用所起的作用作为冠称。尾注可区分产品的不同类型，如消泡剂8411，冠称是助剂的应用类别，尾注用于区分产品的类型或规格。

（二）拼色与计算机测配色

1. 光与色

日常生活中我们会看到不同颜色的物体，这其实是人的一种感觉，由光作用于人眼而在大脑中形成的一种感知。光是一种电磁波，包括各种不同波长的波，肉眼可见的可见光只是其中极小一部分，其波长范围为380~780nm。当一束太阳光通过棱镜时，会形成一连续的光谱，即红、橙、黄、绿、青、蓝、紫等色，称为光的色散。具有单一波长的光称为单色光。人们把单色光的颜色称为光谱色。

自然界中的太阳光，也称为白光，可以在一定条件下发生色散，形成多种单色光，反之，多种单色光也可复合形成白光。当一定量的两束有色光相叠加，若形成白光，则称这两种光互为补色关系，这两种光的颜色互为补色。例如，一定量的黄光和蓝光相混合称为白光，则黄光和蓝光互为补色光。

当光照射到物体上时，由于各种物体对入射光的反射、折射及吸收等作用不同，物体的反射光就不同，对人眼的刺激也不同，因而使人感受到不同的颜色。若可见光完全透过物体，则该物体是无色透明；若可见光全部被物体吸收，则该物体是黑色；若可见光全部被物体反射，则该物体是白色的；当各波段可见光被物体均匀地吸收一部分时，则该物体呈现灰色；当物体对不同波长的可见光产生选择性吸收时，则物体就呈现出被吸收光的补色，即带有一定颜色的彩色。例如，物体选择吸收435~488nm的蓝色光波后，则物体就呈现蓝光的补色，即黄色。

颜色可分为彩色和非彩色两类。黑、白、灰色都是非彩色；红、橙、黄、绿、蓝、紫等为彩色。

颜色有三种基本属性，即色相、明度和彩度。色相也称为色调，表示颜色的种类，如红、橙、黄等。光谱色的色相由波长决定，其他颜色的色相由光谱分布决定。明度表示物体表面色的明亮程度。凡物体吸收的光越少，反射率越高时，明度越高。非彩色中的白色明度最高，黑色最低。在彩色中，黄色的明度较高，蓝色的明度较低。彩度又称饱和度，表示色彩本身的强弱或彩色的纯度。单一波长的光谱色，完全不含非彩色的成分，故彩度最高。在某色相的颜色中，非彩色的成分越少，则该颜色的彩度越高。

2. 拼色

在印染加工中，为了获得一定的色调，常需用两种或两种以上的染料进行拼色，通常称为拼色或配色。品红、黄、青三色为拼色的三原色。用不同的原色相拼合，可得红、绿、蓝三色，称为二次色。用不同的二次色拼合或以一种原色和黑色或灰色拼合，则所得的颜称为三次色。它们的关系如图7-1所示。

图7-1　三原色拼色关系图

3. 计算机测配色

纺织品染色需依赖配色这一环节把染料色品种、数量与产品色泽联系起来，长期以来，均由专门的配色人员担任这一工作。这种传统的配色方法，不仅工作量大，而且费时、费料。经过长期的努力，由于色度学、测色仪器和计算机技术的发展，现已实现计算机测配色。

计算机测配色大致有三种方式：色号归档检索、反射光谱匹配和三刺激值匹配。所谓色号归档检索就是把以往生产的品种按色度值分类编号，并将染料配方、工艺条件等一起汇编成文件后存入机内，需要时凭借输入标样的测色结果或直接输入代码而将色差小于某值的所欲配方全部输出。较之人工配色，它具有可避免实样保存时的变褪色问题及检索更方便等优点，但对许多新的色泽往往只能提供近似的配方，遇到这种情况仍需凭经验调整。

对于染色纺织品，最终决定其颜色的是反射光谱，因此使染样的反射光谱能匹配标样的反射光谱，就是最完美的配色，也称为无条件匹配。这种配色只在染样与标样色颜色相同，纺织材料也相同时才能办到，但在实际生产中却不多见。

计算机测配色最普遍和最有意义的是三刺激值匹配。由于所有的颜色都可以三种原色混合配制，因此一种颜色可用三个参数来定义。测色时，在标准光源的照射下，光度计视野一侧用试样反射光照射，另一侧用红、绿、蓝三种原色光混合照射，适当调整三原色的比例，使视野两侧颜色完全一致，这是三种原色光的相对强度为颜色三刺激值，通常以 X、Y、Z 来表示。尽管按这种方式所得配色结果在反射光谱上和标样并不相同，但因三刺激值相等，也可得到等色。由于三刺激值须由一定的施照态和观察者色觉特点决定，因此所谓的三刺激值相等是有条件的。如果施照态和观察者两个条件中有一个与达到等色的前提不符，等色就被破坏，从而出现色差。因此，这种方式被称为条件等色配色。计算机测配色运算时，大多是以 CIE 标准施照态 D65 和 CIE 标准观察者为基础。所输出的配方是指能在这两个条件下染得与标样同样色泽的配方。为把各配方在施照态改变后可能出现的色差预告出来，计算机测配色还提供在 CIE 标准施照态 A、冷白荧光灯 F 或三基色荧光灯 TL-84 等条件下的色差数据，染色工作者可据此衡量每只配方的条件等色程度。但目前对于观察者的条件等色程度尚无良好的预测方法。尽管如此，计算机测配色具备在多种照明光源下预测各配方色差的能力，已非人工配色所能比拟，这是它的一大优势。

计算机测配色是把各种常用染料在不同浓度下染某一纤维后，进行测色，将测色仪得到的颜色参数储存在计算机内，对于每种染料对该纤维的用量和颜色定向坐标关系加以数字拟合成一关系式，然后把来样的颜色经测色仪和电子计算机计算后，按照已存入数据检索。计算机测配色可输出多个配方，再根据染料的成本、相容性、匀染性、牢度以及染色条件等要求，选择一适当的配方。配方选定后，应在化验室打小样，以确定能否达到与标样等色。若色差不符合要求，应把染出的样品送到计算机测配色系统进行一次测色，然后调用配方校正程序进行校正，按新的配方再次试染。一般计算机测配色只需校正一次即可。

计算机测配色具有速度快，试染次数少，提供配方多，经济效益高等优点。但也需要一定的条件，如染化料质量必须相对稳定，染色工艺必须具有良好的重现性，作为体现色泽要求的标样不宜太小或太薄等。

（三）染色基本理论

1. 染料在溶液中的状态

染料按其溶解度的大小，可分为水溶性染料和难溶性染料。

水溶性染料一般含有水溶性基团，如磺酸基、羧基等，这类染料能溶解在水溶液中，溶解度的大小与染料种类、温度、染液 pH 等因素有关。水溶性染料在溶液中一般会发生电离，生成染料离子。在染液中，染料离子之间或染料离子与分子之间会发生不同程度的聚集，形成染料聚集体，使染料具有胶体性质。染料的聚集倾向与染料分子结构、温度、电解质、染液温度等有关。染料结构复杂，相对质量大，具有同平面的共轭体系，则染料容易聚集；染液温度低，染料聚集倾向大；升高温度，有利于染料聚集体的解聚；染液中加入电解质，会使染料的聚集增加，甚至出现沉淀；染料浓度高，聚集倾向大。

在染液中，染料离子、分子及其聚集体间存在着动态平衡关系。染料对纤维的上染是以单分子或离子状态进行的，随着染液中染料离子或分子不断上染纤维，染料浓度逐渐降低，染料聚集体不断解聚，直至染色达到平衡。

难溶性染料在水中的溶解度很小，如分散染料、还原染料等，在实际染色中，染料用量远大于溶解度，染料在水中主要以分散状态存在，即染料颗粒借助表面活性剂的作用，稳定地分散在溶液中，形成悬浮体。在染液中一部分染料以细小的晶体状态悬浮在染液中，一部分染料溶解在分散剂的胶束中，小部分染料成溶解状态，这三种状态保持一定的动态平衡。难溶性染料染色时，必须保证染液体系的分散稳定性，避免染料沉淀。染料的分散稳定性与染料颗粒大小、温度、电解质、分散剂性能等有关。为保证染料的分散稳定性，染料颗粒一般要小于 $2\mu m$，染料颗粒过大，容易发生沉淀；染液温度升高，染液分散稳定性变差，甚至沉淀；染液中加入电解质，会使染液的分散稳定性降低；分散剂分散性能对染液稳定性有很大影响。

2. 上染过程

上染即染料含染液（或介质）向纤维表面转移，并使纤维染透的过程。染料上染纤维的过程大致可分为以下三个阶段：

（1）染料从染液向纤维表面扩散并上染纤维表面，这一过程称为吸附。

（2）吸附在纤维表面的染料向纤维内部扩散，这一过程称为扩散。

（3）染料与纤维分子发生作用，固着在纤维内部，这一过程称为固着。

染料上染纤维过程的三个阶段是一连续而复杂的过程，既有联系，又有区别，并彼此相互制约，共同决定了最终的染色质量。

（四）染色方法和染色设备

1. 染色方法

根据纺织品形态不同，染色方法可分为散纤维染色、纱线染色、织物染色。散纤维染色多用于混纺织物、交织物和厚密织物所用的纤维。纱线染色主要用于纱线制品或色织物或针织物所用纱线的染色。织物染色应用最广，被染物可以是机织物或针织物，可以纯纺织物或混纺织物。

根据将染料施加于被染物和使染料固着在纤维上的方式不同，染色方法可分为浸染（或称竭染）和轧染。

（1）浸染。浸染是将纺织品浸渍在染液中，经一定时间使染料上染纤维并固着在纤维上的染色方法。浸染时，染液和染物可以同时循环，也可以只循环一种。同时，染液各处的温度和染料助剂的浓度要均匀一致，被染物各处的温度也要均匀一致，否则就会染色不匀，因此染液和染物的相对运动是很重要的。

浸染设备较简单，操作较容易，适用于各种类型染物的染色，广泛用于散纤维、纱线、针织物、真丝织物、丝绒织物、毛织物、稀薄织物、网状织物等不能经受张力或压轧的染物的染色。浸染一般是间歇式生产，劳动生产率较低，牢度强度较大。

（2）轧染。轧染是将织物在染液中经过短暂的浸渍后，随即用压辊压轧，将染液挤入纺织物的组织空隙中，并除去多余的染液，在染料均匀分布在织物上，染料的上染是在以后如汽蒸或焙烘等处理过程中完成的。织物浸在染液里一般只有几秒到几十秒，浸轧后织物上带的染液（通常称为轧余率，也称带液率，以干布质量的百分率计）不多，在30%~100%（合成纤维织物的轧余率在 30% 左右，棉织物轧余率在 65% ~ 70%，黏胶纤维织物的轧余率为 90%），不存在染液的循环流动，没有移染过程。

轧染要求均匀，前后、左右的轧余率要求均匀一致。目前，较理想的染色轧车是均匀轧车（也叫浮游轧车），这种轧车在压辊的两端用压缩空气加压，在压辊内部用油泵加压，通过调节使整个幅度上压力相同，不易造成织物边部和中间的深浅疵病。

轧染方式一般有一浸一轧、一浸二轧、二浸二轧、多浸一轧等多种形式，根据织物、设备、染料等情况而定。轧染时织物的轧余率一般宜低些，轧余率过高，织物不易烘干，而且容易造成泳移，导致染色不匀。所谓泳移是指浸轧染液后的织物在烘干过程中，织物上的染料会随水分的移动而移动的现象。泳移产生的染色不匀，在以后的加工过程中无法纠正。为减少染料的泳移，烘干是可先用红外线预烘，然后用热风烘燥或烘筒烘燥。轧染一般是连续染色，生产效率高，但被染物所受张力大，通常用于机织物的染色，丝束和纱线有时也用轧染染色，但不能经受张力或压轧的织物不宜采用轧染。轧染适用于大批量织物的染色。

2. 染色设备

染色设备是染色的必要手段，它们对于染色时的染料的上染速度、匀染性、染料的利用率、染色操作、劳动强度、生产效率、能耗和染色成本等都有很大影响。染色设备应具有良好的性能，应将被染物染匀、染透，同时尽量不损伤纤维或不影响纺织品的风格。一般再生纤维的湿强较低，加工时应将张力减小至最低限度；合成纤维网是热塑性纤维，加工时也不应使其承受过大的张力，因此都应采用松式加工的染色设备。对于涤纶，一般在 130℃ 左右的温度染色，应采用密封的染色设备，即高温高压染色设备。

染色设备的类型很多，按被染物的状态不同，可分为散纤维、纱线、织物染色设备。

（1）散纤维染色机。这种设备所染纺织物的形态为散纤维、纤维条。散纤维染色可得到匀透、坚牢的色泽。由于散纤维容易散乱，所以一般采用被染物添装而染液循环的染色机。羊毛纤维以毛条状态在毛条染色机内染色较为普遍。

散纤维染色机是间歇式加工设备，换色方便，适宜于小批量生产，主要用于混纺织物或交织物所用纤维的染色。散纤维染色大都采用吊筐式染色机。

（2）纱线染色机。纱线根据其形状有绞纱（包括绞丝、绒线）、筒子纱、经轴纱等，纱线染色产品主要供色织用。纱线染色机根据加工产品的不同，可分为绞纱染色机、筒子纱染色机、经轴染纱机和连续染纱机。毛线染色一般多采用旋桨式纱线染色机，绞丝的染色可采用喷射式绞纱染色机。涤纶及其混纺纱可采用高温高压绞纱染色机。连续染纱机适宜大批量的低支数的纱、线或带的染色。筒子纱、经轴纱采用筒子纱染色机、经轴染色机，染色后可直接用于织造，比绞纱染色的工序简单。

（3）织物染色机。织物染色机可分为间歇式生产、染小批量织物的浸染机和连续性生产、染大批量织物的轧染机（连续轧染机）。浸染机的种类多，有绳状浸染机和卷染机、溢流染色机、喷射染色机和平幅浸染机。

（五）染色效果的评价

1. 匀染性

匀染性就是指染料在染色产品表面以及在纤维内各部分分布的均匀程度。

2. 色差

颜色差异，主要包括卷与卷间匹差、批与批间缸差、同卷内头中尾差和边中边色差等。

3. 色牢度

色牢度，即染色牢度，是指染色产品在使用或染色后的加工过程中，在各种外界因素的作用下，能保持原来色泽的能力。色牢度是衡量染色产品质量的重要指标之一。

色牢度的种类很多，以染色产品的用途、所处的环境和后续加工工艺而定，主要有耐水洗牢度、耐汗渍牢度、耐摩擦牢度、耐日晒牢度、耐熨烫牢度、耐气候牢度等。染色产品的用途不同，对染色牢度的要求也不同。

二、纺织品染料染色

（一）直接染料染色

直接染料是一类应用历史较长、应用方法简便的染料。染料品种多、色谱全、用途广、成本低，分子结构中大多具有磺酸基、羧基等水溶性基团，能溶解于水，在水溶液中可直接上染纤维素纤维和蛋白质纤维，可用于纤维素纤维和蛋白质纤维的染色。但其耐洗牢度较差，耐日晒牢度欠佳，除染浅色外，一般都要进行固色处理，以提高其牢度。在其他新型染料不断发展下，这类染料的应用量已逐渐减少，但由于其价格便宜、工艺简单，至今仍在使用。为了弥补直接染料的不足，经改进的直接染料新品种不断出现，如直接铜盐染料、直接耐晒染料等。

1. 直接染料分类

直接染料根据其染色性能，可分为以下三类：

（1）匀染性直接染料。这类染料分子结构比较简单，在染液中染料的聚集倾向较小，染色速率高，匀染性好，但水洗牢度较差，适于染浅色。

（2）盐效应直接染料。这类染料分子结构较复杂，匀染性较差，但染料分子中含有较多的磺酸基，上染速率较低，染色时，加入中性盐可提高上染速率和上染百分率，盐的促染效果明显，因此得名为盐效应直接染料。这类染料在染色过程中必须严格控制盐的用量和促染方法，否则会影响染色均匀性，一般不适于染浅色。

（3）温度效应直接染料。这类染料分子结构复杂，匀染性很差，染色速率低，染料分子中含有的磺酸基较少，盐的促染效果不明显，而温度对其上染影响较大，升高温度，会提高上染速率。这类染料须在比较高的温度下才能很好地上染，但染色时需要很好地控制升温速率，以获得均匀的染色效果。这类染料的耐水洗牢度较好，一般宜染浓色。

2. 直接染料染色性能

直接染料相对分子质量较大，分子结构呈线型，对称性较好，共轭系统较长，具有同平面性，染料和纤维分子间范德瓦尔斯力较大，同时，直接染料分子中具有氨基、羟基、偶氮基、酰胺基等，可与纤维素纤维中的羟基、蛋白质纤维中的羟基和氨基等形成氢键，这些使直接染料的直接性较高。

直接染料溶于水，溶解度随温度的升高而显著增大，溶解度差的直接染料可加一些纯碱助溶。

直接染料在溶液中离解成色素阴离子而上染纤维素纤维，纤维素纤维在水中也带负电荷，染料和纤维间存在电荷斥力，这种现象对黏胶纤维染色更为明显。在染液中加盐，可降低电荷斥力，提高上染速率和上染百分率。盐的促染作用对不同类型的直接染料是不同的，对盐效应直接染料作用明显，对温度效应染料作用不够明显。盐的用量根据染料的品种和染色深度而定。对染上百分率低的染料要多加盐；对盐效应染料促染所用盐应分批加入，以提高染色的均匀性；对于温度效应染料，染色时可不加盐或少加盐。对匀染要求高的浅色产品要适当减少盐的用量，对深色产品应增加盐的用量。

温度对不同染料上染性能的影响是不同的。对上染速率高、扩散性能好的直接染料，在60~70℃得色最深，90℃以上，上染百分率反而下降，这类染料染色时，为缩短染色时间，染色温度宜采用80~90℃，染一段时间后，染液温度逐渐降低，染液中染料继续上染，以提高染料上染百分率。对于聚集程度高、上染速率低、扩散性能差的直接染料，提高温度可加快染料扩散，提高上染速率，促使染液中染料吸尽，提高上染百分率。在常规染色时间内，达到最高上染百分率的温度称为最高上染温度。根据最高上染温度的不同，生产上常把直接染料分为三种：第一种是低温染料，其最高上染温度在70℃以下；第二种是中温染料，其最高上染温度在70~80℃；第三种是高温染料，其最高上染温度在90~100℃。在实际生产中，棉和黏胶纤维织物通常在95℃左右进行染色；真丝的染色温度较低，因过高的温度有损纤维的光泽，其适宜染色温度为60~90℃，适当降低温度而延长染色时间对正常生产有利。

直接染料不耐硬水，大部分能与钙、镁离子结合生成不溶性沉淀，降低染料的利用率，而且会导致色斑等疵病，因此必须用软水溶解染料。染色用水如果硬度较高，应加纯碱或六偏磷酸钠等软水剂软化，既有助于染料溶解，也可达到软水作用。

3. 直接染料染色方法

直接染料染色可用浸染、卷染、轧染和轧卷染色。

直接染料浸染时，染液中一般包含有染料、碳酸钠、氯化钠或硫酸钠。染料的用量根据颜色深浅而定。碳酸钠用量一般为1~3g/L。氯化钠或硫酸钠用量一般为0~20g/L，主要用于盐效应染料，对于促染作用不显著的染料或染浅色时，可不加盐或少加盐。染色浴比一般为1∶20~1∶40。染色时，染料先用温水调成浆状，在水中加入碳酸钠，然后用热水溶解，将染料稀释到规定体积，升温至50~60℃开始染色，逐步升温至所需染色温度，染色10min后加盐，继续染30~60min，染色后进行固色处理。直接染料浸染时，多采用续缸染色，即一批被染物染完后，在染过的染液中补加适量的染料和助剂，再进行染色，这样可节省染化料，尤其是染中、深色时，但续染次数不宜过多。

棉织物的直接染料染色一般多用卷染方式进行，卷染的基本情况和浸染相似，浴比为1:2~1:3，染色温度根据染料性能而定，染色时间为60min左右。为避免前后色差，染料分两次加入，染色前加60%，第一道末加40%，盐在第三、第四道末分批加入。

直接染料仅有少量用于棉织物轧染。轧染时，染液中一般含染料、0.5~1g/L碳酸钠或磷酸三钠、2~5g/L润湿剂。其工艺流程一般为：二浸二轧→汽蒸（100~103℃，1~3min）→水洗→固色→水洗→烘干。染料在汽蒸过程中向纤维内部扩散，从而固着在纤维上，因此轧染又称轧蒸法。轧染对纤维的遮盖力和卷染一样，不仅绳状浸染，而且轧染不够匀透。

轧卷染色是将织物浸轧染液后，在室温下，在缓慢转动的条件下打卷堆置一段时间，再进行后处理，若提高堆置温度，则堆置时间可适当缩短。

（二）活性染料染色

活性染料是一种水溶性染料，分子中含有一个或一个以上的反应性基团（俗称活性基团），在适当条件下，能与纤维素纤维中的羟基、蛋白质纤维及聚酰胺纤维中的氨基等发生反应而形成共价键结合，因而活性染料亦称为反应性染料。

活性染料制备较简便，价格较低，色泽鲜艳度好，色谱齐全，一般无须与其他类染料配套使用，而且染色牢度好，尤其是湿处理牢度好。但活性染料也存在一定缺点，染料在与纤维反应的同时，也能与水发生水解反应，其水解产物一般不能再与纤维发生反应，染料的利用率较低，难以染得深色。有些活性染料品种日晒、气候牢度较差。大多数活性染料的耐氯漂牢度较差。

活性染料可用于纤维素纤维、蛋白质纤维、聚酰胺纤维的染色。活性染料的染色一般包括吸附、扩散、固色三个阶段，染料通过吸附、扩散上染纤维，在固色阶段，染料与纤维发生键合反应而固着在纤维上。

1. 活性染料分类与性能

活性染料根据其活性基的不同，可分为以下几类：

（1）均三嗪型活性染料。这类染料的活性基是卤代均三嗪的衍生物。根据卤原子的种类和数目的不同，又可分为一氯均三嗪、二氯均三嗪、一氟均三嗪等类型。

二氯均三嗪活性染料反应活性较高，在较低的温度和较弱的碱性条件下就能与纤维素纤维反应。染料的稳定性较差，在贮存过程中，尤其在湿热条件下易水解变质。这类染料与纤维反应后生成的共价键耐酸性水解能力较差。国产的这类染料称为X型活性染料。

一氯均三嗪活性染料反应活性较低，需要在较高浓度的碱液中且较高温度下，才能与纤维发生反应而固色。染料的稳定性较好，溶解时可加热至沸而无显著分解，国产的这类染料称为K型活性染料。

一氟均三嗪活性染料是为低温染色而设计的，其反应性较高，反应活性介于X型和K型活性染料之间，适用于40~50℃染色，对棉有很好的固色效果。

（2）乙烯砜型活性染料。这类染料的活性基是β-硫酸酯乙基砜。国产该类染料称为KN型活性染料。这类染料的反应活性介于X型和K型之间，在酸性和中性溶液中非常稳定，即使煮沸也不水解，溶解度较高，在碱性条件下易水解。

（3）卤代嘧啶型活性染料。这类染料的活性基为卤代嘧啶基。根据嘧啶基中卤原子的种类和数量的不同，可分为三氯嘧啶、二氟一氯嘧啶、二氯一氟嘧啶、一氯嘧啶等类型，其中以三氯嘧啶型和二氟一氯嘧啶型应用较广。

（4）膦酸基型活性染料。膦酸基型活性染料包括国产 P 型活性染料、国外 Procion T 型活性染料等。膦酸基型活性染料的固色催化剂为氰胺或双氰胺，染料可在弱酸性条件下与纤维素纤维发生反应。这类染料适用于分散染料/活性染料一浴法对涤纶/纤维素纤维混纺织物的染色，固色率高达 90% 左右。

（5）α-卤代丙烯酰胺型活性染料。该类染料主要用于蛋白质纤维的染色，属于毛用活性染料，具有反应性强、固色率高、色泽鲜艳、耐光和耐晒牢度好等特点。

（6）羧基吡啶均三嗪型活性染料。该类染料包括国内的 R 型活性染料、国外 Kayacelon React 染料等。该类染料对纤维素纤维染色时，直接性大、反应性强，能在高温和中性条件下与纤维素纤维反应，可用于涤纶/纤维素纤维混纺织物一浴一步法染色。

（7）双活性基活性染料。早期活性染料在印染过程中有水解副反应发生，活性染料的固色率不超过 70%。为了提高活性染料的固色率，研发出双活性基的活性染料，目前该类染料的活性基主要有以下几种：

①一氯均三嗪基和乙烯砜基。该类染料的活性基由一氯均三嗪基和乙烯砜基组成。国产的 M 型、ME 型，国外的 Remazol S 型等都属于此类。

该类染料的反应性较强，反应活性介于 X 型和 K 型活性染料间，固色率高，具有良好的染色性能和染色牢度，耐碱稳定性较 K 型、KN 型染料好。

②一氟均三嗪基和乙烯砜基。该类染料的活性基由一氟均三嗪基和乙烯砜基组成。该类染料的反应性强，染料母体分子较小，染料对纤维的亲和力和直接性较低，有良好的移染性和易洗涤性，染色牢度好，适用于轧染染色。

③两个一氯均三嗪基。国产的 KE 型、KP 型活性染料就属于此类染料。KP 型染料的直接性较低，主要用于印花。

2. 活性染料染色过程

活性染料的染色过程包括上染（吸附和扩散）、固色和皂洗后处理三个阶段。活性染料染色时，染料首先吸附在纤维上并扩散进入纤维内部，然后在碱的作用下，染料和纤维发生化学结合而固着在纤维上，同时，在纤维上还存在未与纤维结合的染料及水解染料，应通过皂煮、水洗等后处理，将这些浮色洗除，以提高色牢度。

活性染料分子结构较简单，在水中溶解度较高，染料对纤维的亲和力较小，上染率较低。为了提高染料上染百分率和染料利用率，降低染色污水的色度，通常要加入大量的盐促染。染液中盐的用量应根据染色深度、浴比、续缸情况、染料溶解度以及染料的亲和力等因素确定。

活性染料与纤维的反应一般在碱性条件下进行。常用的碱剂有氢氧化钠、磷酸三钠、碳酸钠、碳酸氢钠等。染色时应根据染料的反应性选择适当的 pH。反应性强的染料，可在碱性较弱的条件下固色；反应性弱的染料，应采用较强的碱进行固色。

提高固色温度有利于提高活性染料的固色速率，但同时染料的水解速率提高更快，因而会影响染料的固色率，因此，固色时必须选择适当的温度，在规定的时间内，使染料与纤维充分反应，以获得较高的固色率。

3. 活性染料染色方法

活性染料的染色方法有浸染、卷染、轧染、冷轧堆染色、短流程湿蒸染色等。

（1）浸染。活性染料采用浸染方法染色时，宜采用直接性较高的染料。根据染色时染料和碱剂是否一浴以及上染和固色是否一步，浸染可分为三种方法：一浴一步法、一浴二步法、二浴法。

一浴一步法也称全浴法，是将染料、促染剂、碱剂等全部加入染液中，染料的上染和固色同时进行。这种染色方法操作简单，但由于染料水解较多，不适于续缸染色，染料的利用率较低。该法在染绞纱、毛巾等疏松产品时，使用较为普遍。

一浴二步法是先在中性浴中染色一定时间，染料充分吸附和扩散后，加入碱剂固色。加入碱剂后，由于破坏了原有平衡，染料上染率提高。该法主要适用于小批量、多品种的染色，染料吸尽率较高，被染物牢度较好。

二浴法是先在中性浴染色一定时间后，再在碱性浴中固色。由于上染和固色是在两个浴中分别进行，染料水解较少，可续缸染色，染料利用率高。

先以常用的一浴二步为例说明活性染料的染色工艺。其工艺流程为：染色→固色→水洗→皂煮→水洗→烘干。染料的用量根据染色的深浅决定；盐的用量一般为 $20 \sim 60 g/L$，深色产品的用量较浅色产品大，为了匀染，盐可分批加入，染前加入一半，染色一段时间后加入另一半。染色浴比不宜过大，否则染料上染率低，而浴比过小对匀染性不利，一般采用 $1:20 \sim 1:30$。染色温度根据染料的性能而定，X 型为 $30 \sim 35 ℃$，K 型为 $40 \sim 70 ℃$，KN 型为 $40 \sim 60 ℃$，M 型为 $60 \sim 90 ℃$。染色时间一般为 $10 \sim 30 min$。固色常用碱剂为碳酸钠和磷酸三钠，碱剂的用量应根据染料的用量和反应性选择，反应性强的染料或染料用量低时，可用较少的碱。一般碳酸钠的用量为 $10 \sim 20 g/L$，磷酸三钠为 $5 \sim 10 g/L$。固色温度根据染料的性能而定，X 型为 $40 ℃$ 左右，K 型为 $85 \sim 95 ℃$，KN 型为 $60 \sim 70 ℃$，M 型为 $60 \sim 95 ℃$。固色时间一般为 $30 \sim 60 min$。固色处理后应进行水洗和皂煮，去除浮色，保证染色物的染色牢度。皂煮条件为合成洗涤剂 $1 g/L$，温度 $95 \sim 100 ℃$，时间 $10 \sim 15 min$。

（2）卷染。活性染料卷染一般采用一浴二步法染色。X 型、M 型和 KN 型染料较适用于卷染，可采用较低温度染色，对节约能源有利。卷染的染色和固色一般采用相同的温度，以便控制。X 型染料为 $30 ℃$，KN 型和 M 型为 $60 \sim 65 ℃$。

（3）轧染。织物在轧染时，染液是通过浸轧转移到纤维上的，采用直接性较低的染料容易匀染，前后色差小，而且水解染料容易洗净。活性染料的轧染有一浴法和二浴法两种。

一浴法染液中含有染料和碱剂，其工艺流程为：浸轧染液→烘干→固色（汽蒸和焙烘）→水洗→皂洗→水洗→烘干。二浴法轧染的染液中，一般不加碱，染液的稳定性较好，在固色液中一般用较强的碱，可在较短时间内固色。

二浴法轧染的工艺流程为：浸轧染液→烘干→浸轧固色液→汽蒸→水洗→皂洗→水洗→烘干。

（4）冷轧堆染色。冷轧堆染色具有设备简单、匀染性好、能耗低、染料利用率较高的特点。其工艺流程为：浸染染液→打卷堆置→后处理（水洗、皂洗、水洗、烘干）。冷轧堆染色一般选择反应性和扩散性较高的活性染料，可获得较好的染色效果。

（5）短流程湿蒸染色。活性染料连续轧蒸工艺简单，生产效率高，应用广泛，但工艺流程较长，轧染后需进行烘干，能耗较大。因此，随着染色技术的发展，人们开始提出活性染料短流程湿短蒸染色工艺。该工艺是指织物浸轧染液后，不进行烘干，而是利用安装在固色箱前部的电热红外加热器对织物进行加热，然后在固色箱只能够进行湿态汽蒸。

活性染料短流程湿蒸染色工艺流程为：浸轧染液→湿蒸→水洗→皂洗→水洗→烘干。活性染料短流程湿蒸染色工艺具有工艺流程短、节能、重现性好、固色率和得色量高、色泽鲜艳等特点，而且可避免由于烘干不匀所产生的染料泳移现象，匀染性好。

（三）还原染料染色

还原染料分子结构中含有两个或两个以上的羰基，无水溶性基团，不溶于水，对棉纤维无亲和力。染色时需在强还原剂和碱性条件下，将染料还原成可溶性的隐色体钠盐才可上染纤维，隐色体上染纤维后再经氧化，重新转变为原来不溶性的染料而固着在纤维上。

还原染料色泽鲜艳，染色牢度好，尤其是耐晒、耐洗牢度为其他染料所不及，但其价格较高；色谱不够齐全，红色品种较少，缺乏鲜艳的大红色；染浓色时摩擦牢度较低；某些黄、橙色染料对棉纤维有光敏脆损作用。

还原染料常用于棉、维纶的染色，但由于还原染料要在碱性介质中染色，因此一般不用于蛋白质纤维的染色。

1. 还原染料染色过程

还原染料的染色过程包括染料的还原溶解、隐色体的上染、隐色体的氧化、皂洗处理等四阶段。

（1）染料的还原溶解。还原染料的还原通常采用保险粉（连二亚硫酸钠）和烧碱。保险粉的化学性质活泼，在烧碱溶液中即使在室温或浓度较低时，也可产生强烈的还原作用。染料被还原为隐色酸，溶于碱液中形成隐色体，而保险粉分解为 $NaHSO_3$ 等酸性物质。

还原染料进行还原时，应根据还原染料的还原性能，确定适当的还原条件。若还原条件控制不当，染料会发生过度还原、水解、分子重排、脱卤等不正常的还原现象，影响染色产品的色光和染色牢度。

还原染料的还原过去一直使用保险粉还原，但由于保险粉稳定性差、受潮易燃、易分解、溶于水后分解加快，还原能力迅速下降，同时在使用过程中损耗较大，并放出二氧化硫刺激性气体，污染环境，因而人们近来开发使用二氧化硫脲代替保险粉，用于还原染料的还原。

由于保险粉属于电解质，而二氧化硫脲不能电解，因此二氧化硫脲代替保险粉用于还原染料隐色体染色时，染液中应适当增加盐的用量。同时，二氧化硫脲作为还原染料还原剂也会使某些染料产生过度还原，尤其是蓝蒽酮类还原染料，导致被染物色光变萎，得色量下降。为避免其过度还原，可在还原液中加入适量的过还原防止剂，如丙烯酰胺、黄糊精等。

（2）隐色体的上染。还原染料隐色体对纤维素纤维的上染与阴离子染料相似，首先以阴离子形式吸附于纤维表面，然后向纤维内部扩散。染色时可用食盐等电解质促染。还原染料隐色体的上染速率和上染百分率较高，特别是初染速率很高，匀染性较差。

（3）隐色体的氧化。还原染料隐色体上染纤维后，须经过氧化使其在纤维内恢复为不溶性的还原染料。大多数还原染料隐色体氧化速率较快，可通过空气氧化，只要通过水洗和透风就能达到氧化目的。对于氧化速率较慢的隐色体，可通过加入氧化剂氧化，常用氧化剂有过氧化氢、过硼酸钠等。

（4）皂洗处理。还原染料隐色体被氧化后，应进行水洗、皂煮处理。皂煮不仅可去除纤维表面浮色，提高色牢度，而且能改变纤维内染料微粒的聚集、结晶等物理状态，从而可获得稳定的色光。

2. 还原染料染色方法

根据上染时还原染料形态的不同，还原染料的染色方法可分为隐色体染色法（包括浸染和卷染）和悬浮体轧染法。

（1）隐色体染色法。隐色体染色法是先将还原染料还原为隐色体，再以隐色体的形式上染纤维，最后经氧化、皂洗等处理的一种染色方法。

根据操作方法的不同，还原染料还原方法一般可分为干缸法和全浴法两种。对于还原速率较慢的染料，可采用干缸法还原，即把烧碱和保险粉加入少量水中（约为染液总量的1/3），使染料在较浓的还原液和较高的还原温度下还原 10~15min，等染料完全还原溶解后，再加入至染液中。全浴法是直接在染浴中加入烧碱和保险粉，在规定温度下对染料进行还原。全浴法适合还原速率较快、隐色体溶解度低、容易碱性水解的染料。

在隐色体染色中，应根据染料的还原性能和上染性能，选择适当的烧碱、食盐用量和染色温度。根据上染条件的不同，一般又可分为甲、乙、丙三种染色方法：

甲法：染浴中烧碱浓度较高，不加盐促染，染色温度为 55~60℃。该法适用于隐色体聚集倾向较大而扩散速率较低的染料。

乙法：烧碱用量中等，染色温度为 45~50℃，染中、深色时，可加盐促染，元明粉用量为 10~15g/L。

丙法：烧碱用量较少，染色时需加较多的盐促染，元明粉用量为 15~25g/L，染色温度为 20~30℃。该法适用于聚集倾向较小而扩散速率较大的染料。

隐色体上染后，根据隐色体氧化速率不同，采用不同的氧化方法。对于易氧化的隐色体，可采用空气通风氧化或水洗氧化；对于难氧化的隐色体，可选择适合的氧化剂氧化，如过氧化氢、过硼酸钠等。过氧化氢氧化条件为：过氧化氢 0.6~1g/L，30~50℃，10~15min。过硼酸钠氧化条件为：过硼酸钠 2~4g/L，30~50℃，10~15min。

（2）悬浮体轧染法。还原染料悬浮体轧染法工艺流程为：浸轧染料悬浮体→（烘干）→浸轧还原液→汽蒸→水洗→氧化→皂煮→水洗→烘干。

悬浮体轧染对染料的适应性较强，不受染料还原性能差异的限制，可用不同还原性能的染料拼色。该法具有较好的匀染性和透染性，可改善白芯现象。

（四）硫化染料染色

硫化染料是一种含硫的染料，分子中含有两个或多个硫原子组成的硫键。硫化染料不溶于水，染色时，应先用硫化钠将染料还原成可溶性的隐色体，硫化染料的隐色体对纤维素纤维具有亲和力，上染纤维后再经氧化，在纤维上形成原来不溶于水的染料而固着在纤维上。

硫化染料制备简单、价格低、水洗牢度高，耐晒牢度随染料品种不同而有较大差异。大多数硫化染料色泽不够鲜艳，色谱中缺少浓艳的红色，耐氯牢度差。硫化染料染色的纺织品在贮存过程中纤维会逐渐脆损，其中以硫化黑染料较为突出。

硫化染料在纤维素纤维的染色中应用较多，也可用于维纶的染色。随着染色废水处理和环保要求的加强，硫化染料的应用有所减少。

1. 硫化染料染色过程

硫化染料的染色过程可分为四个阶段。

（1）染料的还原溶解。硫化染料较容易还原，可采用还原能力较弱、价格较低的硫化钠进行还原。硫化钠既是强碱，又是还原剂。

硫化钠的用量对硫化染料染色的影响较大。用量不足，染料不能充分还原溶解，同时也会使被染物的摩擦牢度降低；用量过多，染料隐色体后续不易氧化固着，且使染色产品颜色变浅。硫化钠的用量一般为染料的 50%~200%。

（2）隐色体上染。硫化染料隐色体染色时，一般采用较高的染色温度，以增强硫化钠的还原能力，同时降低染料隐色体的聚集，提高吸附和扩散速率，提高上染率和匀染性。

（3）氧化处理。上染纤维的硫化染料隐色体须经氧化而固着在纤维上。硫化染料隐色体氧化较容易，其氧化方法有两种：空气氧化法和氧化剂氧化法。对于易氧化的硫化染料隐色体可用空气氧化；对于难氧化的硫化染料隐色体可用氧化剂氧化。

空气氧化法。将硫化染料隐色体染色后的被染物充分水洗，再经轧干或离心脱水，在空气中透风 20~30min，利用空气中的氧气进行氧化。

氧化剂氧化。常用的氧化剂有重铬酸钠、过氧化氢、溴酸钠、过硼酸钠、碘酸钠等，其中重铬酸钠的氧化效果较好，但染色品的手感较粗糙，且存在重金属污染问题，现在一般采用过氧化氢氧化较多。

（4）净洗、防脆损处理（或固色处理）。隐色体上染纤维并氧化后，续经水洗、皂洗等后处理，以去除浮色，提高色牢度和增进染品的色泽鲜艳度。

某些硫化染料的染色品在贮存过程中，硫化染料中含有的不稳定的硫，在一定温度和湿度条件下，易被空气中的氧气氧化而生成磺酸、硫酸等酸性物质，使纤维素纤维发生酸性水解，导致纤维强力下降的脆损现象。为了避免脆损现象的发生，可用碱性物质对染色产品进行防脆损处理。常用的防脆损剂有醋酸钠、磷酸三钠、尿素等。

为提高硫化染料的耐日晒和皂洗牢度，可在染色后进行固色处理。固色处理的方法有两种：一是金属盐后处理，常用的金属盐有硫酸铜、醋酸铜等；二是阳离子固色剂处理，常用的阳离子固色剂有固色剂 Y 和固色剂 M。

2. 硫化染料染色方法

硫化染料的染色方法有浸染、卷染、轧染。

（1）浸染。被染物浸渍于染液中。其工艺流程：被染物浸渍于染液→水洗→氧化→水洗→皂洗→水洗→防脆损（或固色）→水洗→烘干。为提高染料利用率，常采用续缸染色。

（2）卷染。工艺流程：制备染液→染色→水洗→氧化→水洗→皂洗→水洗→防脆损（或固色）→水洗→烘干。染深色时一般采用续缸染色。

（3）轧染。工艺流程：浸轧染液→湿蒸（→还原汽蒸）→水洗→（酸洗）→氧化→水洗→皂洗→水洗→防脆损（或固色）→水洗→烘干。硫化染料颗粒较大，杂质含量较多，还原速率慢，一般采用隐色体轧染。

（五）酸性染料染色

酸性染料色泽鲜艳，色谱齐全，分子中还有酸性基团，如磺酸基、羧基等，易溶于水，在水溶液中电离成染料阴离子。酸性染料与直接染料相比，分子结构较简单，分子中缺少较长的共轭体系，纤维素纤维缺乏直接性，一般不用于纤维素纤维的染色。酸性染料可在强酸性、弱酸性或近中性染液中上染蛋白质纤维和聚酰胺纤维。

根据染料的化学结构、染色性能、染色工艺条件的不同，酸性染料可分为强酸性浴染色的酸性染料、弱酸性浴染色的酸性染料和中性浴染色的酸性染料。三种酸性染料的性能比较见表7-1。

表7-1 三种酸性染料的性能比较

项目	强酸性浴染色	弱酸性浴染色	中性浴染色
分子结构	较简单	较复杂	较复杂
相对分子质量	低	较高	较高
磺酸基所占比重	较大	较小	小
颜色鲜艳度	好	较差	较差
溶解度	大	较小	较小
在溶液中状态	不聚集或很少聚集	有较大聚集倾向	有较大聚集倾向
对纤维亲和力	低	中	较差
移染性	好	较差	较差
匀染性	好	中	较差
染色加中性盐的作用	缓染	等电点以上为促染	促染
上染时的作用力	静电引力	静电引力、范德瓦尔斯力、氢键	范德瓦尔斯力、氢键

续表

项目	强酸性浴染色	弱酸性浴染色	中性浴染色
与纤维间的结合	离子键	离子键、范德瓦尔斯力、氢键	范德瓦尔斯力、氢键
湿处理牢度	较差	较好	较好
染浴 pH	2~4	4~6	6~7
染色常用酸剂	硫酸或甲酸	醋酸	硫酸铵或醋酸铵

强酸性浴染色的酸性染料因匀染性好又称为匀染性酸性染料。弱酸性浴染色的酸性染料和中性浴染色的酸性染料能耐羊毛缩绒处理而成为耐缩绒性酸性染料。酸性染料在蚕丝上的水洗牢度，一般不如在羊毛上好。蚕丝的染色主要采用耐缩绒性酸性染料。

1. 酸性染料染色原理

酸性染料主要用于蛋白质纤维和聚酰胺纤维制品的染色。

（1）强酸性浴染色的酸性染料。强酸性浴染色的酸性染料结构简单，相对分子质量较小，与纤维分子间的范德瓦尔斯力和氢键较小，染料与纤维的结合主要通过离子键。

强酸性浴染色的酸性染料染色时的 pH 一般为 2~4，染色时，染液中加入盐，会降低染料与纤维分子间的库仑引力，起缓染作用。

（2）弱酸性浴染色的酸性染料。弱酸性浴染色的酸性染料分子结构较复杂，相对分子质量较大，与纤维分子间的范德瓦尔斯力和氢键较大，染料与纤维通过离子键、范德瓦尔斯力、氢键结合在一起，结合较牢固，湿处理牢度较好。

弱酸性浴染色的酸性染料染色时的 pH 一般为 4~6，染色时，染液中加入盐，对染料的吸附影响较小，起一定缓染作用，但作用较小。

（3）中性浴染色的酸性染料。中性浴染色的酸性染料相对分子质量更大，与纤维分子间的范德瓦尔斯力和氢键较强两种染料更大，染料与纤维主要通过范德瓦尔斯力和氢键结合在一起，结合较牢固，湿处理牢度好。

中性浴染色的酸性染料染色时的 pH 一般为 6~7，染色时，染液中加入盐，可提高染料的上染速率和上染百分率，起促染作用。

2. 酸性染料染色方法

根据染料的染色条件可分为以下三类。

（1）强酸性浴染色的酸性染料。染液主要由染料、盐（如硫酸钠）、硫酸等组成。染料的用量主要依据颜色的深浅而定，元明粉为 5%~10%（相对被染物质量），硫酸（96%）为 2%~4%（相对被染物质量），调节染液 pH 为 2~4，染深色时，硫酸用量应适当增加，浴比为 1:20~1:30，被染物于 30~50℃入染，30min 升温至沸，再沸染 45~60min，最后水洗。

（2）弱酸性浴染色的酸性染料。染液主要由染料、渗透剂、醋酸等组成。染料的用量主要依据颜色的深浅而定，渗透剂为 2%~5%（相对被染物质量），醋酸为 2%~4%（相对被染物质量），调节染液 pH 为 4~6，浴比为 1:20~1:30，被染物于 50℃入染，30min 升温至沸，再沸染 45~60min，最后水洗。

（3）中性浴染色的酸性染料。染液主要由染料、盐（如硫酸钠）、硫酸铵等组成。染料的用量主要依据颜色的深浅而定，元明粉为 5%~10%（相对被染物质量），硫酸铵为 2%~5%（相对被染物质量），调节染液 pH 为 6~7，浴比为 1：20~1：30，被染物于 40℃入染，30~60min 升温至 95℃，再保温 60~90min，最后水洗。

（六）阳离子染料染色

阳离子染料是一类色泽十分鲜艳的水溶性染料，染料在水溶液中电离为阳离子，通过电荷引力，使在染液中带阴离子的纤维染色。阳离子染料主要用于腈纶的染色。

阳离子染料可分为两类：一类是共轭型或非定域型阳离子染料，其阳离子基直接与染料母体的共轭体系相连；另一类是非共轭型或定域型阳离子染料，其阳离子基不与染料母体的共轭体系贯通，而是通过次乙基等隔离基连接起来的季铵盐染料。

腈纶用阳离子染料染色，色泽鲜艳，上染百分率高，给色量好，湿处理牢度和耐晒牢度较高，但匀染性较差，特别是染浅色时。

1. 阳离子染料染色性能

阳离子染料易溶于水，在弱酸性介质中比较稳定，在碱性条件下容易发生色光变化，甚至分解沉淀，而 pH 过低也会引起染料色光的变化和染料分解。阳离子染料染色时，染液 pH 一般控制在 4~5。

不同的阳离子染料对腈纶的上染能力不同，每种染料都有各自的染色饱和值。纤维的染色饱和值 S_f 和某一染料的染色饱和值 S_d 的比值称为该染料的饱和系数 f。饱和系数 f 表示某阳离子染料上染腈纶的能力，染料的 f 值越小，说明这一染料的上染量越高。饱和系数对确定的阳离子染料是一个常数。

阳离子染料染腈纶时，染料阳离子与纤维上的酸性基团结合，染料的上染属于定位吸附。由于纤维中酸性基团的数目有限，在染色时会出现纤维的染色饱和现象以及染料间对染座的竞争，因此在拼色时，必须考虑染料间的竞染性或配伍性。配伍性表示拼色时，各染料上染速率的一致程度。

2. 影响阳离子染料染色因素

影响阳离子染料上染速率的因素除腈纶种类外，还有以下几方面。

（1）温度。温度是控制匀染的重要因素。腈纶用阳离子染料染色时，在 75℃ 以下上染较少，只有当染色温度达到纤维的玻璃化温度（75~85℃）时，染料的上染速率才会迅速增加。因此，当染色温度达到纤维的玻璃化温度时，应缓慢升温，一般每 2~4min 升温 1℃。

（2）染浴 pH。染浴中加酸，可抑制腈纶中酸性基团的离解，降低纤维上的阴离子基团的数目，使染料与纤维间的库仑引力减小，染色速率降低。pH 对上染速率的影响以含羧基的腈纶更为显著，含磺酸基的腈纶的上染速率受染浴 pH 影响较小。染色时应合理控制染浴的 pH。阳离子染料一般不耐碱，染色最近 pH 一般为 4~4.5，染深色时染浴 pH 适当高些。染浴的 pH 一般用醋酸调节。

（3）电解质。在染浴中加入电解质，如氯化钠、硫酸钠等，可降低阳离子染料的上染速率，具有缓染作用。电解质的缓染作用随染色温度的提高而降低。染浅色时，电解质的用量可高些，为5%~10%（相对被染物的质量），染深色时可不加。

（4）缓染剂。在阳离子染料染色中常加缓染剂以降低上染速率，得到均匀的染色效果。阳离子染料染色用缓染剂有阳离子缓染剂和阴离子缓染剂两类。

3. 阳离子染料染色方法

阳离子染料染腈纶一般用浸染和轧染两种方法。

（1）染料浸染。浸染时，染浴一般由染料、阳离子缓染剂、硫酸钠、醋酸、醋酸钠等组成。染液 pH 为 4.5 左右，阳离子缓染剂用量为 0~2%（相对于被染物质量），硫酸钠用量为 0~10%（相对于被染物质量）。染色时，从 50~60℃开始染色，加热升温至 70℃后，缓慢升温至沸，沸染 45~60min，再缓慢降温至 50℃（1~2℃/min），最后水洗处理。

（2）染料轧染。阳离子染料轧染主要用于腈纶丝束、腈纶条、腈纶混纺织物的染色，纯腈纶织物受热容易变形，较少应用轧染。轧染由染料、助溶剂、促染剂、酸或强酸弱碱盐等组成。用于轧染的染料应具有较好的溶解性和扩散性。

（七）分散染料染色

分散染料是一类分子较小，结构上不带水溶性基团的非离子型染料。该类染料难溶于水，染色时借助分散剂的作用，染料以细小的颗粒均匀地分散在染液中，因此得名为分散染料。

分散染料是随着疏水性纤维的发展而发展起来的一类染料。随着合成纤维的发展，出现了许多新品种的分散染料，其染色性能不断改善。目前，分散染料已成为色谱齐全、品种多样、遮盖性能好、用途广泛的一类染料。

分散染料用于疏水性纤维的印染加工。由于合成纤维的物理结构和疏水性程度各不相同，对染料的要求也不同，一般疏水性强的纤维适合用疏水性强的染料。分散染料对于不同的纤维，其染色性能各不相同。分散染料在涤纶上的染色牢度较高，在腈纶上的染色牢度也较好，但只能染得浅色；在锦纶上的湿处理牢度较低。目前，分散染料主要用于涤纶的染色。

1. 分散染料的结构与性能

分散染料按化学结构分，主要有偶氮型、蒽醌型两大类，约占分散染料的85%。偶氮型分散染料生产简单，约占分散染料的50%。蒽醌型分散染料色泽鲜艳，遮盖性及匀染性较好，在染色条件下对还原和水解反应较稳定，具有较高的耐晒、耐酸碱、耐皂洗等牢度，但升华牢度较差。

分散染料难溶于水，但其分子中含有硝基、羟基等极性基团，染料在水中仍有一定的溶解度，并随着温度的升高，溶解度增加，在超过100℃后作用更为显著。在商品分散染料中通常含有较多的阴离子分散剂，其对分散染料有明显的增溶作用。

根据分散染料上染性能和升华牢度的不同，国产分散染料一般分为高温型（S 或 H 型）、中温型（SE 或 M 型）和低温型（E 型）三类。高温型分散染料分子较大，移染性较差，扩散性能较差，染料的升华牢度较高。低温型分散染料分子较小，扩散性和移染性较好，但升华牢度较低，中温型分散染料介于上述两者之间。

2. 分散染料染色方法及原理

（1）高温高压染色法。涤纶高温高压染色法一般是在130℃下进行染色。在以水为溶剂的染液中，为获得染色温度，染色应在密闭的高压设备中进行。

常温下涤纶的溶胀很小，染色难以进行。在高温高压条件下，水对涤纶的增塑作用增强，使纤维的玻璃化温度降低。此外，高温高压法染色温度一般在130℃左右，高于涤纶的玻璃化温度，纤维分子链段运动加剧，分子间间隙增大，有利于染料进入纤维内部和提高染料的上染量。在高温高压条件下，分散染料在染液中的溶解度增大，染液中以分子状态存在的染料增多，并且在高温条件下，染料在纤维内的扩散速率较高，使分散染料上染涤纶的速率大幅提高。染色结束后，当温度降至玻璃化温度以下时，纤维分子链段运动停止，自由体积缩小，染料与纤维通过范德瓦尔斯力、氢键以及机械作用而固着于纤维内。

（2）载体染色法。分散染料在100℃以下对涤纶染色时，上染缓慢，完成染色需要很长时间，也难以染深，而采用某些化学品时，能显著加快染料的上染，使分散染料对涤纶的染色可采用常压设备进行，这些化学品称为载体。载体一般是一些简单的芳香族化合物，如邻苯基苯酚、水杨酸甲酯等。

载体对涤纶有较大的亲和力，染液内的载体能很快吸附到纤维表面，在纤维表面形成载体层，并不断地扩散到纤维内部。载体对涤纶有膨化、增塑作用，使纤维玻璃化温度降低，从而使涤纶可在100℃以下染色。此外，载体对染料有增溶作用，吸附在纤维表面的载体层可溶解较多的染料，使纤维表面的染料分子浓度增加，提高了纤维表面和内部的染料浓度差，加快了染料的扩散速率。

载体染色时，染料在纤维内部的扩散速率与载体的用量有关，一般随载体浓度的提高，染料在纤维内的扩散速率提高，染料的上染量增加，但载体用量增大到一定程度后染料上染量不在增加，反而会下降。

采用载体染色时，要求载体价格低，使用方便、无毒，染色效果好，不会引起纤维脆损，染色后易洗除，不影响染色牢度等，但目前还没有能完全满足上述要求的载体。

（3）热熔染色法。热熔染色法是轧染加工，通过浸轧的方式使染料附着在纤维表面，烘干后在干热条件下对织物进行热熔处理，而且热熔时间较短，因此热熔染色的温度较高，在170~220℃。

热熔染色时，染液由染料、抗泳移剂、润湿剂等组成，染色用醋酸或磷酸二氢铵调节pH为5~6。

热熔染色时间与热熔温度有关，一般采用较高的温度和较短的时间比采用较低的温度和较长的时间更为有效，热熔染色时间一般为1~2min。

热熔染色的工艺流程：浸轧→预烘→热熔→后处理。烘干时为减少染料的泳移，一般先用红外线预烘，再热风烘干。在热焙烘时，焙烘箱内温度应均匀，否则会产生色差，最后对染色的织物进行水洗、烘干。

热熔染色法为连续化加工，生产效率高，适合大批量生产，但染料的利用率比高温高压法低，尤其是染深色时，染料的升华牢度要求较高。热熔法染色织物所受张力较大，主要用于机织物染色。同时，与高温高压法相比，热熔法染色的织物色泽鲜艳度和手感较差。

（4）常压高温染色法。涤纶常压高温染色法采用浸轧法，将分散染料施加到涤纶织物上，再烘干，然后在常压条件下，采用180℃以上的高温过热蒸汽对织物进行汽蒸，使分散染料扩散至纤维内部，从而使纤维着色。常压高温染色法来源于分散染料印花的常压高温汽蒸固色法，此种染色方法与热熔法相比，染色温度较低，染料选择范围较广，染品手感好，得色鲜艳，与高温高压法相比，生产管理和控制比较方便。

采用常压高温染色法对涤纶织物染色时，染液由分散染料、海藻酸钠、润湿剂等组成，染液用醋酸调节 pH 至弱酸性。染色工艺流程：浸轧染液→烘干→常压高温汽蒸→水洗→还原清洗→水洗→烘干。汽蒸温度在 180~190℃，汽蒸时间为 2~5min，最后进行还原清洗、水洗去除浮色。

三、纺织品涂料染色

涂料染色是通过黏合剂的黏着作用将不溶性的颜料固着到纤维上而获得颜色的一种染色工艺。涂料染色对纤维无选择性，适合各种纤维织物及其混纺织物的染色，具有色泽齐全、拼色方便、日晒牢度优良等特点，特别适用于中、浅色织物的染色，染色后不必水洗，工艺流程短，节能、节水，成本低。

（一）涂料染色特点

涂料染色与染料染色相比，色光比较容易控制；对纤维无选择性，可同时在混纺织物的两种纤维上得到一致的颜色；对被染物上疵点的遮盖能力强，染色重现性好。但涂料染色一般只限于染中、浅色，染深色时，产品的耐刷洗牢度和摩擦牢度较差，手感较硬。此外，在涂料染色过程中，还存在黏辊的问题。涂料染色的手感问题、色牢度问题和黏辊问题是限制其应用的主要原因。

（二）涂料染色液的组成

涂料染色液一般由颜料或涂料色浆、黏合剂、交联剂、柔软剂、防黏辊剂等组成。

涂料染色时，除黑色外，颜料一般采用不易升华、提升力强的有机颜料，颗粒大小应在 0.25~1.5μm，且大小应均匀。涂料染色一般采用将颜料研磨、分散后的涂料浆。同时，颜料应具有良好的分散稳定性。

黏合剂是一种具有反应性基团的可成膜的物质，可在一定条件下形成网状大分子，从而将涂料颗粒黏附于纤维上。作为涂料染色的黏合剂应具有良好的渗透性，不易泛黄，分散稳定性好，在常温下的成膜速度不应过快，不黏结导辊，与染液中其他助剂相容性好，染色后织物手感柔软，对涂料的黏结牢度高。涂料染色用黏合剂一般为聚丙烯酸酯乳液、水性聚氨酯等。黏合剂用量根据染色深度而定，一般为 20~30g/L。

交联剂为含有多个反应性官能团的物质，可与纤维和黏合剂发生反应。加入适量的黏合剂，可提高黏合剂的成膜速度和黏结强度，提高涂料染色牢度。但交联剂的用量过多，会导致黏辊及染色手感变差等问题。

为改善涂料染色品的手感，可在涂料染色液中加入柔软剂。

（三）涂料染色方法

涂料染色根据生产方式不同，可分为浸染和轧染两种。

1. 涂料浸染

涂料浸染主要用于色织物纱线、成衣及小批量织物的染色。由于涂料对纤维无亲和力，在进行涂料浸染时，应先将涂料分散体采用特殊助剂进行处理，使其带有负电荷，并对被染物进行阳离子化处理，使其带有正电荷，以增加颜料对被染物的亲和力。

工艺流程：被染物改性（60~70℃，20~30min）→水洗→浸染（80~90℃，30~80min）→水洗→烘干。

2. 涂料轧染

涂料轧染设备可采用热熔染色机或树脂整理机等。轧余率不宜过低，以免表面干燥结膜。

工艺流程：轧染（二浸二轧）→红外线预烘→热风烘干（70~100℃）→焙烘（150~160℃，2~3min）水洗→烘干。对于水洗褪色织物，浸轧后无须烘干，水洗后再经交联剂处理，以提高产品牢度。

涂料轧染通过选择具有良好相容性的黏合剂和整理剂，可将染色与防皱、抗静电、阻燃等整理同浴加工。

四、混纺和交织织物染色

纺织品按其纤维组成不同，可分为纯纺、混纺和交织三大类。混纺产品是用不同纤维混纺的纱线织成，由于混纺的纤维性能可取长补短，因此，混纺织物的服用性能优于纯纺产品，且不同混纺比的产品性能、用途也有区别。交织织物是用两种不同纤维的纯纺纱或长丝交织而成。

在混纺和交织织物的染色中，可能要求不同纤维染得同一色泽（单色产品），也可能要求不同纤维染得不同色泽，以获得双色或多色效应；有时也可能只染一种纤维而另一种纤维不染色，可获得留白效应。因此，通过对纤维进行混纺或交织得到的纺织品，不仅可提高产品的服用性能，还可增加花色品种。

（一）有色混纺和交织织物的生产

有色混纺和交织织物的生产一般有两种方法：

一种是在纺前先将不同的纤维分别进行散纤维（或纤维条）染色，然后将有色纤维进行混纺或交织。此种方法无须考虑染料和染色条件的相互影响，在选用染料和制订工艺时有较大的灵活性，对染色的均匀性要求较低，还可以利用有色纤维的拼混达到调节色光的目的。

另一种方法是将混纺纱线或织造后的混纺织物或交织物进行染色。对两种或两种以上纤维组成的纱线或织物进行染色时，因为不同纤维的染色性能不同，染色所用的染料、助剂类别和性能也不同，其染色工艺要比单一纤维织物的染色复杂得多。

（二）混纺和交织织物染色的一般原则

混纺和交织织物染色时，若两种纤维的染色性能和化学性质相近（如棉和黏胶、羊毛和锦纶），可选用一种类型的染料染两种纤维，此时要求染料在两种纤维上的色光基本相同。若两种纤维的染色性能和化学性质相差较大（如涤纶和棉、涤纶和黏胶），可选用两种类型的染料分别上染两种纤维，此时一般要求一种纤维所用的染料在另一种纤维上的沾色要轻。混纺或交织织物染色所用染料，在相应纤维上的染色牢度应基本相同，以免在使用过程中产品色光发生变化。

（三）混纺和交织织物染色方法

混纺和交织织物染色方法一般有以下几种。

1. 一浴一步法

将一种或两种性质不同的染料在一个染浴中对不同纤维同时染色。一浴一步法染色时间短、生产效率高、操作方便、能耗低，是一种比较理想的染色方法。但采用一浴一步法染色时，两种纤维染色所用的染料、助剂、染色工艺条件等不应相互影响，且相互间无明显的不利影响。由于适合这种方法的染料类别有限，其应用还不普遍。

2. 一浴二步法

该法是先以一种染料上染一种纤维，然后再在染浴中加入另一种染料，以另一种染料的染色工艺套染另一种纤维。此法要求第一步染色后的残液对第二步染色无不利影响。

3. 二浴法

该法是将两种类型的染料分别配制染液，分两次分别对两种纤维进行染色。此法生产周期长，生产效率低，但因分步操作，染色条件容易控制。

在实际生产中，至于采用何种方法进行染色，应根据混纺或交织织物的纤维组成、性质以及可选用的染料、助剂种类和性能、染色深浅及产品品质要求而定。

第二节　纺织品印花

印花设计作品

一、概述

纺织品印花是指将各种染料或颜料调制成印花色浆，局部施加在纺织品上而使之获得各色花纹图案的加工过程。印花过程包括图案设计、筛网制版、色浆调制、印制花纹、后处理（蒸化和水洗）等工序。印花色浆一般由染料或颜料、糊料、助溶剂、吸湿剂和其他助剂等组成。

印花和染色一样，也是染料在纤维上发生染着的过程，但印花是局部着色。为了防止染液的渗化，保证花纹清晰精细，必须采用色浆印制。印花与染色相比，浴比小，因此印花要尽可能选择溶解度大的染料或加大助溶剂的用量。另外，由于色浆中糊料的存在，染料对纤维的上染过程比染色复杂，一般染料印花后需用蒸化或其他固色方法来促使染料上染。最后印花织物要进行充分水洗，有的还需皂洗，以去除糊料和浮色，改善手感，提高色泽鲜艳度和牢度，保证白地洁白。

纺织品印花主要是织物印花。纱线、毛条也有少量印花，纱线印花也可织出特殊风格花纹，毛条印花可织成具有闪光效应的混色织物。

（一）印花工艺

1. 直接印花

直接印花是将印花色浆直接印在白地织物或浅地色织物上（色浆不与地色染料反应）而获得各色花纹图案的印花方法，其特点是印花工序简单，适用于各类染料，故广泛用于各类织物印花。

2. 拔染印花

拔染印花是在织物上先进行染色而后进行印花的加工方法。印花色浆中含有一种能破坏地色染料发色基团而使之消色的化学物质（拔染剂），印花后经适当的后处理，使印花地色染料破坏，最后从织物上洗去，印花之处成为白色花纹，此种印花称为拔白印花；若在含拔染剂的色浆中，还含一种不被拔染剂所破坏的染料，在破坏地色染料的同时，色浆中的染料上染，从而使印花处获得有色花纹，此种印花称为色拔印花。拔染印花可获得地色丰满、轮廓清晰、花纹细致、色彩鲜艳的效果，但地色染料的选择受一定限制，并且印花周期长、印花成本高。

3. 防染印花

防染印花是先印花后染色的加工方法。印花色浆中含有能破坏或阻止染料上染的化学物质（防染剂），印花处地色染料不能上染织物，织物经洗涤后，印花处呈白色花纹的称为防白印花；若在防白的同时，印花色浆中还含有与防染剂不发生作用的染料，在地色染料上染的同时，色浆中染料上染印花之处，则印花处获得有色花纹，这便是色防印花。防染印花所得的花纹一般不及拔染印花精细，但适用于防染印花的地色染料品种较拔染印花多。

4. 防印印花

防印印花（防浆印花）是在印花机上通过罩印地色进行的防染或拔染印花方法。

以上印花工艺应根据印花效果、染料性质、花型特征及加工成本进行选择。

（二）印花方法

1. 筛网印花

筛网印花是目前应用较普遍的一种印花方法，起源于型版印花。筛网是主要的印花工具，有花纹处呈镂空的网眼，无花纹处网眼被涂覆，印花时色浆被刮过网眼而转移至织物上。

根据筛网的形状，筛网印花可分为平网印花和圆网印花。

（1）平网印花。平网印花的筛网是平板形的，平网印花机有三种类型：手工平网印花机（也称台板印花机）、半自动平网印花机、全自动平网印花机，这三种印花机的基本结构都是由台板、筛网和刮浆刀组成，只是机械化、自动化程度不同。

全自动平网印花机具有劳动强度低、生产效率高的特点，而且花型大小和套色数不受限制，印花时织物基本不受张力，但采用冷台板，在连续印花时易出现搭色疵病。

（2）圆网印花。圆网印花机的基本构成与全自动平网印花机相似。与后者不同在于印花机的花版是圆的，由金属镍制成，网孔呈六角形，刮浆刀系采用铬、钼、钒、钢合金制成。印花时，圆网在织物上面固定位置旋转，织物随循环运行的导带前进。印花色浆经圆网内部的刮浆、刀挤压透过网孔而印至织物上。圆网印花是自动给浆，全部套色印完后，织物进入烘干装置烘干。

圆网印花具有劳动强度低、生产效率高、对织物适应性强等特点，能获得花型活泼、色泽浓艳的效果，但对云纹、雪花等结构的花型受到一定限制，花型大小也受圆网周长的限制。

2. 转移印花

转移印花先用印刷的方法将花纹用染料制成的油墨印至纸上制成转移印花纸，然后将转移印花纸的正面与被印织物的正面紧贴，进入转移印花机，在一定条件下，使转移印花纸上的染料转移至织物上。

转移印花的图案花型逼真，花纹细致，加工过程简便，尤其是干法转移印花，无须蒸化、水洗等后处理，节能无污染。

转移印花有干法转移和湿法转移两种。前者采用具有热升华性能的分散染料，适用于疏水性强的合成纤维；后者也称冷转移印花，适用于各类染料。

3. 喷墨印花

喷墨印花集机械、电子、信息处理、化工材料、纺织印染等技术于一体，被誉为21世纪纺织品印花的革命技术，是未来纺织品印花的发展趋势。喷墨印花是将含有色素的墨水在压缩空气的驱动下，经由喷墨印花机的喷嘴喷射到被印基质上，由计算机按设计要求控制形成花纹图案，根据墨水系统的性能，经适当后处理，使纺织品获得具有一定牢度和鲜艳度的花纹。当今数码喷墨印花工艺、颜色深度、鲜艳度、色牢度、墨水、印花速度等方面都有很大的提高，在生态纺织品领域有突出优势，迅速占领了许多传统印花工艺市场份额。

（1）喷墨印花技术的优点。喷墨印花技术的优点是印花工序简单、印花品质高档、生产灵活性强、有利于环境保护。

（2）喷墨印花工艺。喷墨印花工艺主要包括喷墨印花织物的印前处理、印花图案的高品质数字化处理、ICC（International Color Consortum，国际色彩联盟）特性曲线的设计、喷印工艺、汽蒸。

（三）印花原糊

印花原糊是具有一定黏度的亲水性分散体系，是染料、助剂溶解或分散的介质且作为载体传递剂将染料、化学品等传递至织物上，防止花纹渗化，当染料固色后，原糊从织物上洗除。印花色浆的印制性能很大程度上取决于原糊的性质，因此原糊直接影响印花产品质量。制备原糊的原料为糊料，用作印花的糊料在物理性能、化学性能和印制性能等方面都有一定要求。

从物理性能方面看，糊料所制得的色浆必须具有一定的流变性，以适应各种印花方法、不同织物特性和不同花纹的需要。流变性是色浆在不同切应力作用下的流动变形特性，色浆的流变性能可通过不同切应力作用下黏度的变化来测定。色浆大都属于非牛顿流体，黏度随着切应力的增加而下降。色浆应有良好的结构黏度，印花时，筛网上刮刀压点处压力较大，这时色浆的黏度下降，有利于色浆的渗透，织物离开压点后，色浆黏度上升，从而防止花纹渗化。糊料要有适当的润湿、吸湿和良好的抱水性能，影响染料的上染和花纹轮廓清晰度。糊料应和染料、助剂有较好的相容性。糊料对织物还应具有一定的黏着力，特别是印制疏水性纤维织物，黏着力低的糊料形成的色膜易脱落。

从化学性能方面看，糊料应稳定，不易与染料、助剂发生化学反应，贮存时不易腐败变质。

从印制性能方面看，糊料成糊率要高，所配制的色浆应有良好的印花均匀性，适当的印透性和较高给色量。糊料易洗涤性要好，否则将影响成品的手感。

糊料按其来源可分为淀粉及其衍生物、海藻酸钠、羟乙基皂荚胶、纤维素衍生物、天然龙胶、乳化糊、合成糊料等。印花糊料应根据印花方法、织物品种、花型特征、染料的发色条件而加以选择，在生产中常将不同的糊料拼混使用，以取长补短。

二、纤维素纤维织物印花

（一）直接印花

1. 活性染料直接印花

活性染料直接印花是纤维素纤维织物最常用的印花工艺。其印花工艺简便、色谱广、湿处理牢度好、印花成本低，但活性染料不耐氯漂、固色率不高、水洗不当易造成白地不白。

选择印花用活性染料要保证色浆稳定，直接性低，有良好的扩散性能，固色后不发生断键现象。

活性染料直接印花工艺按色浆中是否含碱剂而分为一相法和两相法。

（1）一相法。一相法印花是将染料、原糊、碱剂及必要的化学药剂仪器调成色浆。

工艺流程：白布印花→烘干→蒸化→水洗→皂煮→水洗→烘干。

色浆配方（％）：

活性染料	1.5~10
尿素	3~15
防染盐 S	1
海藻酸钠糊	30~40
小苏打（或纯碱）	1~3（1~2.5）
加水合成	100

一相法印花工艺适用于反应性低的活性染料，主要用 K 型染料，KN 型和 M 型活性染料

也有应用。

色浆中加入尿素可促进染料溶解。尿素是良好的吸湿剂，能促使纤维溶胀，有利于染料扩散。防染盐 S 即间硝基苯磺酸钠，是一种弱氧化剂，可防止高温汽蒸时染料受还原性物质作用而变色。海藻酸钠糊是活性染料印花最合适的糊料，其分子结构中无伯羟基，不会与活性染料反应，且海藻酸钠中的羧基负离子与活性染料阴离子有相斥作用，有利于染料的上染。

（2）两相法。两相法印花的色浆中不加碱剂，印花后再进行轧碱蒸化固色，此法提高了色浆的稳定性，适用于反应性较高的活性染料，同时可避免堆放过程中"风印"的产生。

工艺流程：白布印花→轧碱→蒸化→水洗→皂煮→水洗→烘干。

色浆配方（％）：

活性染料	1.5~10
尿素	3~15
防染盐 S	1
原糊	30~40
醋酸（30％）	0.5
加水合成	100

调浆时，先将染料和尿素混合，加水溶解，然后加入稀释后的醋酸，滤入原糊中，最后加入防染盐 S。

使用的原糊在碱溶液中应能凝固，防止染料在轧碱时溶落或花纹渗开。常用的圆糊有海藻酸钠和甲基纤维素。

轧碱配方（％）：

30％烧碱	3
纯碱	15
碳酸钾	5
淀粉糊	10
食盐	1.5~3
加水合成	100

碱液中加入食盐是为了防止染料轧碱时溶落，加淀粉原糊可增加碱液黏度。轧碱方式常采用面轧（织物正面向下）或一浸一轧。轧碱后织物立即进入短蒸蒸化机，于 120~130℃汽蒸 30~50s，使染料在强碱下快速固色。汽蒸时间过长或过短都会使固色率下降。

2. 还原染料直接印花

还原染料直接印花主要有隐色体印花和悬浮体印花两种。

（1）隐色体印花。将染料、碱剂、还原剂调制成色浆进行印花，然后经还原汽蒸，在高温下染料还原溶解，被纤维吸收并向纤维内部扩散，最后经水洗氧化等过程的印花方法，称为隐色体印花法。根据染料还原的难易、颗粒大小、碱剂浓淡及其他工艺条件的不同，在调制印花色浆时，可分别采用预还原法和不预还原法两种。

预还原法色浆的调制：染料颗粒大，还原电位较高，还原速率慢，较难还原的还原染料色浆调制宜采用预还原法。所谓预还原法就是先用氢氧化钠、保险粉和一定量的雕白粉将染料预还原，然后在临用时再补加碱剂和雕白粉。

基本色浆配方（%）：

还原染料	5~6
甘油	5
酒精	1
印染胶/淀粉糊	30~35
30%氢氧化钠	8~15
保险粉	2
雕白粉	8~14
加水合成	100

将染料、甘油、酒精在球磨机内研磨 48h，使染料颗粒直径小于 5μm，加少量水调匀后加到原糊中，在搅拌下加入规定量的氢氧化钠溶液，升温至 50~60℃，再在搅拌下缓慢加入保险粉，搅拌均匀，使保险粉还原 30min，冷却后加入事先溶解的规定量的雕白粉。

不预还原法色浆的调制：在色浆制备时，不加保险粉。用甘油、酒精和水将染料经球磨机研磨，制成球磨贮浆作为基本浆。印花时用基本色浆、碱剂、还原剂调成印花浆。此法适用于还原电位低、还原速率快、色浆稳定性差的染料。

还原染料预还原与不预还原法的印花工艺流程相同。

工艺流程：印花→烘干→透风冷却→蒸化→水洗→氧化→水洗→皂煮→水洗→烘干。

（2）悬浮体印花。还原染料悬浮体印花是色浆中不加还原剂和碱剂，在印花烘干后，织物经碱性还原液处理，再经快速汽蒸，在湿热条件下使还原染料迅速还原上染，随后进行氧化、皂洗等印花后处理，使染料固着在纤维上。

这种印花方法要求染料颗粒要细，最好在 2μm 以下，若颗粒过大，则在浸轧还原液时染料会发生溶落，所以在使用前一般需将染料在加酒精条件下研磨至规定颗粒以下。

印花中多使用遇碱有一定凝固性的糊料，如海藻酸钠、甲基纤维素等，不易使花型渗化，但凝固性也不易过强，否则会影响染料的渗透和得色量。常用小麦淀粉和海藻酸钠的混合糊料，但对大面积的花形可使用甲基纤维素糊料。

印花工艺流程：印花→烘干→浸轧还原液→快速汽蒸（102~105℃，20~40s）→水洗氧化→皂洗→水洗→烘干。

色浆配方（g）：

还原染料	x
淀粉/海藻酸钠浆	300~500
水	y

总量	1000

印花烘干后即可浸轧还原液。一般轧液率控制在 70%~75%，多采用面轧（织物正面向下通过轧车），以湿布状态快速进入蒸化机。

还原液中主要有氢氧化钠和保险粉，也可用二氧化硫脲或保险粉和二氧化硫脲的混合液，参考还原液配方如下：

85%保险粉（g）	40~80
30%氢氧化钠（mL）	80~140
纯碱（g）	50
淀粉糊（mL）	100
加水合成（mL）	1000

还原染料悬浮体印花因色浆中不加入还原剂和碱剂，所以色浆稳定，同时色浆中无吸湿剂，烘干快，不易造成搭色。此法适用的染料品种较多，某些各项牢度优良仅适用于染色的还原染料也可用此法进行印花。印花中由于不存在雕白粉的分解，其得色比隐色体法要深，贮存时无"风印"等疵病的产生。

（二）拔染印花

拔染印花是利用拔染剂破坏织物地色染料的发色体系，再将被分解的染料从织物上洗除。拔染印花的拔染剂一般用还原剂，如雕白粉、氯化亚锡、二氧化硫脲等，其中雕白粉常用于纤维素纤维织物的拔染印花。

拔染印花的地色染料主要是偶氮结构的染料，如不溶性偶氮染料、偶氮结构的活性染料、直接铜盐染料、酸性染料等。要达到良好的拔染效果，在这些染料中还要再作筛选，所以作为拔染印花的染料其实并不多。本节主要介绍活性染料地色拔染印花工艺。

1. 活性染料地色拔染印花机理及影响因素

活性染料拔染印花主要是指母体偶氮染料的偶氮基被雕白粉等还原剂破坏分解成两个氨基，分解产物无色或易于从织物上洗除。但实际上真正可用于拔染的活性染料并不多，因为影响其拔染的因素很多。一般来说乙烯砜型结构的活性染料的可拔性要优于均三嗪型的活性染料。而且活性染料的可拔性还与染料与纤维间的结合稳定性有关，稳定性差的可拔性就越好。KN 型活性染料与纤维间的结合键在高温和碱性条件下易分解断裂，因此，在高温和碱性条件下，使用雕白粉易于拔除。

2. 活性染料地色拔染印花工艺

拔染工艺：轧染或卷染地色→固色→轧烘防染盐 S→印花→汽蒸→水洗→皂洗→烘干。

拔白印花浆配方（%）：

印染胶糊	30~40
雕白粉	15~24
热水	x
防染盐 S	3

30%氢氧化钠	15~20
白涂料	10
增白剂 VBL	0.5
咬白剂 W	10
加水合成	100

色拔印花浆：活性染料地色的着色拔染印花常用还原染料和涂料。还原染料色拔印花浆配方与还原染料直接印花浆配方基本相同，只要另配雕白粉浓度增高的冲淡糊，并根据还原染料对蒽醌的适应性，决定是否添加蒽醌。涂料着色拔染印花浆基本同涂料直接印花浆配方，另加6%~8%的雕白粉。涂料拔染印花浆中宜选用聚丙烯酸酯系列中耐还原剂和弱碱的黏合剂。蒸化工艺控制在色拔完全，涂料不被破坏，花纹牢度良好为宜。

（三）防染印花

防染印花是通过在防染印花浆中加防染剂而达到对地色染料局部防染的。防染剂可分为物理防染剂和化学防染剂。物理防染剂是局部机械阻碍地色染料与织物接触，一般配合化学防染剂使用。化学防染剂是破坏或抑制染色体系中的化学物质，使其不能发挥有利于染色进行的作用，须根据地色染料发色的条件加以选择。

1. 活性染料地色防染印花

用活性染料作为地色的防染工艺，以酸性防染、亚硫酸钠防染和机械性半防染印花为主。

（1）酸性防染印花。活性染料中浅地色防染印花是在印花浆中加入酸性物质如有机酸、酸式盐或稀酸剂作为防染剂，中和地色染液中的碱剂，抑制染料和纤维的结合，从而达到防染的目的。常用的防染剂为硫酸铵，色防染料选择涂料、不溶性偶氮染料等，它们的发色不受酸性物质的影响。活性染料地色酸防染效果除与酸的种类和用量有关外，主要取决于地色染料与纤维间的亲和力，与纤维亲和力大的染料防染效果差。

工艺流程：白布印花→烘干→轧活性染料地色→烘干→汽蒸→水洗→皂洗→水洗→烘干。

印花色浆：

防白印花浆（g）：

硫酸铵	50~70
龙胶或淀粉印染胶糊	200~400
增白剂 VBL	5
加水配成	1000

涂料色防印花色浆（g）：

涂料	10~100
尿素	50
黏合剂	400~500
硫酸铵	30~70
乳化糊	x

龙胶糊	y
50%交联剂	50
加水配成	1000

轧染地色:

轧地色配方（g）:

活性染料	x
尿素	10~15
海藻酸钠糊	50~100
小苏打	15~20
防染盐 S	7~10
加水配成	1000

一浸一轧，浸轧温度 25~30℃。地色染料在汽蒸时固着，汽蒸条件为 102~104℃，5~7min。

（2）亚硫酸钠防染印花。利用亚硫酸钠可与乙烯砜型活性染料（KN 型）反应，使其失去与纤维的反应能力，而 K 型活性染料对亚硫酸钠较稳定的特点，可进行 K 型活性染料防染乙烯砜型活性染料的印花。

工艺流程：白布印花→烘干→面轧活性染料地色→烘干→汽蒸→水洗→皂洗→水洗→烘干。

印花色浆:

防白印花浆（g）:

亚硫酸钠	7.5~20
淀粉糊/合成龙胶糊	400~500
白涂料	100~200
加水配成	1000

防白浆中的涂料为机械性防染剂，可改善防染效果和提高花纹轮廓清晰度。

色防浆配方（g）:

K 型活性染料	x
尿素	50
海藻酸钠糊	400~500
小苏打	15
防染盐 S	10
亚硫酸钠	10~20
加水配成	1000

地色轧染液配方（g）:

KN 型活性染料	x
尿素	50
海藻酸钠糊	100
小苏打	12~15
防染盐 S	10
加水配成	1000

轧染地色后应及时汽蒸，防止地色产生"风印"。

2. 还原染料地色防染印花

靛蓝地色的防染印花已有悠久的历史。目前，还原染料地色防染印花一般用于中、浅浓度隐色体轧染地色，常用的防染剂有氯化锌、氯化钙、防染盐、明胶、钛白粉、平平加 O 等。氯化锌等能中和轧染液中碱，生成的氢氧化锌在纤维表面形成一层胶状薄膜，起机械防染作用。防染盐等氧化剂用以氧化染液中的还原剂。明胶、钛白粉为机械性防染剂，平平加 O 等能和隐色体发生聚集。

织物印防白浆→烘干→浸轧（一浸一轧，织物正面朝下）隐色体→还原短蒸→透风氧化→酸洗→水洗→皂洗→水洗→烘干。

防白印花浆（g）：

氯化锌	35~40
原糊	40~50
钛白粉（1∶1）	10
平平加 O	3
明胶	5
加水配成	100

织物经印花、烘干后，浸轧（一浸一轧，织物正面朝下）隐色体。

三、蚕丝织物印花

蚕丝织物印花具有品种多、批量小的特点，常用的印花工艺有直接印花、拔染印花、防印印花、渗透印花等。蚕丝织物目前主要采用筛网印花机印花。

（一）直接印花

蚕丝织物在实际生产中主要采用弱酸性染料、1∶2 型金属络合染料、直接染料以及少量的阳离子染料印花。涂料印花由于手感问题，会影响织物的风格，因此只适用于白涂料印花，用以产生立体效果。

1. 弱酸性染料、直接染料印花

蚕丝织物印花一般以弱酸性染料为主，也可用直接染料。

工艺流程：印花→烘干→蒸化→水洗→固色→水洗→脱水→烘干→整理。

印花配方（%）：

染料	20
尿素	5
原糊	50~60
硫代双乙醇	5
氯化钠（1:2）	0~1.5
硫酸铵（1:2）	6
加水配成	100

尿素和硫代双乙醇作为助溶剂帮助染料溶解。硫酸铵是稀酸剂，提高得色率。氯化钠是抵抗汽蒸时还原性物质对染料的破坏。原糊的印花硬性很大，不同的设备、不同的丝绸品种对原糊要求不同。

2. 金属络合染料印花

金属络合染料牢度较好，但色光较暗。蚕丝织物常采用1:2型金属络合染料印花。其应用方法除色浆中不用酸或稀酸剂以及染料的溶解和印花原糊的选择不同外，其余与酸性染料印花相同。

3. 渗透印花

渗透印花顾名思义是在织物正面印花后尽量渗透至反面，使得织物正反面色泽基本一致的印花方法。渗透印花与织物所选用的纤维、组织规格和织物密度关系很大，一般真丝织物的渗透印花效果最好，好的渗透印花的丝织品让人难以区分正反面。

工艺流程：坯绸准备（卷绸、浸湿）→贴绸（树脂贴绸）→印花→蒸化→水洗→固色→增白。

渗透印花色浆配方（g）：

酸性染料	x
尿素	40~60
渗透剂	20~30
原糊	y
加水配成	1000

（二）拔染印花和防印印花

一般在深地或大块深色花型上有浅细茎的图案时，常采用拔染印花，而地色面积不大时以防印印花为好。

蚕丝织物大都采用含偶氮结构的弱酸性或直接染料为地色染料，应用最多的拔染剂是氯化亚锡，其在酸性介质中高温汽蒸时具有强还原性，使 Sn^{2+} 被氧化成 Sn^{4+}，将染料发色体的偶氮结构破坏。色拔染料采用耐氯化亚锡的三芳甲烷、蒽醌或三偶氮的酸性、直接和中性染料。

印花浆配方（%）：

	拔白浆	色拔浆
白糊精/小麦淀粉糊	70	66
尿素	4	4
氯化亚锡	2.5~8	2.5~8
冰醋酸	1.4	1.5
草酸	0.35~0.7	0.3
色拔染料	—	x
加水配成	100	100

氯化亚锡的用量由地色深浅、地色染料的易拔性决定。尿素不仅是助溶剂，也是酸吸收剂，防止氯化亚锡高温水解所释放的盐酸使丝绸脆损和泛黄。冰醋酸、草酸的加入可抑制氯化亚锡的水解，还可使草酸根与锡离子络合，避免染料色光受影响。原糊的选择要考虑其与氯化亚锡的相容性和印制效果，常采用淀粉与白糊精的拼混糊。后处理工艺要注意根据拔染的要求确定蒸化温度和时间，蒸化后的水洗等，以确保拔染效果。

四、毛织物印花

毛织物印花一般在平网印花机上进行。羊毛印花从工艺上可分为直接印花、拔染印花等。从加工对象上可分为匹织物印花、毛条印花和纱线印花。

毛织物印花前需经氯化预处理，破坏羊毛纤维表面疏水的鳞片层结构，使羊毛极性增强，更易吸湿膨化，大幅提高对染料的吸收能力，可印制浓艳的色泽，同时鳞片层的破坏还减轻了羊毛的毡缩倾向，保证了织物的尺寸稳定性。

（一）直接印花

1. 酸性染料直接印花

酸性耐缩绒性染料色谱齐全，色泽鲜艳，是羊毛织物较合适的印花所用染料。

印花工艺流程：毛织物准备→贴坯（平网台板）→印花→烘干→汽蒸→水洗→脱水→烘干→整理。

印花配方（%）：

染料	x
尿素	$(1~3)x$
淀粉糊	50
醋酸	2~3
加水配成	100

糊料可根据织物的性质、种类、花纹图案特点及选用的印花机械而定。淀粉糊的洗除性和渗透性较差，但得色量高，所印制的花纹轮廓清晰度与鲜艳度好，适于印制色泽深浓鲜艳、花纹精细的薄型织物。合成龙胶糊渗透性好，易于洗除，适合于在粗厚毛织物上印制清晰度要求不高的花纹。

2. 中性染料直接印花

中性染料因染色牢度好，尤其湿处理牢度较高。同时，该类染料在中性或弱酸性条件下使用，对印制毛织物进行汽蒸固色时，不会对毛织物有过大的损伤，与助剂和糊料的相容性较好，因此，在毛织物染色和印花中使用较普遍。

印花工艺流程：毛织物准备→贴坯（平网台板）→印花→烘干→汽蒸→水洗→脱水→烘干→整理。

印花配方（%）：

中性染料	x
尿素	$(1~5)x$
印染胶或黄糊精糊	50
醋酸	3
草酸	2
渗透剂 JFC	1
加水配成	100

（二）拔染印花

1. 拔白剂

毛织物拔染印花常用拔白剂主要为还原剂类，如雕白粉等，在常温下稳定，具有很强的还原作用。

2. 地色用染料

用于毛织物染地色的酸性染料，主要是含有偶氮结构的酸性染料，易拔性较好。印花着色用染料一般为还原染料，对还原剂的适应性较好。

3. 拔染印花工艺

印花工艺流程：毛织物准备→贴坯（平网台板）→印花→烘干→汽蒸→水洗→脱水→烘干→整理。

拔白浆配方（%）：

氯化亚锡	2~8
尿素	4
酸性淀粉糊	60
醋酸	1.5
草酸	0.5~2
加水配成	100

色拔浆配方（%）：

耐拔染染料	x
氯化亚锡	1~8
尿素	5

酸性淀粉糊	60
醋酸	1~2
草酸	1
加水配成	100

五、合成纤维织物印花

合成纤维织物品种较多,印花所用染料也不尽相同,本节主要介绍涤纶、锦纶、腈纶等常见合成纤维织物的印花。

(一)涤纶织物印花

1. 分散染料直接印花

涤纶织物印花同染色相同,主要以分散染料为主。

工艺流程:印花→烘干→固色→后处理。

分散染料印花固色主要有三种方法:高温高压蒸化法、热熔法和高温连续蒸化法。后处理主要指水洗等去除浮色和糊料的操作。

印花色浆配方(%):

分散染料	x
防染盐 S	1
六偏磷酸钠	0.3
表面活性剂	1
原糊	40~60
加水配成	100

2. 拔染印花

涤纶织物拔染印花根据拔染印花工序在分散染料固色前后的不同安排,可分为全拔和半拔两种工艺。涤纶织物拔染印花根据拔染机理不同,可分为还原剂拔染和碱剂拔染两类。

(1)还原剂拔染。拔染剂为还原性物质,常用的还原剂为氯化亚锡。地色分散染料含偶氮结构,易被还原破坏。色拔染料一般选择能耐还原剂的蒽醌类染料。

拔白浆配方(g):

氯化亚锡	80~120
草酸或酒石酸	15~25
尿素	25
淀粉混合浆	700
增白剂 DT	15
加水配成	1000

色拔浆配方(g):

| 氯化亚锡 | 50~80 |

拔染助剂（对苯二酚）	50
尿素	50
淀粉混合浆	500~600
耐还原剂分散染料	x
加水配成	1000

（2）碱剂拔染。利用部分不耐碱的分散染料在碱性条件下水解，达到局部破坏地色分散染料而产生拔白和色拔的印花效果，其中色拔可选择耐碱性分散染料。

拔白浆配方（%）：

原糊	50~90
碳酸钠	4~10
助拔剂	5~16
增白剂	1~2
加水配成	100

色拔浆配方（%）：

原糊	50~90
碳酸钠	4~10
助拔剂	5~16
增白剂	1~2
耐碱分散染料	x
加水配成	100

助拔剂为芳香酸酯类衍生物，结构与涤纶分子相似，在蒸化时，能有效渗透进涤纶内部，促进涤纶的膨化，同时与分散染料具有较好的相容性，进入纤维内部的助拔剂分子能萃取已固着于纤维上的分散染料，增加拔染剂与纤维的作用，助拔剂分子与被拔染剂破坏的染料分子结合，最终从纤维上洗除，从而提高拔白效果。

3. 防染印花

涤纶织物防染印花主要采用先浸轧分散染料液或全满地印花，低温（低于100℃）烘干，确保不使染料进入纤维内部，然后再印制能破坏地色染料的防染印花色浆，此法称为二步法防染印花，也称拔染型防染印花。另一种方法是先在织物上印防染色浆，随即罩印全满地色浆，最后烘干，此法的特点是花色和地色在印花机上一次完成，故称为一步法湿法罩印"防印"工艺，可得到较好的防染效果。但涤纶织物防染印花一般不能先印防染色浆，在进行轧染地色的方法，因为涤纶是疏水性织物，黏附色浆的能力差，在浸轧染液时，会使色浆在织物上渗化，同时防染剂会进入地色染液而难以染得良好的地色。

根据分散染料的结构，有的分散染料可被还原剂破坏，有的分散染料能和重金属离子络合成相对分子质量较大的络合物，从而阻止染料扩散至纤维内部。可采用的还原性防染剂有羟甲基亚磺酸盐、氯化亚锡、二氧化硫脲等。最常用的能和某些分散染料充分络合的金属盐是铜盐。

（1）羟甲基亚磺酸盐法防染印花。羟甲基亚磺酸盐常用雕白粉、德固林等。可被羟甲基亚磺酸盐破坏发色体系的分散染料都为偶氮结构。

防白浆配方（％）：

原糊	45~60
二甘醇	2~7
羟甲基亚磺酸盐	10~15
荧光增白剂	0.5
加水配成	100

（2）氯化亚锡法防染印花。氯化亚锡是强酸性还原剂类防染剂，可用于涤纶织物的防白或着色防染印花。

印花色浆配方（％）：

耐氯化亚锡的分散染料	x
原糊	45~60
氯化亚锡	4~6
尿素	3~5
酒石酸	0.3~0.5
加水配成	100

氯化亚锡在蒸化过程中会产生盐酸烟雾，不但会腐蚀设备，还会影响防白效果。色浆中加入尿素和缓冲剂，可中和在蒸化过程中所产生的氯化氢，减轻上述影响。

（3）金属盐法防染印花。金属盐法防染印花是利用某些分散染料能与金属离子形成络合物而丧失上染涤纶纤维的能力而达到防染目的。分散染料和金属离子络合通常生成1∶2型络合物，相对分子质量成倍增加，对涤纶的亲和力及扩散性大幅降低而难以上染，从而达到防染的最终目的。用于金属盐防染法的地色分散染料品种不多，大多属于蒽醌类。所用的金属盐有铜、镍、钴、铁等，其中尤以铜盐的防染效果最佳。常用的铜盐防染剂有醋酸铜、甲酸铜等。

色防浆配方（％）：

不为铜盐络合的染料	x
原糊	45~50
醋酸铜	5
氨水（25％）	5
疏水性防染剂	5
氧化锌（1∶1）	20
防染盐S	1
加水配成	100

醋酸铜溶解度小，加入氨水形成铜氨络合物，提高溶解度，同时氨水还可提高防白浆或色浆的 pH 至中性以上，有利于提高铜盐和分散染料的络合作用和络合物的稳定性，但若氨水过多，又会降低铜盐和染料的络合作用。疏水性防染剂可从常用的柔软剂中选择，如石蜡硬脂酸乳液或脂肪酸的衍生物等。印花原糊应选用耐重金属离子的糊料，如糊精、淀粉醚或刺槐豆醚化衍生物等。

（二）锦纶织物印花

由于锦纶末端氨基少，耐酸能力不强，因此锦纶不宜采用强酸性染料印花。实际生产中，常使用弱酸性染料和中心染料，少量直接染料用于弥补酸性染料的色谱。同时，由于锦纶织物易于变形，印花一般采用筛网印花和转移印花，前者主要用于锦纶长丝织物印花，后者适用于锦纶针织物印花。

工艺流程：印花→烘干→蒸化→水洗→烘干。

印花色浆配方（％）：

弱酸性染料	x
硫脲	5~7
甘油	3
硫代双乙醇	3~5
硫酸铵（1∶2）	5~6
氯化钠（1∶2）	2
原糊	50~60
加水配成	100

原糊应耐酸并具有较高的黏着力和成膜性，如变性刺槐胶、瓜耳胶，也可用变性淀粉或糊精。

（三）腈纶织物印花

腈纶织物印花可选用阳离子染料、分散染料。其印花工艺有直接印花和拔染印花。

1. 阳离子染料直接印花

涤纶织物印花同染色相同，主要以阳离子染料为主。

工艺流程：印花→烘干→蒸化→水洗→烘干。

印花色浆配方（％）：

阳离子染料	x
异丙醇	3
98％醋酸	2~3
间苯二酚	3~5
酒石酸	3~5
氯化钠（1∶1）	2~3
原糊	40~60

加水配成　　　　　　　　　　　　100

原糊采用白糊精和羟乙基淀粉相拼混或合成龙胶，不能使用阴离子性糊料。

醋酸及助溶剂异丙醇的作用是提高色浆的稳定性，改善阳离子染料的溶解性。酒石酸主要是防止在印花后和烘干时，由于醋酸挥发而使 pH 升高，导致某些阳离子染料色光变化。色浆中加入氯化钠可防止还原性物质对染料的破坏。

间苯二酚是腈纶的膨化剂，有利于汽蒸过程中纤维松弛溶胀，促使染料向纤维内部扩散，缩短汽蒸固色时间，提高固色量。

2. 腈纶织物拔染印花

在实际生产中，将腈纶经纱线染色后再织成长毛绒织物，然后进行还原剂拔染印花。常用的还原拔染剂为氯化亚锡。其拔染工艺可分为拔白和色拔两种。

拔白工艺：

工艺流程：印拔白浆→烘干→汽蒸（102~105℃，10min）→水洗→烘干。

拔白浆配方（％）：

淀粉糊（20%）　　　　　　　　　60

氯化亚锡　　　　　　　　　　　　10

加水配成　　　　　　　　　　　　100

色拔工艺：

工艺流程：印色拔浆→烘干→汽蒸（102~105℃，10min）→水洗→烘干。

色拔浆配方（％）：

淀粉糊（20%）　　　　　　　　　60

氯化亚锡　　　　　　　　　　　　10

耐氯化亚锡染料　　　　　　　　　x

加水配成　　　　　　　　　　　　100

六、涂料印花

涂料印花是借助于黏合剂在织物上形成的树脂膜，将不溶性颜料机械地黏着在纤维上的一种印花方法。涂料印花不存在对纤维的直接性问题，适用于各种纤维织物和混纺织物的印花。涂料印花操作方便，工艺简便，色谱齐全，拼色容易，花纹轮廓清晰，但产品摩擦牢度和耐洗牢度不够好，印花处，尤其是大面积花纹处手感欠佳。目前，涂料印花主要用于纤维素纤维织物、合成纤维织物及其混纺织物的这印花，有时也可利用黏合剂成膜而具有的机械防染效果而用于色防印花。

（一）涂料印花色浆组成

涂料印花的色浆主要由涂料、黏合剂、乳化糊或合成增稠剂、交联剂及其他助剂组成。

1. 涂料

涂料是涂料印花的着色组分，是由颜料与适当的分散剂、吸湿剂等助剂以及水经研磨制成的浆状物。选用的颜料要耐晒、耐高温，色泽鲜艳且对酸、碱稳定。颜料颗粒要细而均匀，在色浆中既不沉淀，也不会上浮，应具有良好的分散稳定性。

2. 黏合剂

黏合剂是具有成膜性的高分子物质，一般由两种或两种以上的单体共聚而成，是涂料印花色浆的主要组成之一，决定了涂料印花的牢度和手感。作为涂料印花的黏合剂应具有高黏合力、安全性及耐晒、耐老化、耐溶剂、耐酸碱且成膜清晰透明，印花后不影响色光，也不损伤纤维，也要容易从印花设备上洗除等特点。

黏合剂根据成膜的机理可将其分为交联型、非交联型和自交联型三类。

（1）交联型黏合剂。该类黏合剂分子中含有可以和交联剂反应的反应性基团，和交联剂反应后形成轻度交联的网状薄膜，提高印花的牢度，但交联型黏合剂不能和纤维素等大分子链上的羟基反应，也不能自身发生反应。

（2）非交联型黏合剂。该类黏合剂分子中不含有能发生交联反应的基团，是一类线性高分子。此类黏合剂牢度较差，需要加入交联剂，通过交联剂自身和交联剂与纤维上的活性基团反应形成网状结构，才能保证其牢度。

（3）自交联型黏合剂。该类黏合剂分子中含有可与纤维素上的羟基或自身反应的官能团。在一定条件下，不需要交联剂就能在成膜过程中彼此间相互交联或与纤维素纤维上的羟基反应，因此，不需要外加交联剂，因而称为自交联型黏合剂。

3. 交联剂

交联剂是一类具有两个或两个以上官能团的物质，能和黏合剂分子或纤维上的某些官能团反应，使线型黏合剂成网状结构，降低其膨化性，提高各项牢度。

4. 原糊

涂料印花一般用乳化糊作为原糊，其用量少，含固量低，不会影响黏合剂成膜，手感柔软，花纹清晰。用合成增稠剂代替乳化糊可避免火油挥发而造成的环境污染且成本低。

（二）涂料直接印花工艺

1. 工艺配方

涂料印花浆配方（%）：

	白涂料	彩色涂料
乳化糊或2%合成增稠剂	x	x
尿素	—	5
黏合剂	40	30~50
涂料	30~40	0.5~15
交联剂	3	2.5~3.5
加水配成	100	100

2. 工艺流程

工艺流程：印花→烘干→固着。

固着主要是交联剂和交联型黏合剂、交联剂自身间、交联剂和纤维分子间或自交联黏合剂分子间及其和纤维分子间的交联反应。固着有两种方式：汽蒸固着（102～104℃，4～6min）和焙烘固着（110～140℃，3～5min）。一般涂料印制小面积花纹可不必水洗，但若乳化糊中的火油味大，则需皂洗。

七、特种印花

特种印花的品种很多，随着高分子化学的发展和新材料的不断涌现，印花加工中常用一些特殊材料和方法来印制特殊效果的花纹，如发泡印花、烂花印花、泡泡纱印花等。

（一）印花泡泡纱

印花泡泡纱是通过印花的方法将织物局部进行化学处理，使之收缩，然而未处理处的未收缩部分便形成凹凸泡泡状隆起。其印制方法有如下两种。

1. 印碱法

用刻有直条花纹的印花辊筒在单辊印花机上于棉织物上印30%～35%浓度的氢氧化钠溶液，透风烘干，印碱处的棉纤维便剧收缩，而未印碱处的棉纤维只能随之卷缩而成凹凸不同的隆起似泡泡状，最后经松式洗涤去除碱剂。

2. 印树脂法

棉织物上先印防水剂，使印花处产生拒水性，经烘干后将织物浸轧氢氧化钠溶液，然后透风。印有防水剂处碱液不能进入纤维内，而未印花处棉纤维在碱液作用下溶胀而收缩，从而产生凹凸隆起似泡泡状。

泡泡纱印花加工中必须不受张力，在后处理平洗时采用松式设备，否则会将泡泡拉平。

（二）烂花印花

烂花印花是指用印花方法将混纺或交织物中的一种纤维去除而形成半透明花纹的印花工艺。常见的烂花产品有烂花丝绒和烂花涤/棉织物。

烂花的原理是用一种化学试剂将织物中的一种纤维腐蚀除去，而另一种纤维不受影响。例如，涤/棉混纺织物可用酸将棉纤维水解除去，而涤纶不受酸侵蚀，便留下透明的涤纶。水解棉纤维所用的酸剂有硫酸氢钠、硫酸铝、三氯化铝、硫酸等。目前使用普遍的是硫酸，但印花所用的原糊需耐酸，常用白糊精。若印花浆中加入分散染料可上染涤纶，可获得彩色花纹的烂花产品。

（三）发泡印花

发泡印花是利用发泡方法在织物上获得彩色立体浮雕花纹。印花过程主要是先在织物上印上热塑性树脂、发泡剂所组成的印花浆，经后处理使热塑性树脂形成微泡状立体花纹。产生泡沫的方法有两种。一种是物理发泡。利用微胶囊技术，将芯材为低沸点有机溶剂的微胶囊分散在热塑性树脂色浆中，当温度升高后溶剂汽化产生压力使热塑性树脂体积增大到3～5倍，产生立体效果。另一种是化学发泡。在热塑性树脂中加入发泡剂，在热处理（185℃烘焙1～3min）时，发泡剂分解产生的气体在热塑性树脂中形成微泡而成立体状微泡体，该法使用的树脂有聚氯乙烯、聚丙烯酸酯、聚苯乙烯等高聚物。使用的发泡剂有偶氮二甲酰胺和偶氮二异丁腈，在 $180\sim200℃$ 焙烘分解出氮气。由于发泡剂不溶于水，需溶于溶剂或制成乳液，因此印浆由高聚物、溶剂、乳化剂、发泡剂、增稠剂和颜料等组成，经筛网印花后，烘干、焙烘即可。

第三节　纺织品整理

一、概述

纺织品整理是指通过物理、化学或物理和化学联合的方法，改善纺织品外观和内在品质，提高服用性能或其他应用性能，或赋予纺织品某种特殊功能的加工过程。广义上讲，纺织品从下织机后到成品前所进行的全部加工过程均属于整理的范畴，但在实际生产中，常将织物前处理、染色和印花以外的加工过程称为整理，由于整理工序多安排在整理染整加工的后期，故常称为后整理。

（一）整理的目的

纺织品整理内容多样，其整理的目的大致可分为以下几方面：

（1）使纺织品幅宽整齐均一、尺寸和形态稳定。如定幅、热定型等。

（2）改善或改变纺织品外观。如增白、轧光、磨毛等。

（3）改善纺织品手感。如柔软、增重整理等。

（4）赋予纺织品特殊性能。主要通过纺织品特殊整理（功能整理）获得，如拒水、拒油、阻燃、抗静电等。

（二）整理的分类

按照纺织品整理效果的耐久程度，可将整理分为暂时性整理、半耐久性整理和耐久性整理。

1. 暂时性整理

纺织品仅能在较短时间内保持整理效果，经水洗或在使用过程中，整理效果很快降低甚至消失，如上浆、暂时性轧光整理等。

2. 半耐久性整理

纺织品能够在一定时间内保持整理效果，即整理效果能耐较温和或较少次数的洗涤，但经多次洗涤后，整理效果仍会消失。

3. 耐久性整理

纺织品能够较长时间保持整理效果，即整理效果能耐多次洗涤或较长时间应用而不易消失。如棉织物耐久压烫整理、反应性柔软整理等。

纺织品整理除了按上述分类外，还有依据整理加工工艺性质分类，如物理机械整理、化学整理、机械和化学法联合整理；按照被加工织物的纤维种类分类，如棉织物整理、毛织物整理、化纤及混纺织物整理等；按照整理要求或用途分类，如一般整理、特殊整理等。但不管哪一种分类方法，都不能将纺织品的整理划分得十分清楚。有时一种整理方法可同时获得多种整理效果，有时整理还和染色、印花等工艺结合进行。

（三）整理的方法

根据纺织品整理的要求和目的不同，可采用的整理方法也很多，但根据所采用整理方法的原理不同，可将整理方法分为以下三类。

1. 物理机械方法

利用水分、热量、压力、拉力等物理机械作用达到整理目的。如拉幅、轧光、起毛、热定型、机械预缩等。

2. 化学方法

采用一定工艺，在纺织品上施加某些化学物质，使之和纤维发生物理或化学结合，从而达到整理的目的。如柔软整理、树脂整理、阻燃整理、抗静电整理等。

3. 物理机械和化学联合法

该法即是将物理机械和化学法整理联合进行，同时获得两种方法的整理效果。如耐久压烫整理、耐久性抗皱整理等。

纺织品整理在整个纺织加工过程中具有十分重要的意义。通过整理加工，不仅可以使织物或纤维最大限度地发挥其固有的优良性能，还可以赋予织物某些附加的特殊性能，延长使用寿命，增加产品的附加值。

二、纺织品一般整理

纺织品一般整理，即是对纺织品进行的常规的整理，以保证纺织品基本使用要求。本节主要按纺织品类别对其进行分类介绍。

（一）棉织物一般整理

棉织物一般整理主要包括物理机械加工和化学加工两个方面。前者有定幅、轧光、电光、轧纹、机械预缩等整理。后者有柔软、硬挺、增白、防缩防皱整理等。

1. 定幅整理

定幅俗称拉幅，是利用纤维在湿热状态下具有一定的可塑性，将织物的门幅缓缓拉宽到规定尺寸，从而消除部分内应力，调整经纬纱在织物中的状态，使织物幅宽整齐划一，纬斜得到纠正。

织物定幅在拉幅机上进行，常用的拉幅机主要有布铗拉幅机和针板拉幅机。棉类织物的定型大多采用前者，而毛织物、丝织物和化纤织物大多采用后者。拉幅机多采用蒸汽加热，整理结构主要由布架、轧车、整纬器、烘筒、热风拉幅烘房和落布架组成。

定幅工艺流程为：进布→给湿→整纬→烘筒烘干→定幅烘燥→落布。织物由进布架进布，经轧车轧液给湿，在湿态下经整纬器纠正纬斜，再经烘筒预烘至织物上的含水率为15%～20%，该带湿织物进入热风拉幅烘房，布边被固定住，布幅缓慢拉至规定尺寸，并保持该尺寸干燥后经落布架落布，完成定幅加工。

2. 光泽和轧纹整理

为增进和美化织物外观，常采用光泽整理和轧纹整理。前者在织物表面增进光泽，如轧光和电光整理。后者使织物表面产生有立体感的凹凸花纹，如轧纹整理等。轧光、电光和轧纹整理都是利用纤维在湿热状态下具有可塑性，进行轧压后表面变得平滑而有光泽或产生立体花纹。

（1）轧光。纤维在湿热条件下具有可塑性，经轧压后，纱线被压扁，织物的空隙率降低，耸立纤毛被压服在织物表面，使织物变得比较平滑，降低了对光线的漫发射程度，从而增进了织物的光泽。织物轧光在轧光机上进行。轧光机由进出布机架和一组软硬辊组成，硬轧辊由钢铁制成，其中有一只能加热，软轧辊也称弹性辊，织物在软硬辊中轧压完成轧光整理。根据不同的要求和工艺，轧光可分为普通轧光、叠层轧光和摩擦轧光。普通轧光中，织物通过软硬轧点轧压的称为平轧光；通过两个软轧点轧光的称为软轧光；织物叠层通过同一轧点的称为叠层轧光；摩擦轧光则是利用摩擦辊运转的线速度大于织物通过轧点的速度，利用两者间的速度差使加工织物获得摩光效果，得到强烈的光泽。利用多功能轧光机既能进行轧光，也能进行电光和轧纹整理。

在轧光工艺中主要控制织物含湿率、轧光温度、线压强和车速等因素。

（2）电光。电光整理同样是利用纤维在湿热状态下的可塑性而实现的。在一定条件下，织物通过刻有斜线的钢辊和软辊组成的轧点，使织物表面轧压后形成与主要纱线捻向一致的平行斜线，对光线呈规则反射，给予织物柔和如丝绸般的光泽外观。根据加工织物纱线捻向的不同，钢辊常采用25°或70°左右斜度的刻纹线，刻纹线的密度以8~12根/mm较为常用。

电光整理织物先经平轧光或摩擦轧光，有利于提高光泽和改进电光后的手感。在电光工艺中主要控制织物含湿率、轧光温度、线压强和车速等因素。一般棉织物电光工艺为棉织物含湿率为10%~15%，温度为140~200℃，线压强为20~60MPa，车速为10~30m/min。

（3）轧纹。轧纹整理也是利用纤维在湿热状态下的可塑性而实现的。在一定条件下，织物通过一对表面刻有花纹的轧辊的轧压，形成立体花纹。轧纹有轧花和拷花之分。轧花是织物通过表面刻有阳纹的钢辊和表面刻有阴纹的软辊之间的轧压形成凹凸的立体花纹，软辊和硬辊的阴阳花纹必须完全吻合；拷花是织物通过表面刻有花纹的硬辊与无花纹的软辊之间的轧压形成单面的立体花纹，拷花的花纹较浅。棉织物轧纹整理一般工艺为棉织物含湿率为10%~15%，温度为150~200℃，线压强为22~50MPa，车速为7~10m/min。

3. 绒面整理

具有绒毛表面的织物统称为绒面织物。如起毛绒、丝绒、灯芯绒、磨毛绒、仿麂皮绒等，完成这些绒面加工的染整过程称为绒面整理。棉类绒面整理常用的有起毛和磨绒两类。

（1）起毛。起毛是利用包有钢丝针布的起毛辊转动时与织物接触，由钢丝针布的针尖挑起织物纬纱中的纤维，钩断后形成绒毛。起毛机一般由进布架、钢丝针布、起毛辊、大辊筒、吸尘装置和落布架组成，起毛辊绕着大辊筒转。

起毛的效果与原料（纤维种类、等级、线密度、长度、卷曲性、捻度、纺纱方法等）、织物（经纬密和组织结构）、起毛辊针布规格、织物运转速度、张力、针辊速比和起毛道数有关。

（2）磨绒。磨绒是利用砂粒锋利的尖角和刀刃磨削织物的经纬纱而形成具有细密短匀绒毛的绒面。

磨绒整理在磨绒机上进行。磨绒机由进布架、一组磨绒辊、吸尘装置和落布架组成，磨绒辊的表面覆盖着硬度高、耐热性好并有适当韧性的砂粒，由于磨绒辊与织物接触磨削时产生热量，因此磨绒辊应通冷水冷却。

磨绒效果与织物、磨绒辊砂粒形状和粒度、磨绒辊和织物的运行速度、磨绒辊与织物的接触程度、磨绒次数等因素有关。此外，织物的干燥程度、加工环境的温度、湿度对磨绒效果也会有一定的影响。加工工艺可根据产品的服用要求进行设计和控制。

4. 机械防缩整理

机械防缩（机械预缩）整理是目前用来降低织物经向缩水率最有效的方法之一。它是在织物的最后加工阶段，给予某种机械处理，使织物经向预先回缩，织物长度缩短，从而消除或减少其以后的潜在收缩。机械预缩的方式因设备不同而异。

（1）橡胶毯压缩式预缩整理。橡胶毯压缩式预缩整理工艺为：进布→蒸汽给湿（堆置）→橡胶毯压缩预缩→烘筒烘干→落布。

（2）毛毯压缩式预缩整理。毛毯压缩式预缩整理工艺为：进布→给湿→汽蒸→小布铗拉幅→第一次压缩烘干→第二次压缩烘干→出布。

（3）针铗超喂式预缩整理。针铗超喂式预缩整理工艺为：进布→给湿→超速喂布→拉幅烘干→落布。

除机械防缩整理外，还有采用化学方法进行防缩整理，它是指对织物施加某些化学药剂，封闭织物中吸湿纤维的某些吸湿性基团，使织物在浸水时不易因吸水而使纤维溶胀，从而造成织物收缩。这种方法只能改善因纤维吸湿溶胀所造成的缩水，不能解决染整加工中因织物经向经常受拉伸所引起的缩水，而且这种化学整理的方法因降低织物的吸湿性而影响其舒适性，因此很少单独使用。

5. 增白整理

对棉织物经漂白后的白度仍不能满足需要的，需要对织物再进行增白整理。织物的增白主要有两种方法：上蓝法和荧光增白法。

上蓝法是将少量的蓝紫色染料上染到织物上，以吸收织物表面反射的黄光，使织物白度增加，但鲜艳度降低。目前，大多使用荧光增白剂增白，其原理是经荧光增白剂加工至织物上，荧光增白剂会发出蓝紫色的可见光，与织物上的黄色反射光混合成为白光，该法不仅可增加织物白度，而且提高了其光亮度。

用于增白的荧光增白剂相当于一类特殊的染料。常用的棉用荧光增白剂 VBL 和 VBU 相当于一类直接染料，可通过直接染料染色的方法施加至织物上。涤纶、锦纶等合成纤维以使用荧光增白剂 DT 为多，它与分散染料性质类似，可通过分散染料染色法将其施加至织物上。

6. 手感整理

织物的手感是织物机械物理性能通过人手的感触引起的反应，但手感的评定却是十分复杂的，它不仅是织物机械物理性能的反应，而且也受人的感官及心理的影响，在一定程度上反映了人们对织物外观和触感的综合反应。人们对织物手感的要求因织物用途的差别而有所不同，织物手感整理主要有柔软整理和硬挺整理。

（1）柔软整理。棉织物因其本身的纤维特点而具有较柔软的性能。但经一系列染整加工后，织物的手感会下降，甚至变得较粗糙，因而，为了满足人们对织物服用的柔软要求，一般需对织物进行柔软加工。柔软整理有机械柔软和化学柔软整理两类。

①机械柔软整理。机械柔软整理是利用机械的方法，将织物反复拍打、揉曲，以降低织物的刚性，使其变得松软。早期利用轧光机进行软轧光使织物柔软或利用橡胶毯预缩机处理，改善织物交织点的位移，使织物变得松软。

②化学柔软整理。某些化学药剂对织物具有柔软滑爽作用，这些药剂称为柔软剂，以柔软剂对织物进行柔软处理的加工过程称为化学柔软整理。

柔软剂的种类较多，依据其应用可分为耐久性和非耐久性柔软剂，前者能经受一定次数的洗涤，后者则经不起水洗；按柔软剂的组成类型可分为表面活性剂型、交联反应型和网状成膜型柔软剂。

柔软整理的工艺较简单，一般采用轧、烘、焙工艺，即进布→浸轧柔软剂（二浸二轧）→烘干→焙烘→水洗→烘干→落布。

（2）硬挺整理。硬挺整理是利用能成膜的高分子物质制成的浆液浸轧或浸渍织物，干燥后在织物表面形成薄膜，从而具有平滑、硬挺、丰满、厚实的感觉。硬挺整理过程中一般先将高分子物质制成浆液，因此习惯上也将硬挺整理称为上浆。

用于硬挺整理的浆料有天然浆料，如淀粉、糊精、海藻酸钠、植物胶和动物胶等；改性浆料，如甲基纤维素、羧甲基纤维素、羟乙基纤维素；合成浆料，如聚乙烯醇、聚丙烯酰胺等。目前使用较多的浆料是聚乙烯醇浆料，其次是小麦淀粉浆。

硬挺整理的工艺类似柔软整理，也比较简单。

（二）毛织物一般整理

毛织物一般整理通常按照加工条件和用途，将毛织物整理分为湿整理和干整理。湿整理是指在湿热条件下借助机械力的作用进行的整理。干整理是指在干态条件下，利用机械力和热作用改善织物性能的整理。

1. 湿整理

毛织物湿整理包括烧毛（烧毛虽不属湿加工，因其在湿整理前，因此也将其归为湿整理一类）、洗呢、煮呢、缩呢和烘呢定幅等工序。

（1）烧毛。烧毛的目的是去除毛织物呢面及其织纹中密集杂乱的短绒毛，以达到呢面光洁、织纹清晰、增强光泽的效果，对于含化纤的交织或混纺织物，烧毛还可起到减少起毛起球，改善手感和外观的作用。

毛织物烧毛多应用气体烧毛机，一般都采用正反两面烧毛，烧毛的次数和工艺条件视织物品种、产品风格和呢面要求而定。

（2）洗呢。洗呢是为了去除呢坯中的油污、杂质，使织物洁净，为后续加工创造良好条件。洗呢常采用肥皂或阴离子及非离子合成表面活性剂在洗呢机上进行。目前，我国仍以绳状洗呢机为主。

影响洗呢效果的主要因素有洗呢剂、浴比、pH、洗呢温度和时间。洗呢一般以肥皂效果较好，pH 为 9.5~10，浴比 1∶5~1∶10，温度 40℃左右，时间 45~90min。

（3）煮呢。煮呢是将呢坯置于热水中并在一定张力和压力下进行定形的过程。利用湿热和张力的作用，减弱和拆散羊毛纤维肽链的交联，以消除内应力，提高羊毛的形态稳定性，减少不均匀收缩性。

毛织物煮呢在专用设备上进行，常用的有单槽煮呢机、双槽煮呢机和蒸煮联合机。影响煮呢的工艺因素有 pH、温度、时间、张力、压力及冷却方式等。一般工艺为 pH 为 6.5~8，温度 80~95℃，单槽处理 20~30min，再复煮一次，双槽处理 60min 左右。煮呢时根据不同品种采用适当张力和压力。高温煮呢后视品种要求可采用骤冷、逐步冷却和自然冷却等不同方式，以获得不同风格的产品。

（4）缩呢。缩呢是羊毛织物在助剂和湿热条件下受机械力的作用，利用羊毛的缩绒性使织物紧密、手感丰厚柔软、表面覆盖有绒毛的加工过程，是粗纺毛织物必不可少的加工工序。

缩呢有碱性缩呢、酸性缩呢和中性缩呢。影响缩呢效果的主要因素有缩呢剂、pH、温度和机械压力等。碱性缩呢剂采用肥皂 50~60g/L，纯碱 12~20g/L，pH 为 9 左右，浴比以浸湿织物为限，处理温度为 35~40℃；酸性缩呢是缩呢剂为硫酸 40~50g/L 或醋酸 20~50g/L，pH小于 4，处理温度为 50℃；中性缩呢则采用适当的合成洗涤剂在中性条件下进行。

（5）脱水及烘呢定幅。毛织物经湿整理后含湿率较高，为降低织物含湿率，须经过脱水处理。常用的脱水机有离心脱水机、真空脱水机和轧水机等，脱水后的织物一般在多层热风针铗烘燥机上进行烘干定幅。精纺织物烘干温度为 70~90℃，粗纺织物烘干温度为 85~95℃，烘干织物回潮率控制在 8%~12%，以便后续加工。

2. 干整理

毛织物干整理包括起毛、剪毛、蒸呢和压呢。

（1）起毛。大部分粗纺毛织物都需要起毛。起毛的目的是使织物呢面具有一层均匀的绒毛遮盖织纹，使织物获得丰满的手感和良好的保暖性能。起毛的程度视织物的品种和要求而定。

起毛是利用起毛机的机械作用将纤维末端从纱线中挑出来，使布面覆盖一层绒毛。起毛机有刺果起毛机和钢丝针布起毛机两种。

刺果起毛机是毛织物专用的起毛设备。主要利用刺果的钩刺将织物表面纤维扒松疏开而起毛。钢丝针布起毛机既可用于毛织物起毛，也可用于棉织物起毛。

毛织物的起毛效果受毛纤维性能、纱支、织物结构、起毛工艺条件和起毛设备等多种因素的影响。一般来说，羊毛越细越短，起毛越浓密，越柔软光滑；织物纱支低、捻度小，有利于起毛，纬纱影响比经纱更为明显。

（2）刷毛和剪毛。毛织物经前处理、染色和湿整理后，呢面绒毛杂乱不齐，为使呢面平整，增进外观，一般需要进行剪毛。毛织物在剪毛前后都要进行刷毛，前刷毛是为了除去表面杂质和散纤维，同时使织物表面绒毛竖起，便于剪毛；后刷毛是为了除去剪下的乱屑，使织物表面绒毛顺着一定方向排列，增加织物呢面的光洁美观。

织物刷毛在刷毛机上进行，刷毛机上常附有汽蒸箱，又称蒸刷机。呢坯刷毛时，先经汽蒸处理，使绒毛变得柔软易刷，接着通过密植有猪鬃的刷呢辊进行刷毛。蒸刷后再放置一定时间，使织物吸收均匀，充分回缩，以降低缩水率。

（3）蒸呢。蒸呢与煮呢加工原理相同，但加工方式有所区别。蒸呢是将毛织物在一定张力条件下汽蒸一定时间，使织物尺寸稳定、呢面平整、光泽自然、手感柔软而丰满，以降低缩水率，起到定型作用。蒸呢与煮呢的区别在于蒸呢在蒸汽中进行，而煮呢在热水中进行。

蒸呢的设备有开启式的单辊筒及双辊筒的辊筒式蒸呢机和罐蒸机两类。辊筒式蒸呢机的蒸呢辊为空心，表面布满许多小孔，轴心可通过蒸汽。蒸呢时织物和蒸呢衬布一起平整地卷绕在蒸呢辊筒上，通入辊筒的蒸汽透过织物，待蒸汽冒出呢面后关闭活动罩壳，计算蒸呢时间，到达蒸呢时间后，打开外蒸汽，使蒸汽透过织物进入辊筒内部。在蒸呢中常使用抽气设备进行抽气，帮助蒸汽通过呢层。一次蒸呢后，将织物掉头再蒸一次，有利于达到均匀蒸呢的目的。蒸呢完成后要抽空气冷却。

罐蒸机由蒸罐和蒸辊等组成，蒸呢时，织物卷绕到带孔的蒸辊上送入蒸罐内，在高温高压条件下，交替地由蒸辊内部和外部通入蒸汽蒸呢。罐蒸机的蒸呢作用强烈，定型效果好，里外层织物蒸呢均匀，蒸后织物光泽强而持久，薄织物可获得挺爽手感，中厚织物可获得丰满的外观，但织物强力稍有下降。

毛织物蒸呢效果与蒸汽压力、蒸呢时间、织物卷绕张力、抽冷时间及包布规格、质量等有关。

（4）压呢。压呢是织物在一定温度、湿度和压力条件下作用一定时间，使压后的织物呢面平整，身骨挺括、手感滑润且有良好光泽。压呢近似于棉织物的轧光整理，是精纺毛织物干整理的一个重要工序，但对于华达呢、直贡呢等精纺毛织物不宜采用压呢，粗纺毛织物一般无须压呢。

常用的压呢机有连续生产的回转式和间歇生产的电热式两类。前者为热压机，后者为电压机。目前采用较多的是电压式压呢机，压呢时将电热板和电压纸依次插入每层织物中间，一般每隔一匹呢插入一块电热板，使织物保温加热数小时，而后经充分冷却后出机。

毛织物压呢时要控制好加工时的织物含潮率、温度、压力和时间等因素。织物含潮率一般为 15%，温度一般在 50~70℃，通电后保温 20min 左右，降温冷却 6~8h。

（三）丝织物一般整理

丝织物具有光泽悦目、手感柔软滑爽等独特风格，但悬垂性差、湿弹性低、易缩水和起皱。为了改善以上缺点，充分发挥丝织物的优良风格，一般应进行整理加工。丝织物品种不同，产品风格要求各异，因此，整理方法也不尽相同。一般可分为机械整理和化学整理。

1. 机械整理

丝织物的共同特点是轻薄、柔软、易变形、易起皱和挂丝擦伤，在加工过程中应减小张力，避免摩擦，合理选择相应的设备和工艺。丝织物机械整理主要包括烘干、定幅、机械预缩、蒸绸、机械柔软及光泽整理等。

（1）烘干。丝织物经染整加工、脱水机脱水后，进行烘干、烫平。烘干过程对成品手感和光泽具有较大影响。丝织物常用烘干设备有辊筒烘燥机、悬挂式热风烘燥机和圆网烘燥机三类。三类设备各有特色，辊筒烘燥机结构简单、占地面积小、操作方便、整理织物平挺光滑，但织物与热辊筒表面直接接触，易产生摩擦极光，且经向张力大，缩水率高，因此不适宜绉类织物的烘干；悬挂式烘燥机张力小，烘干均匀，缩水率低，尤其适用于绉类及条纹织物，但烘干后织物不够平挺，尚需进一步烫平，因此不适宜于绸类和某些要求平挺的丝织物；圆网烘燥机烘干效率高、织物平整、适应性强，尤其适用于绉类及花纹织物。

（2）定幅。与棉织物相同，丝织物在染整加工中也经常受到经向张力，引起经向伸长，纬向收缩，造成幅宽不匀以及纬斜等问题，因此需进行定幅整理。丝织物定幅常在针板热风拉幅机上进行，定幅烘干后织物手感柔软、绸面无极光。通过超喂进绸，织物经向可获得适当回缩，从而降低缩水率。

（3）机械预缩。丝织物在洗涤时也有较大的缩水现象，为了降低成品的缩水率，需进行预缩整理。丝织物的机械预缩原理同棉织物，所用设备主要有橡胶毯式预缩机和呢毯式预缩机两种。前者用于丝织物时工艺不易掌握，后者预缩作用较小，但成品光泽柔和、手感丰满、富有弹性，尤其适用于绉类织物，故应用普遍。丝织物经预缩整理后，不仅可以获得一定的防缩效果，而且手感和光泽也可得到一定程度的改善。

（4）蒸绸。丝织物蒸绸和毛织物蒸呢原理相同，即利用蚕丝在湿热条件下的定形作用，使织物表面平整、尺寸稳定、缩水率降低、手感柔软、光泽自然。蒸绸设备有间歇式和连续式两种，前者同毛织物的蒸呢机，蒸绸时间为 30min 左右；后者为连续蒸呢机，织物在蒸汽中连续运行。

（5）机械柔软整理。丝织物经化学整理或烘干后，手感粗糙、发硬，通过机械柔软整理可恢复其柔软而富有弹性的风格。丝织物机械柔软整理俗称揉布，织物在上下两排搓绸辊中穿过，上排搓绸辊固定，下排搓绸辊能随织物上下升降，织物在上下升降时受到搓揉而达到柔软的目的。柔软整理时可通过上下排搓绸辊的升降幅度和织物通过的次数以达到不同的处理效果，一般来回运行 3~4 次。

（6）光泽整理。丝织物光泽较好，一般无须进行光泽整理，但有些织物经染整加工后光泽不足，故可有选择性地进行光泽整理。丝织物光泽整理有轧光和刮光。丝织物的轧光整理一般在三辊轧光机上进行，可赋予织物平滑而富有光泽的外观，而有些色织缎类织物需通过刮光整理使缎面发出光泽。古代刮光是用极光滑的蚌壳在缎面上有规律地磨刮，而现代刮光则是将织物通过一排装有螺旋形的钝口金属刮刀或厚橡皮刮刀使其产生光泽。

2. 化学整理

丝织物化学整理是通过施加化学品来赋予其不同性能。可改善成品手感、弹性和身骨等。

（1）手感整理。丝织物手感整理主要指柔软和硬挺整理。丝织物柔软整理和硬挺整理的原理、方法和整理用剂与棉织物相应整理基本相同。由于丝织物单纯的硬挺整理会使织物有板硬和粗糙感，故有时也可掺入一定量的柔软剂，而单纯的柔软整理会使某些品种的丝织物不够挺括，所以也可加入少量的硬挺剂，以增强其身骨。总之，须依据织物的风格要求灵活应用。

（2）增重整理。蚕丝脱胶后失重为 20% ~ 25%，为弥补失重，提高织物悬垂性，常采用增重处理。增重主要有锡增重、单宁增重和合成树脂增重等，经增重后的纤维变粗、质量增加，织物厚实、手感丰满，可提高其悬垂性。锡增重的方法一般是将脱胶精练后的丝织物先经四氯化锡溶液处理，水洗脱水后再经磷酸氢二钠溶液处理和水洗。为得到较好的增重效果，该处理可反复进行几次，最后经硅酸钠溶液处理。

（3）丝鸣整理。丝鸣是蚕丝织物相互摩擦产生的声响，是丝绸的固有特性和特殊风格。生丝无丝鸣，练减率在 15% 以上的精练蚕丝在摩擦时或大或小会发出鸣音。所谓丝鸣是手抓蚕丝织物时产生的丝鸣音，犹如冬季初雪天漫步雪地，脚踏新雪所发出的声音。人对"丝鸣"的感觉，除了听觉外，还有触觉，是人脑对音感和触感的共和谐调感。丝鸣其实是丝纤维受外力作用，纤维表面产生相互摩擦，使纤维振动而发出的声音，是纤维间摩擦时的阻尼效应，这种阻尼效应与纤维的静摩擦系数 μ_s 和动摩擦系数 μ_0 的差值 $\Delta\mu$ 有关。$\Delta\mu$ 越大，丝鸣效应越明显，$\Delta\mu$ 为负值，则不会产生丝鸣。因此，丝鸣整理即是增大纤维的 $\Delta\mu$ 值。

丝鸣虽属真丝的固有特性，但真丝的染整加工，不仅不能发挥这种固有特性，相反还会使丝鸣消失。真丝的丝鸣整理是改变丝纤维的表面状态，增大纤维间的静摩擦系数，减小动摩擦系数。

真丝的丝鸣整理是先将真丝制品浸渍于含 0.5% 的脂肪酸，如豆蔻酸、月桂酸、油酸等溶液中，处理 1 ~ 10min，然后再浸渍于 0.5% ~ 1.0% 的醋酸或草酸、酒石酸、柠檬酸、苹果酸等有机酸稀溶液中，处理 10 ~ 15min，经上述处理，真丝的硬性增加，纤维表面变得粗糙，静摩擦系数增大。此外，真丝绸丝鸣整理也可采用丝鸣整理剂，如 Silky Sound SILK 丝鸣整理剂。

（四）合成纤维织物一般整理

合成纤维织物一般整理主要指热定形整理。所谓热定形就是利用合成纤维的热塑性特性，在一定条件的干热或湿热及一定张力条件下，使合成纤维织物获得所需要的形态稳定性的加工过程。合成纤维热定形的目的在于提高织物的尺寸热稳定性，消除织物上已有的皱痕，并使之在以后的加工或使用过程中不易产生难以去除的折痕。此外，热定形后织物的平整性、抗起毛起球性可获得改善，织物强力、手感和染色性能也受到一定影响。

1. 热定形分类

热定形工艺可根据有水与否分为湿热定形和干热定形。对同一品种的合成纤维来说，达到同样定形效果时，采用湿热定形的温度可比干热定形的温度低一些。锦纶和腈纶及其混纺织物，常用湿热定形工艺，而涤纶由于吸湿溶胀性很小，因此，涤纶及其混纺织物多采用干热定形工艺。

2. 热定形原理

合成纤维经热定形后，形态稳定性获得提高，其原因和纤维超分子结构的变化密切相关。在玻璃化温度 T_g 以下，纤维无定形区大分子链中的原子或原子团只能在平衡位置上发生振动，分子间作用力不被拆散，链段也不能运动。当温度高于 T_g 时，分子链段热运动加剧，分子间作用力被破坏，这时若对纤维施加张力，分子链段便能够按外力的作用方向进行蠕动而重排，保持在张力冷却过程中，相邻分子链段间在新的位置上重新建立起分子间作用力，冷却后这种新的状态便被固定下来，使纤维或织物获得定形。这种定形效果只是暂时性的，当纤维或织物在松弛状态下受到热、湿或机械单独及联合作用时，原来的状态便遭到破坏。

3. 热定形设备及工艺

合成纤维织物干热定形应用最广泛的设备是针铗式热定形机，其结构形式与针板式热风拉幅机相似，但热烘房的温度要高很多，热定形加工时，具有自然回潮的织物以一定的超喂进入针铗链，并将幅宽拉伸到比成品要求略大一些，如 2~3cm，然后织物随针铗链的运动进入热烘房进行热定形处理。热定形温度通常根据织物品种和要求等确定。涤纶或涤/棉混纺织物定形温度通常在 180~210℃，时间为 20~30s。锦纶及其混纺织物热定形温度为 190~200℃（锦纶 6）或 190~230℃（锦纶 66），处理时间为 15~20s。腈纶织物经 170~190℃，处理 15~16s 后，可以防止后续加工中形成难以消除的褶皱，并能防止织物发生严重收缩，但纤维有泛黄倾向。织物离开热烘房后，要保持定形时的状态进行强制冷却，可以采用向织物喷吹冷风或使织物通过冷却辊的方法，使织物温度降至 50℃ 以下落布。

影响织物热定形效果及其他性能的因素有热定形温度、时间和张力等。热定形温度越高，织物的尺寸稳定性也越高。热定形温度对织物染色性能的影响随纤维品种不同而异，涤纶织物随热定形温度升高，对染料的吸收不断下降，在 170~180℃ 时吸收率最低，超过 180℃ 后又上升，甚至超过未定形的织物。锦纶定形温度高于 150℃ 后对染料的吸收开始下降，超过 170℃ 后则显著下降。另外，干热定形易使锦纶泛黄。热定形时间取决于热源的性能、织物结构、纤维导热性和织物含湿率等。热定形过程中织物所受张力对织物的尺寸稳定性、强力和延伸度都有一定影响，经向尺寸热稳定性随定形时超喂量的增大而提高，而纬向尺寸热稳定性则随门幅拉伸程度的增大而降低。定形后织物的平均单纱强力略有提高。织物的纬向断裂延伸度随伸幅程度增大而降低，而经向断裂延伸度则随超喂量的增大而提高。

热定形工序的安排一般随织物品种、结构、染色方法和工厂条件等而不同，大致有三种安排，即坯布定形、染前定形和染后定形。坯布定形可使织物在后续加工中不致发生严重的变形，但坯布要求比较洁净，不能含有经过高温处理后变得难以去除的杂质。采用染前定形的品种较多，如经编织物、长丝织物和涤/棉织物等。染后定形可以消除前处理及染色过程中所产生的皱痕，使成品保持良好的尺寸稳定性和平整的外观。涤/毛织物可采取染后定形。

三、纺织品功能整理

纺织品功能整理是应用具有特殊性能的整理剂对纺织品进行整理，赋予纺织品新的原来所没有的性能。纺织品功能整理项目内容较多，主要有耐气候性整理（如防水透湿整理、防风拒水整理等）、卫生保健整理（如拒油防污整理、抗菌消臭整理、芳香负离子保健整理等）、易护理整理（吸湿快干整理、形状记忆整理等）、防护整理（抗静电、防电磁波辐射、防紫外线、阻燃整理等）。本部分主要介绍几种常见的功能整理。

（一）防水拒水整理

防水整理历史悠久，我国古代用的油布伞、油布衣就是利用天然桐油对其进行的防水整理。随着科技的发展和人们对防水纺织品要求的不断提高，要求其既能防止水透过，又能透湿透气，于是出现了拒水整理。习惯上，把水不能透过织物的整理分为两类：一类是织物整理后，在一定压力下，水和空气都不能透过，称为防水整理；另一类是织物整理后，纤维表面性能被改变，使织物不易被水润湿，但仍能透气，称为拒水整理。

1. 防水整理

由防水剂在织物表面形成不透水、不溶于水的连续薄膜，以堵塞织物孔隙，因而织物不透水，也不透气。防水织物常用于帐篷、卡车篷布和遮雨棚布等。防水整理工艺随防水剂的不同而有所不同，但总体来说工艺较简单，如采用油脂、石蜡共熔物，使其加热到石蜡熔化后涂布到织物上，冷却即可；如采用橡胶，不论天然橡胶还是合成橡胶，加入适当的填充剂、硫化剂和抗氧化剂等组成涂层浆，将其涂布于织物上，经烘干和焙烘即可；如采用热塑性树脂，则先进行涂刮或挤压涂层，再经烘干和焙烘完成。不论采用哪种防水剂，都有其优点和不足，因此，根据织物品种和使用性能，选用适当的防水剂进行防水整理。

2. 拒水整理

拒水整理是为降低纺织纤维的表面张力，在纤维表面覆盖一层比水的表面张力小的疏水性物质的加工。这类疏水性物质都是临界表面张力比较小的物质，如长链脂肪烃类化合物、氟类化合物和有机硅类化合物等。经拒水整理后，有的黏附在纤维表面，称为非耐久性拒水整理产品；有的与纤维结合，称为耐久性拒水整理产品。经拒水整理的织物，水不能润湿，但能透气。拒水整理剂与水的临界表面张力差距越大，则拒水性能越好。如果整理剂的临界表面张力小于油类，则以该整理剂整理的织物具有拒油功能。

拒水整理剂的种类较多，主要有金属皂类、蜡和蜡状物质、金属络合物、吡啶类衍生物、羟甲基化合物、有机硅和含氟化合物等。但由于耐久性差或对纤维有损伤或不符合环保要求或本身气味和颜色等原因，目前常用的拒水剂主要为有机硅和含氟化合物，拒油剂则主要是含氟化合物。

纺织品拒水整理的效果一般以整理织物的拒水性和耐洗性来衡量。为了提高整理织物的拒水性，常采用不同拒水剂的复配物进行整理，如用有机硅拒水剂和一般长链脂肪烃拒水剂复配，能够起到更好的效果。

（二）抗静电整理

1. 静电的产生及抗静电原理

各类纺织材料在相互摩擦中都能产生静电，有些合成纤维及其混纺织物摩擦时能产生较强的电击和静电火花。穿着容易产生静电的衣服，不仅使人感到不适，而且由于静电吸尘容易沾污衣服，又由于静电作用能干扰某些精密仪器，甚至在某些易爆炸环境中会由于静电火花发生爆炸，因此，对于易产生静电的纺织品必须进行抗静电整理。

各种纤维由于其结构不同，对电荷的传递影响不同，而且有不同的表面比电阻，同时产生静电荷后的静电释放速率差异较大，即其导电性差异较大。由于水和金属的导电能力很强，抗静电整理的作用主要是提高纤维材料的吸湿性或给予金属离子，提高导电性能。一般来说，表面比电阻小于 $10^9 \Omega$ 的织物抗静电效果良好，大于 $10^{13} \Omega$ 的属于易产生静电的物质。疏水性纤维的表面比电阻大于 $10^{14} \Omega$，属于易产生静电的纤维。

对于易产生静电的织物，进行适当的加工，以降低织物的表面比电阻，从而提高纤维的导电能力，防止静电积累，消除静电现象，这类加工称为抗静电整理。将离子类化合物或吸湿性强的化合物整理至纤维上，在纤维表面以连续相存在就能起到传导电荷的抗静电作用。此外，将金属粉末涂布于纤维表面制成导电纤维，或将金属丝或导电纤维与合成纤维混纺或交织也是获得抗静电性能的重要途径之一。

2. 抗静电剂和抗静电整理

抗静电剂按整理效果的耐久性，可分为耐久性抗静电剂和非耐久性抗静电剂。

（1）非耐久性抗静电剂及其整理。非耐久性抗静电剂包括吸湿性化合物，如甘油、三乙醇胺、氯化锂、醋酸钾等表面活性类化合物，如阴离子型烷基硫酸酯钠盐、非离子型脂肪胺聚醚衍生物、阳离子型脂肪族季铵盐衍生物等。非耐久性抗静电剂比较简单，有些用于纺丝、纺织的油剂，有些用于地毯等装饰织物，加工方式则视产品品种和最终用途而定。

（2）耐久性抗静电剂及其整理。耐久性抗静电剂不仅含有离子性和吸湿性基团，而且含有反应性基团，能通过交联在纤维表面形成不溶性聚合物的导电层。整理剂需要有一定的吸湿能力，吸湿能力越强，导电能力越好，但耐洗性会降低，因此，吸湿性抗静电剂既要保持一定的吸湿性，又要降低在水中的溶胀和溶解性，此类抗静电剂有多羟多胺类化合物、聚环氧乙烷与对苯二甲酸乙二醇酯的嵌段共聚物等。

（三）防紫外线整理

紫外线是一种波长在 200~400nm 内的电磁波，国际照明委员会将紫外线分为 3 个波段，即波长为 320~400nm 的近紫外线（简称 UV-A）、波长为 280~320nm 的远紫外线（简称 UV-B）和波长为 200~280nm 的超短紫外线（简称 UV-C）。紫外线对人类以及地球上的生物都是必不可少的，它不仅具有杀菌消毒功能，还能合成具有抗佝偻病作用的维生素 D。因此，适当照射太阳光对身体是有好处的，但过多地接受紫外线却对身体有害，主要会影响眼睛和皮肤，引起急性角膜炎和结膜炎、慢性白内障等眼疾，严重的会诱发皮肤癌。

三种波段的紫外线中，UV-A 基本上不被大气臭氧层吸收，大部分可以到达地面，其辐射量的变化同臭氧层的变化关系不大，危害性较小，但长期照射会使皮肤发黑，并逐渐使皮肤失去弹性，出现皱纹，导致皮肤老化。UV-B 的辐射量同臭氧层的变化密切相关，由于大气臭氧层的吸收，只有极少量可到达地面，但比 UV-A 的危害性大，长期照射会使人体血管扩张，形成透过性亢进，皮肤变红，生成红斑，强烈的还会生成水疱，导致日光性皮炎。超短紫外线 UV-C 能量最大，对皮肤和眼睛的损伤也最大，会破坏细胞的 DNA。但这种强烈的紫外线基本都能被臭氧层吸收，一般无法到达地面。总体来说，只有波长大于 300nm 的紫外线才能到达地球表面，且其强度随着波长的增大而增强。

1. 防紫外线原理

照射到织物上的紫外线有三种变化：通过织物孔隙，透过织物；被纤维吸收；与纤维作用，被反射。因此，减少织物的紫外线透过率有两种途径：改变织物组织结构以降低孔隙率；提高织物对紫外线的反射或吸收能力。防紫外线整理即是在织物上施加一种能反射或能强烈选择性吸收紫外线并能进行能量转化，以热能或其他无害低能辐射，将能量释放或消耗的物质。施加的防紫外线整理剂应对织物各项服用性能无不良影响。

2. 防紫外线整理剂

一般将能反射或吸收紫外线的化学品统称为防紫外线整理剂，主要是紫外线屏蔽剂和紫外线吸收剂。

（1）紫外线屏蔽剂。通常将利用物理方法促使紫外线散射、反射来屏蔽紫外线的物质称为紫外线屏蔽剂，也称为紫外线散射剂或紫外线反射剂。常用的紫外线屏蔽剂大多是对紫外线不具活性的金属化合物的粉体，如二氧化钛、氧化锌、氧化镁、二氧化硅、氧化铁、三氧化二铝、碳化钙、陶瓷粉、滑石粉等。利用这些无机微粒对光的反射、散射作用，能屏蔽较广波长范围的紫外线，起到防紫外线透过的作用。目前常用的是超细氧化锌粒子，其除了具有良好的反射作用外，还能抑制细菌和真菌等的繁殖和消臭防臭作用，且价格低廉、无毒。

（2）紫外线吸收剂。紫外线吸收剂是有机化合物中对紫外线有强烈选择性吸收并能进行能量转换而减少其透过量的物质。紫外线吸收剂主要有水杨酸类、二苯甲酮类、苯并三唑类和氰基丙烯酸酯类等。水杨酸类紫外线吸收剂对 UV-B、UV-C 有吸收作用，对 UV-A 完全不吸收。二苯甲酮类紫外线吸收剂对 UV-A、UV-B 有吸收，但会产生黄变，这类化合物还是环境激素。因此，在使用这些紫外线吸收剂时，必须考虑其作用波长范围和对皮肤与环境的安全性。目前，纺织品防紫外线常用紫外线吸收剂为二苯甲酮类和苯并三唑类化合物。有时也将无机紫外线屏蔽剂和有机紫外线吸收剂配合使用，可起到相互增效作用。

一般的紫外线吸收剂只能吸附在织物或纤维表面，即使采取措施后耐洗性也不够理想。近年来，市场上出现了反应性防紫外线整理剂，如克莱恩公司的紫外线吸收剂 Rayosan C（浆状）、Rayosan CO（液状），可与纤维素纤维中的羟基和锦纶中的氨基反应，可以像活性染料染色一样，且对织物外观、手感和透气性无影响。

3. 防紫外线整理工艺

（1）浸渍法。将整理织物浸渍于事先已配制好的一定温度的防紫外线整理液中，经一定时间取出，再经脱水、烘干和焙烘，制得具有防紫外线性能的织物的一种整理方法。

（2）浸轧法。将整理织物浸渍于事先已配制好的一定温度的防紫外线整理液中，经一定时间取出，再经轧车滚压、烘干和焙烘，制得具有防紫外线性能的织物的一种整理方法。

（3）涂层法。在涂层浆中加入适量的紫外线吸收剂或紫外线屏蔽剂于织物表面进行涂层，再经烘干和必要的热处理，在织物表面形成一层薄膜，可达到理想的防紫外线效果。该种加工方法对各种纤维及其混纺织物均适用，且加工效果的耐久性良好。

4. 防紫外线整理效果的测试

防紫外线整理效果目前主要采用紫外线防护系数 UPF（Ultraviolet Protection Factor）和紫外线透过率 $T(UV-A)_{AV}$、$T(UV-B)_{AV}$ 进行测试。

（1）紫外线防护系数 UPF。UPF 表示织物防护紫外线的能力，是紫外线对未防护皮肤的平均辐射量与经被测织物遮挡后紫外线辐射量的比值。UPF 值越大，表示防护效果越好。

（2）紫外线透过率 $T(UV-A)_{AV}$、$T(UV-B)_{AV}$。$T(UV-A)_{AV}$ 指有试样时透过的 UV-A 辐射强度与无试样时 UV-A 辐射强度之比的百分数。$T(UV-B)_{AV}$ 指有试样时透过的 UV-B 辐射强度与无试样时 UV-B 辐射强度之比的百分数。$T(UV-A)_{AV}$、$T(UV-B)_{AV}$ 越小，表明织物屏蔽紫外线的效果越好。UPF 数值与防护等级见表 7-2。

表 7-2 UPF 数值与防护等级

UPF 范围	防护分类	紫外线透过率/%	UPF 等级
15~24	较好	6.7~4.2	15，20
25~39	非常好	4.1~2.6	25，30，35
40~50，50+	非常优异	≤2.5	40，45，50，50+

我国国家标准 GB/T 18830—2009 规定，只有当纺织品的紫外线防护系数 UPF>30，透过率 $T(UV-A)_{AV}$<5%时，方可称为"防紫外线产品"。

（四）阻燃整理

约半数以上的火灾是由纺织品不阻燃而引起或扩大的，由于常见的纺织纤维都是有机高聚物，在 300℃左右就会裂解，生成的部分气体与空气混合形成可燃性气体，这种混合可燃性气体遇到明火会燃烧。经过阻燃整理的纺织品，并非接触火源而不会燃烧，只不过可燃性受到抑制，当离开火源后，具有抑制火焰蔓延的性能，这就是阻燃整理要达到的目的。

1. 阻燃理论

阻燃织物的燃烧过程随着纺织材料和阻燃剂的不同而不同，相关的理论较多，但最常用的理论主要有催化脱水论、覆盖论、气体论、热论以及协同阻燃效应。

（1）催化脱水论。阻燃剂的作用是改变纤维的热裂解过程，促进纤维材料的催化脱水炭化，使纤维素分子链在断裂前发生迅速而大量的脱水，使可燃性气体和挥发性液体量大大减少，而使难燃性固体炭量大幅增加，有焰燃烧得到抑制，如含磷阻燃剂的阻燃。

（2）覆盖论。阻燃剂热分解成不燃性物质沉积而覆盖在纤维表面，隔绝氧气和阻止可燃性气体向外扩散，从而达到阻燃的目的，如硼砂—硼酸与氯化镁组成的混合阻燃剂的阻燃。

（3）气体论。阻燃剂在一定温度下分解出不燃性气体将可燃性气体冲淡至能产生火焰的浓度以下，如阻燃剂分解出的二氧化碳、氯化氢、水等；或者阻燃剂分解出游离基转移体，与促进织物燃烧的活泼性较高的游离基反应，从而阻止这些游离基反应而达到阻燃的目的。如含卤素的阻燃剂的阻燃。

（4）热论。阻燃剂在高温下产生吸热变化（如熔融、升华等），从而降低燃烧织物的温度，阻止火焰的蔓延，如水合三氧化二铝阻燃剂的阻燃。

（5）协同阻燃效应。纺织品的阻燃整理往往由阻燃剂的综合作用来实现。含有两种以上阻燃元素的整理剂整理的织物所具有的阻燃能力，往往比使用一种阻燃元素的阻燃能力强得多，这种效应称为协同阻燃效应。如磷—氮类协同效应、卤素—锑类协同效应等。

2. 阻燃剂及其分类

阻燃剂即是一类可阻止或抑制整理后纤维燃烧的物质。阻燃剂按其属性可分为有机阻燃剂（四羟甲基氯化磷和氯化磷腈等）和无机阻燃剂（金属氧化物、卤化物、硼砂、磷酸盐等）。按阻燃后耐洗牢度可分为非耐久性阻燃剂（不耐水洗，如用无机盐沉积处理）、半耐久性阻燃剂（可耐 1~15 次温和水洗，但不耐高温皂洗，如络合阻燃处理）和耐久性阻燃剂（可耐 50 次以上水洗，且耐皂洗，如有机磷阻燃处理）。

3. 阻燃性能测试

正确评价纺织品阻燃效果对研究开发阻燃纺织品至关重要。但需注意，对纺织品阻燃性能的测试是在限定条件下，相对进行燃烧试验，采用标准规定的试验方法测定其阻燃性能指标，它只能说明试样在可控实验室条件下，对热或火焰的反应特征，不能说明或用以估计实际火灾条件下，着火危险性大小和燃烧程度。另外，纺织品燃烧性可评定的指标较多，如着火性、火焰蔓延性、炭化面积或长度、燃烧温度、极限氧指数、发烟性等，每种燃烧性指标只是对其燃烧性某一方面的反映，具体应用中要根据产品的实际使用情况来选择测试指标和试验方法。目前，国际上关于纺织品阻燃性能的测试方法和标准较多，且每个国家对不同织物都有不同的测试方法和标准，一些国家的某些组织也有自己的测试方法和标准。不同国家、地区和行业间的试验方法上差异主要是试样大小、前处理和调湿条件、点燃火源大小和位置、火焰高度和点燃时间等。

（五）卫生整理

卫生整理也称抗菌整理，是使纺织品具有杀灭致病菌的功能，保持纺织品的卫生性，防止微生物通过纺织品传播，保护使用者免受微生物的侵害，且保护纺织品本身的使用价值，使纺织品不被霉菌等降解。经过卫生整理的纺织品还能治愈人体某些皮肤疾病，阻止细菌在织物上不断繁殖而产生臭味，改善服用环境。

1. 卫生整理机理

卫生整理机理随选用的抗菌剂的不同而不同。抗菌剂的抗菌机理主要可分三类：

（1）菌体蛋白变性或沉淀。高浓度酚类和金属盐及醛类都属于这种杀菌机理。

（2）抑制或影响细胞的代谢。如氧化剂的氧化作用、低浓度的金属盐与蛋白质中的—SH结合破坏菌体代谢。

（3）破坏菌体细胞膜。如阳离子型抗菌剂能吸附于细菌表面，改变细胞膜的通透性，使细胞膜的内容物漏出而达到杀菌效果。

2. 卫生整理剂

卫生整理剂一般为杀菌剂，作为卫生整理剂应用尽量满足以下要求：

（1）具有广谱杀菌能力，抗菌效果明显，即对革兰氏阳性菌、革兰氏阴性菌、真菌、放射菌等具有良好的抗菌效果。

（2）整理剂和整理后织物要求安全无害，对人体及环境无生态毒性。目前，用于纤维或织物的抗菌整理剂绝大多数属于低毒或中等毒性，今后需要开发毒性小或无毒的抗菌整理剂。

（3）抗菌效率高，抑菌效果好，能耐水洗且热稳定性好。

（4）对纤维或织物原有的力学性能、色泽、染色性能无影响。

代表性的卫生整理剂有有机硅季铵盐抗菌整理剂、二苯醚类抗菌防臭整理剂、芳香族卤化物抗菌防臭整理剂和无机金属离子抗菌剂等。

3. 卫生整理检验

卫生整理检验主要包括卫生整理剂的安全性检验和卫生整理效果的检验两方面。

（1）卫生整理剂安全性检验。卫生整理剂对人体的安全性已受到各界重视。美国环境保护局对美国道康宁公司的卫生整理剂 DC-5700 的毒性进行了 18 种指标的测试：急性口服毒性（白鼠）、急性皮肤毒性、眼黏膜刺激、皮肤刺激性、鱼类毒性、人体种族试验、亚急性皮肤障碍性试验、急性吸入毒性试验、突变变异性试验、对口腔的刺激、短袜试穿、催畸形试验、亚急性口服毒性、细胞形质转换性、急性口服毒性（野鸭）、吸入毒性和皮肤吸收性等，确认其安全才准许生产。

一般抗菌整理剂都经过对动物的一系列毒性试验和皮肤贴敷试验（急性），基本都是低毒性。

（2）卫生整理效果检验。织物的卫生整理效果是检验其抑菌效果和耐久性。目前的测试方法主要有晕圈法、汲尽培养法和摇晃烧瓶法三种。

抗菌整理效果的耐久性主要测试织物经多次洗涤后的抗菌性能。洗涤条件为家用洗衣机，中性合成洗涤剂 2g/L，浴比 1∶30，水温 40℃，洗涤 5min，脱水，然后室温清水洗涤 2min、脱水，再清水洗涤 2min、脱水，经三次洗涤为一周期，经过一定周期洗涤后，进行抗菌性能测试。

第八章　面料性能及评价方法

面料质量的好坏、性能的优劣，终将表现于服用性能上，即服装穿着使用后能否保持优良的外观形态，服装的内在品质能否满足大众的要求，服装对人体可否保持舒适感等，只有准确地掌握和了解这些性能，才能按不同的使用要求合理地选择相应的面料制作服装。这将涉及如何有效地开展面料服用性能的评价，如何合理地设置评价指标等问题，所有的评价依据应该依据人们对生活的评价到面料用其特有的方式实现人们对世界的认知与评价的过程。因此，面料服用性能的要求指标来源于人们在生活中对面料的需求，来源于面料本身的特性知识。

本章主要是依据基础标准、测试标准的知识，从面料的风格、外观性能、内在性能、舒适性等方面展开讨论，其框架如图 8-1 所示。

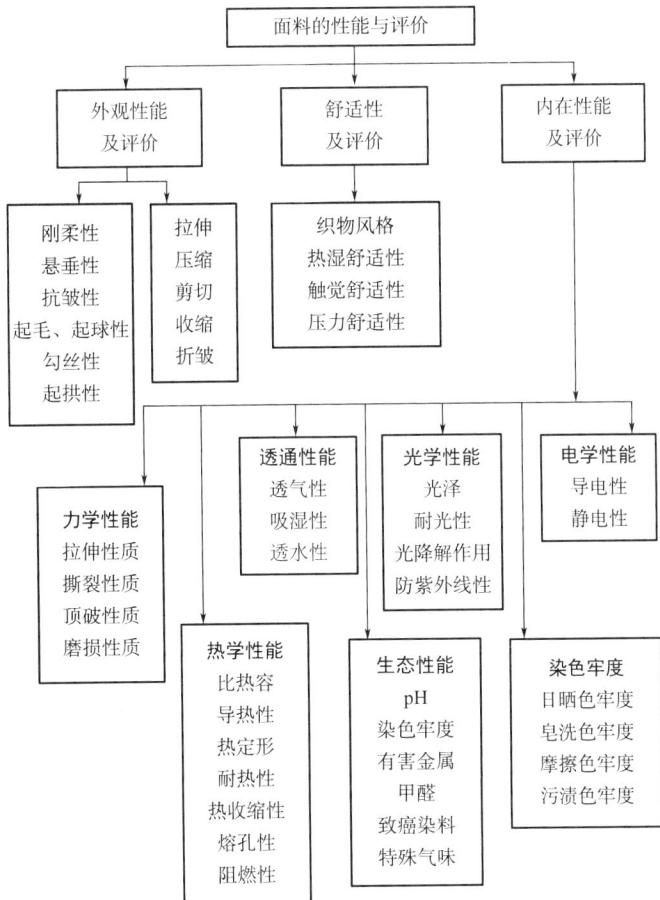

图 8-1　面料性能及评价框架

第一节 面料外观性能及评价

面料外观是织物品质的重要方面，也是服装消费者非常关注的方面。面料的外观质量是以目测的方式展开对面料的评价。

一、面料外观性能及评价

1. 刚柔性

面料的刚柔性是指面料的抗弯刚度和柔软度。面料抵抗其弯曲方向形状变化的能力称为抗弯刚度，抗弯刚度常用来评价它的相反特性——柔软度。面料的刚柔性受纤维形状（纤维截面形状、纤维初始模量）、纱线形状（纱线粗细、纱线捻度和经纬捻向配置）及织物的几何结构等因素的影响。一般衣着用内衣面料需要有良好的柔软性，以满足人体贴身与适体需要，外衣用材料在服用时也应保持必要的外形和具有一定的造型能力。因此，面料应具有一定的刚柔度。

2. 悬垂性

面料因自重下垂的性能称为面料的悬垂性。面料的悬垂性与面料的重量、厚度、紧度、刚柔性有关，抗弯刚度大的面料，其悬垂性就较差。悬垂性可分为动态悬垂性与静态悬垂性。静态悬垂性是指面料在自然状态下的悬垂度和悬垂形态，通常用悬垂系数来评价。动态悬垂性是指面料（服装）在一定的运动状态下的悬垂度、悬垂形态和飘动频率，用活泼率评价，活泼率值越大，表明面料动态时越容易飘起。二者有着较大的差异，体现在面料的飘逸感、身骨等方面。

测试中常用伞形悬垂法，如图 8-2 所示，悬垂系数 F 的计算方法如下：

$$F = \frac{A_F - A_d}{A_D - A_d} \times 100\%$$

图 8-2 伞形悬垂法

式中：A_F 为试样的水平投影面积（mm^2）；A_D 为试样面积（mm^2）；A_d 为小圆盘面积（mm^2）。

由悬垂系数的计算式可以看出，悬垂系数取值在 0~1，悬垂系数越小，则面料悬垂感越好，通常也说面料的悬垂性越好。面料悬垂时的波节数是衡量面料悬垂性优劣的重要参数之一。当悬垂系数相同时，波节数越多，悬垂形态越自然。

硬而轻的面料，悬垂性较差。如麻纤维刚性大，悬垂性不佳。腈纶面料由于轻而缺乏垂感。软而重的面料悬感好。如蚕丝、羊毛柔性好，面料悬感强。黏胶面料重垂，有坠性，即垂坠性好。面料中纤维和纱线细度低者，有利于面料悬垂。如蚕丝面料、高支精梳棉面料、

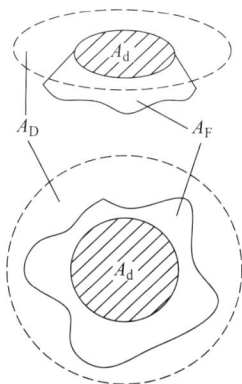

精纺羊毛面料。面料厚度增加则悬垂性下降。针织物线圈结构使其悬垂性优于机织物面料。大多数服装面料经向悬垂性优于纬向。

3. 抗皱性

面料抵抗由于受到搓揉而引起的弯曲变形的能力称为抗皱性，也称折痕（折皱）回复性，它与面料的弹性或塑性有密切关系。面料的抗皱性主要分为干态抗皱性和湿态抗皱性两类。干态抗皱性可以较好地表征面料在一般穿着时的抗皱性能，湿态抗皱性可以较好地表征面料洗涤过程中的抗皱性能。面料抗皱性的好坏一般用面料的折皱回复角来表示。折皱回复角越大，面料的抗皱性越好。

抗皱性主要取决组成材料的纤维的固有性质（压缩和伸张弹性）。例如，以富有弹性的羊毛和聚酯纤维为原料的面料就不易起皱，即使出皱，其皱纹也有良好的回复性。而抗皱性较差的面料做成的服装，在穿着过程中容易起皱影响服装的外观，还会沿着弯曲与皱纹产生磨损，从而加速服装的破坏。毛织物的特点之一是具有良好折皱回复性，所以折皱回复性是评定具有毛型感的一项重要指标。面料的抗皱性与纤维的弹性、纤维的初始模量、纤维的几何形态尺寸、纤维的拉伸变形回复能力等因素有关。

4. 起毛起球性

面料在日常使用过程中，在实际穿用与洗涤过程中，不断经受摩擦，在容易受到摩擦的部位上，材料表面的纤维端由于摩擦滑动而松散，露出材料表面，并呈现许多令人讨厌的毛茸，即为"起毛"。若这些毛茸在继续穿用中不能及时脱落，又继续经受摩擦、卷曲而互相纠缠在一起，被揉成许多球形小粒，通常称为"起球"。面料抵抗起毛、起球的能力称为抗起毛、起球性。面料起毛起球的过程如图8-3所示。

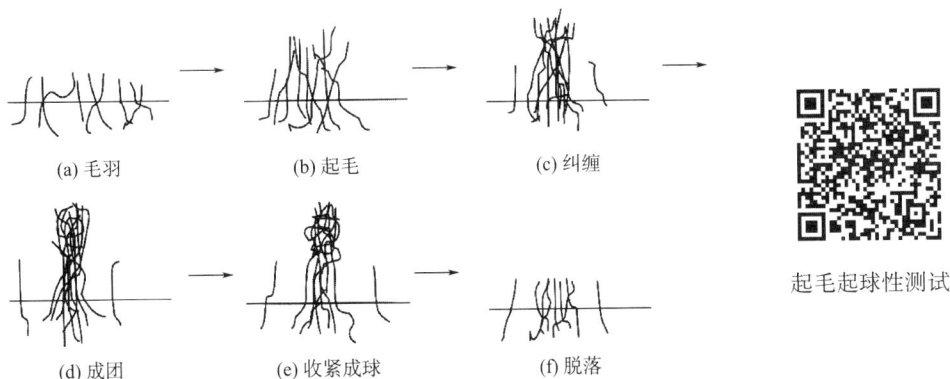

(a) 毛羽　　(b) 起毛　　(c) 纠缠

(d) 成团　　(e) 收紧成球　　(f) 脱落

起毛起球性测试

图8-3　面料起毛起球的过程

面料所用的纤维品质不同，其起毛起球的程度也不相同。一般是合成纤维面料比人造纤维和天然纤维面料（部分毛织物除外）容易起毛起球，其中以锦纶、涤纶和丙纶等面料最为严重，维纶、腈纶等面料次之。这主要是由于合成纤维的抱合力小，靠近面料表面端容易滑出，又因合成纤维强度高，伸长大，特别是耐疲劳和耐磨性好，面料表面一旦有毛粒状小球形成后，也不易很快脱落。棉面料和人造纤维面料由于纤维强度低、耐磨性差，因而面料表面起毛的纤维能很快磨耗掉，不易形成"毛球"。因而，在日常生活中，很少看到天然纤维面料（除毛织物外）、黏胶纤维面料等有起毛起球现象。一般来说，精梳织物比粗梳织物耐起毛起球性好。

5. 勾丝性

面料中组织结构比较松散的一些稀疏机织物或针织物在使用过程中，如果碰到尖硬的物体时，则面料中的纤维或单丝被勾出，在面料表面形成丝环，这种现象称为勾丝；面料抗勾丝破坏的能力称为抗勾丝性能。勾丝程度的评定方法一般采用实物样与标准实物样品对照评级。抗勾丝程度分为5级，1级最差，5级最好。可精确至0.5级。

影响面料勾丝性能的因素有织物所用的纤维原料、纱线的结构形式、织物的组织结构及后整理加工等，其中以织物组织结构的影响最为显著。

6. 起拱性

所谓起拱是指面料在服用过程中，肘部、膝部等弯曲部位受到反复的外力作用后而发生的翘曲、拱形等形态变化。残余变形的逐渐积累以及材料的应力松弛现象是起拱的主要原因。人们在日常生活中，肘部和膝部等部位会反复受到力的作用，随着长时间的反复屈曲作用和受力次数的增加，材料的内能逐渐消耗，由于运动中的每个动作间隔时间极短，所以材料的变形就来不及恢复，残余变形逐渐积累，使得处于这些部位的局部起拱程度越来越大，从而形成翘曲状态的永久性变形和起拱变形。对于易起拱的材料，在服装上的处理方法为：服装结构宽松；在易起拱部位的里面缝里衬，加固材料以免其变形。

7. 色泽

面料的色泽包括色彩和光泽两方面。面料的色泽受纤维原料、纱线结构、织物结构、染色及后整理工艺等多种因素的影响。例如，蚕丝、黏胶织物比棉织物色泽鲜亮，长丝织物比短纤维织物亮；缎纹织物比平纹织物亮，丝光棉织物比普通棉织物色泽亮等。绒类织物的色泽与光线的入射方向有关，在服装排料和裁剪中，应特别注意裁剪的方向性，不能倒裁，应顺裁（应朝同一顺毛方向排料）。

8. 洗可穿性

面料的洗可穿性是指服装洗涤后不经熨烫或稍加熨烫便可穿着的性能。有时称为免烫性。只有织物在洗后不产生或很少产生折皱，干燥后风格、手感、色相、外观等不发生变化的为洗可穿性好，合成纤维中的涤纶较能满足这些条件，其洗可穿性能优良。但更广泛的是指织物在洗后不产生或很少产生起皱、收缩和形态变化，即使不熨烫或稍加熨烫也很平挺，形态稳定，且快干、外观和风格以及颜色不发生变化等。

二、面料形态稳定性能及评价

服装在生产和穿着过程中，受拉伸、压缩、对折、剪切等外力作用或受湿、热的影响而产生变形，导致服装变形走样。这种变形状态不管是永久保留还是暂时现象都将会影响服装的外观、穿着者的情绪和舒适感。形态稳定性是评价服装保形能力的一项重要指标。

1. 拉伸变形

织物和服装受力以及多次小负荷时的拉伸变形会发生蠕变疲劳。纤维与织物的变形和回复能力与服装的保形性、弹性、挺括风格有密切的关系，所以常以织物的伸长率和回复率来衡量。定负荷时的伸长率用下式计算：

$$定负荷时的伸长率 = \frac{L_1 - L}{L} \times 100\%$$

式中：L_1 为试样原来的长度（mm）；L 为加上一定负荷后，过一定时间的试样长度（mm）。

定负荷时的伸长率越大，说明该织物在外力作用下越容易产生变形。测定织物的伸长弹性回复率有两种方法，即定伸长法和定负荷法。

定伸长法是将试样拉伸到一定长度，停顿一定时间（如 1min）后，使试样松弛，再停顿一定时间（如 3min），记录试样的伸长度变化。

$$定伸长时的伸长弹性回复率 = \frac{L_1 - L_2}{L_1 - L_0} \times 100\%$$

式中：L_0 为试样的原长度（mm）；L_1 为加上一定负荷，过一定时间后的试样长度（mm）；L_2 为去除负荷，过一定时间后的试样长度（mm）。

织物的伸长弹性回复率越大，说明该织物受外力作用后产生的变形越容易恢复，即该织物的拉伸弹性越好。

2. 压缩变形

常用压缩率来表示服装或面料受压缩后的变形情况。

$$压缩率 = \frac{d_0 - d}{d} \times 100\%$$

式中：d_0 为织物的厚度（mm）；d 为定负荷压缩后的织物厚度（mm）。

通常，在压缩力相等的条件下，含气量大的织物，压缩率较大。当负荷去除后，厚度值为 d_1 的压缩弹性回复率如下式所示：

$$压缩弹性回复率 = \frac{d_1 - d}{d_0 - d} \times 100\%$$

同一块织物，压缩受力程度和回复时间不同时，弹性回复率的值也将会出现差异。毛绒和起毛织物做成的服装，其臀、肘、膝等部位在穿用时会受到一定的压缩力。如果织物的压缩弹性回复率低的话，将会影响到服装形态外观的稳定。

3. 剪切变形

面料的剪切变形源于织物的构成，如果织物受力平行于经向或纬向但不在一个轴线上时，织物就会产生剪切变形。如果在服装剪裁时不注意丝缕方向，且丝缕方向与剪裁的方向不一致就易导致服装的剪切变形。其测试方法如图 8-4 所示。将长方形的织物 ABCD 上、下夹紧，在水平方向加一剪切力 P，则在平面上会出现平行四边形 A'BCD' 的变化，经纱和纬纱的交叉角产生变化。此变化由于剪切应力而产生的变形，斜向会比经向或纬向呈现出更大的伸长。服装制作过程中的归拔工艺和穿着时的形变几乎都与这种剪切变形有关。

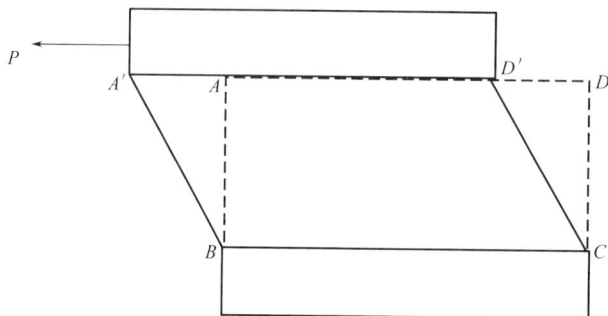

图8-4　剪切变形图

4. 收缩变形

面料的收缩变形是指材料在湿、热、洗涤等情况下，产生尺寸缩小的特性。棉、麻、丝等织物遇水产生的缩水，合成纤维织物遇热产生的热缩，毛织物遇水、皂液、外力等产生的缩绒等。这些收缩变形在服用过程中常需认真处理，或进行预缩，或阻止其收缩，进行适当的预处理或整烫等，以保证服装的平服。

收缩率是表征面料的收缩变形的重要指标，与织物结构、纤维、纱线加工工艺条件等有关。收缩率可按下式计算：

$$收缩率 = \frac{L_0 - L}{L_0} \times 100\%$$

式中：L_0 为未收缩前的织物试样长度（mm）；L 为收缩后的织物试样长度（mm）。

5. 折皱变形

服装在穿用过程中，其材料会产生一定的折皱，用手提紧放松后，便可看到布面上或深或浅的折皱。面料的折皱，可以分为不规则起皱和规则起皱两种。前者常在穿着时产生，影响服装外观。而后者则在服装造型中加工而成，使服装美观，如长裤的挺缝、衣裙的褶裥等。当服装设计有褶裥工艺要求时，通常希望织物具有较好的屈曲塑性变形能力。

材料是否产生折皱，可用凸形法测试，将材料沿经向或纬向，将凸出部分折叠、加压，去掉外力，凸出部分恢复，视恢复角的大小，确定折皱变形的程度。在折皱过程中纱线的一面被拉伸，另一面被压缩，只有材料的拉伸变形及回复性好、压缩变形及回复性好，其材料才不易产生折皱变形，并且对温湿度的依赖较少，如涤纶织物。

第二节　面料内在性能及评价

面料内在性能检验的是材料的内在品质，是用目光检测不到的内在品质，主要为力学性能、透通性能、热学性能、光学性能、电学性能及生态性能。这些性能影响到面料的服用性能，直接决定其使用价值。

一、面料的力学性能

面料的力学性能是指面料在各种机械外力作用下所呈现的性能。它是面料的基本性能。力学性能是纺织材料性能的重要组成部分，是决定其用途、织物风格的重要因素。在服装生产过程中，面料的力学性能很大一部决定了成衣的效果和质量，也是服装的成衣加工性能的客观体现。面料抵抗因外力引起损坏的性质称为耐久性或坚牢度，大多是通过测试面料的拉伸断裂、顶裂、撕裂以及耐磨性等来反映这一性能的。

面料的力学
性能测试

1. 拉伸性能

拉伸强度是评定面料内在质量的主要指标之一，所用的基本指标有断裂强度、断裂伸长率、断裂长度、断裂功和断裂比功等。面料的拉伸强度是将一定长度与宽度的材料夹持在测试仪上拉伸，拉伸的方法有单轴拉伸与双轴拉伸。单轴拉伸主要用于单根纤维与纱线的拉伸测定，对织物而言应用双轴拉伸。织物拉伸断裂机理如图8-5所示。

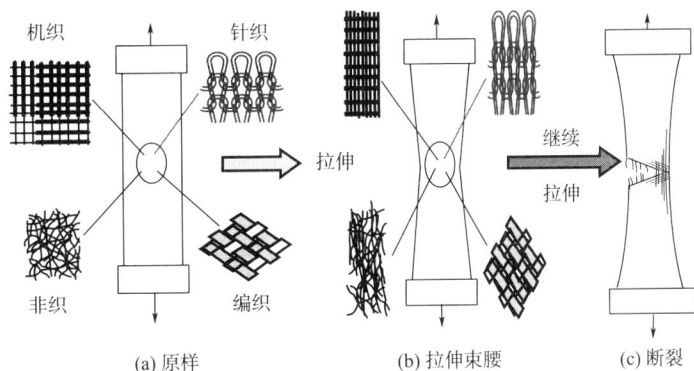

图8-5　织物拉伸断裂机理

拉伸过程中，机织物在初始阶段，其伸长变形主要是由受拉系统纱线屈曲转向伸直引起的；后阶段，受拉系统纱线已基本伸直，伸长主要是纱线和纤维的伸长与变细。对于针织物，线圈取向变形，在较小受力下呈较大的伸长；取向变形完成以后，纱线段和其中的纤维开始伸长。影响材料拉伸性能的因素有：织物所用的原料，织物密度与织物组织结构，纱线的线密度与结构特征，上机张力等。

2. 撕裂性能

面料在使用过程中经常会受到集中负荷的作用，致使局部纱线损坏而断裂，从而使织物边缘在一集中负荷作用下被撕开的现象称为撕裂，也称撕破。面料撕破过程是纱线的逐根断裂，即受力三角形中纱线的受力是不均匀的，受力三角形底边的纱线受力最大，受力三角形顶点处的纱线尚未受力，故撕裂强力大小与撕破过程中的受力三角形的大小成正比。撕裂不同于拉伸断裂，拉伸断裂对测试材料中的纱线与纤维几乎是同时发生，而撕裂则是数根纱线分阶段顺次断裂，直到材料完全撕开为止，因此面料的撕破强力总是小于其拉伸断裂强力。

在服用中，时常会发生材料的局部被拉而撕成两半的情况，特别是车服和野外作业服对撕裂强度就有要求。撕裂强度在某种程度上也能反映出材料的风格，体现在材料的交织阻力上，它与材料的活络、板结特性有关。针织物一般不作撕裂试验。

3. 顶裂性能

面料在一垂直于其平面的负荷作用下，顶起或鼓起扩张而破裂的现象称为顶破（顶裂）或胀破。面料作为各向异性材料，在顶力的复合剪应力作用下，织物多个方向的变形能力不同。当变形较小和强度最薄弱处纱线断裂后，将沿经向或纬向断裂，裂口一般呈直线形；当经纬纱变形能力接近时，经纬向同时断裂，裂口常为"L"或"T"字形。顶裂和服装的膝部和肘部，针织物的手套和袜子等受力情况近似。

直接影响面料顶破性质的因素主要有织物拉伸断裂强力和断裂伸长率、织物伸长率和织缩率、纱线的性质等。针织物正是具有高伸长率的特点和各向同性的调整，顶破强度较高。适当增加线圈密度也能使针织物顶破强力提高。

4. 磨损性能

服装在穿用过程中始终存在摩擦，不发生磨损的摩擦是没有的，面料与其他物体间反复摩擦，逐渐磨损破损的现象称为磨损。物体凸起部分 P 从织物 A 处移动到 B 处，产生碰撞、钩挂、拉扯与切割；C 处挤压。此过程经历纤维疲劳、纤维抽拔，摩擦破损等作用（图 8-6）。

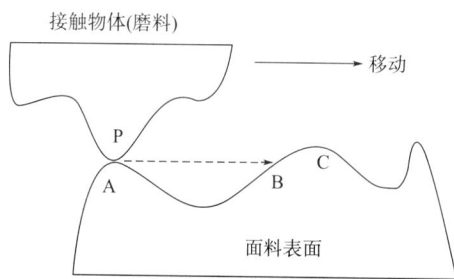

图 8-6　织物的磨损机理

摩擦后材料的强度下降、厚度减薄、表面起毛、失去光泽、褪色、破损。测试方法有实际穿着试验和仪器试验。经一定时间与次数的摩擦后，测定材料某些物理量的变化来表示材料的耐磨程度。

二、面料的透通性能

面料的透通性是反映面料对"粒子"导通传递的性能，粒子包括气体、湿气、液体甚至光子和电子等。因为人体对环境的舒适感取决于气、热、湿能量、质量的交换及其平衡状态。通透性包括透气性、透湿性和透水性等。

1. 透气性

气体分子通过织物的性能称为织物的透气性，一般指抵抗外界寒冷空气的性能，对面料的服用性意义重大。需要区别于透气性，透气性为水蒸气通过织物材料进行扩散的性能，一般指人体汗液蒸发透过织物的性能。夏天的服装要求有良好的透气性，才能使人感觉凉爽舒适；冬季要求织物透气性小，才能使衣服贮藏较多的静止空气，以防风保温；某些特殊用途的织物如降落伞、船帆等要求具有高度的密封不透气性。

透气性的测试指标为透气率，指织物两边维持一定压力差的条件下，在单位时间内通过织物单位面积的空气量，单位为 $m^3/(cm^2 \cdot s)$，本质上是气体的流动速度。面料透气性取决于面料中空隙的大小及多少，这又与纤维性状、纱线性状、织物几何结构以及后整理等因素有关。一般纤维越粗，织物透气性越大；异形截面纤维组成的织物的透气性比圆形截面纤维组成的织物透气性好；吸湿性强的纤维，吸湿后织物透气性下降。在织物经、纬密度相同时，纱线线密度越小，织物透气性越好；组成织物纱线捻系数增大，一定范围内纱线线密度增大，纱线直径变小，织物紧度降低，织物透气性有所提高。增加织物厚度，透气性下降；织物交织点越多，透气性越小；缎纹织物的透气性比斜纹织物透气性好；斜纹织物透气性好于平纹；结构疏松的织物透气性好于结构紧密的织物。织物经过缩绒、起毛、树脂整理、涂胶等后处理后，透气性降低。

2. 透湿性

面料的透湿性指在一定温度、一定湿度和一定风速下单位时间内透过织物单位面积的水蒸气质量 $[g/(m^2 \cdot d)]$。它直接关系到织物排汗汽的能力，当人体皮肤表面散热蒸发的水汽不易透过织物排出时，会在皮肤与织物间形成高湿区域，使人感到闷热不适。

面料透湿实质是水的气相或液相传递，当织物两边水汽压力不同时，水汽会从高压一边透过织物流向另一边。水汽在织物中的传递有三种方式：

（1）由于汗液在皮肤表面蒸发，当接近皮肤一侧的材料与皮肤之间空气层中的水蒸气分压大于周围环境中水蒸气分压时，气相水分主要通过织物内纱线间、纤维间的空隙从分压高的一边向分压低的一边扩散。

（2）由于纤维中含有亲水基团，在亲水基团未被全部占满之前，纤维将不断地吸附衣下空气层的水汽分子，然后再以含湿量差异为动力将带有热量的水分子在纤维内传递并向外发散。

（3）由于织物的纱线及纤维结构中存在毛细管，液相水分可通过毛细管作用从织物的一面传递到另一面，从而也使热量传到织物另一面。此种传递又称芯吸传递。

透湿性指标为透湿量。透湿量指在织物两面分别在恒定的水蒸气压的条件下，规定时间内通过单位面积织物的水蒸气的量，通常用 $g/(m^2 \cdot d)$ 表示。透湿量常用的测试方法有蒸发法和吸湿法两种，计算式如下。

$$WVT = \frac{24\Delta m}{S \times t}$$

式中：WVT 为每平方米每天（24h）的透湿量 $[g/(m^2 \cdot d)]$；t 为试验时间（h）；Δm 为同一试验组合体两次称重之差（g）；S 为试样面积（m^2）。

影响材料透湿性的因素主要有纤维材料、纱线结构、织物结构和后整理等。一般纱线捻度低、结构松、织物厚度薄等的材料透湿性好；经过树脂整理或涂层整理的织物，透湿性下降。

3. 吸湿性

面料在穿用过程中，可从皮肤表面吸收汗液或从周围大气中吸收水分，这种性能称为面料的吸湿性。面料的吸湿由纤维大分子上是否有亲水基团、无定形区的多少、纤维各层之间的空隙的多少、中间是否有空腔等决定，有亲水基团、无定形区大且中间有空腔与空腔多者，其吸湿性好。任何一种面料吸湿性的好坏可用回潮率来表示。回潮率是指材料内所含水分质量对材料干燥质量的百分比。

$$回潮率 = \frac{织物湿重 - 织物干重}{织物干重} \times 100\%$$

回潮率高，则纤维吸湿性好，此材料的触感舒适，人体所排出的湿性与不湿性汗液就能被吸收，从而在人体与服装之间保持比较舒适的状态；回潮率低，则纤维吸湿性差，此材料手感较粗糙，易产生静电，从而导致材料缠体、易吸附灰尘、熔孔，人体所排泄的汗液也无法被吸收，容易产生闷热或潮湿之感。

在不同的外界条件下，织物中纤维的回潮率是不一样，也就是说，随着外界条件的变化，其回潮率也发生变化，纤维能从空气中吸收水分或向空气中放出水分，达到动态平衡，这是纤维材料吸湿性的特性，为了保证衡量标准的一致，故设有规定的回潮率即公定回潮率。由于回潮率不同，纤维的许多性质会发生变化，因此纤维材料测试应在标准状态（温度为 20~22℃，湿度为 60%~65%）下进行。由于天然纤维的吸湿性好，合成纤维的吸湿性差，因此表现在回潮率指标上的差异是显著的。表 8-1 为我国常见纤维的公定回潮率。

表 8-1　我国常见纤维的公定回潮率

纤维名称	公定回潮率/%	纤维名称	公定回潮率/%
棉	8.0	黏胶纤维	13.0
棉缝纫线	8.5	聚酯纤维	0.4
毛	14.0	锦纶	4.5
长毛绒	16.0	聚丙烯腈系纤维	2.0
兔毛	15.0	聚乙烯醇系纤维	5.0
桑蚕丝	11.0	氨纶	1.3
柞蚕丝	11.0	聚丙烯纤维	0
亚麻	12.0	醋酯纤维	7.0
苎麻	12.0	铜氨纤维	13.0

4. 透水性

面料透水性是指液态水从面料一面渗透到另一面的性能。由于面料用途不同，有时采用与透水性相反的指标——防水性，来表示面料阻止水分子透过的性能。工业用过滤布要有良好的透水性；雨伞、雨衣、篷帐、鞋布等面料要有很好的防水性。当液体在固体表面不能铺展时，则液滴在固体表面呈现一定的形状，并显示一定的角度 θ，θ 称为接触角，如图 8-7 所示。

接触角的大小可以判断液体对固体的润湿情况：接触角越小，则液体对固体的润湿性越好。当 $\theta = 0°$ 时，即达到最大润湿极限——铺展；相反，$\theta = 180°$ 时，完全不润湿。$\theta < 90°$ 为湿润性；$\theta > 90°$ 为拒水性。这种接触角在理论上有 $0° \sim 180°$ 的值，可表示出完全润湿状态到完全拒水状态。

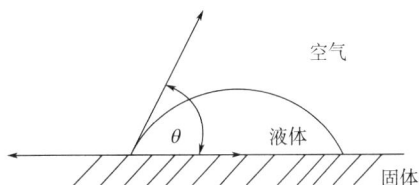

图 8-7　水滴与材料表面的接触角

三、面料的热学性能

随着环境温度的变化，面料的各项性质均会产生相应的变化，面料材料在不同温度下表现的性质称为面料的热学性质。用以描述面料在热的环境下的指标有比热容、导热性、热变形、耐热性、热收缩性熔孔性、阻燃性等。

1. 比热容

比热容简称比热，指质量为 1g 的纺织材料，温度变化 1℃所吸收或放出的热量，单位为 J／（g·℃）。

$$C_0 = \frac{q}{m \times \Delta T}$$

式中：C_0 为干纤维的比热 ［J／（g·K）］；m 为干纤维的质量；ΔT 为温度的变化；q 为纤维吸收或放出的热量。

湿纤维的比热为：

$$C = C_0 + \frac{M}{100}(C_w - C_0)$$

式中：C 为湿纤维的比热 ［J／（g·K）］；C_0 为干纤维的比热 ［J／（g·K）］；C_w 为水的比热 ［J／（g·K）］；M 为纤维含水率。

比热值的大小，反映材料释放、贮存热量的能力。纤维材料的比热容随环境条件的变化而变化，不是恒量。同时，它又是纤维材料、空气、水分三者混合体的综合值。所以纤维材料的比热容是一个条件值，即条件不同，其数值不同。如果要比较不同纤维比热容的大小，则应当在相同的条件下测试。几种常见干燥纤维在 20℃环境下的比热容见表 8-2。影响材料比热的因素有纤维结构、温度、回潮率等。

表8-2 常见干燥纺织纤维的比热表（测定温度为20℃）

纤维种类	比热值/［J/（kg·℃）］	纤维种类	比热值/［J/（kg·℃）］	纤维种类	比热值/［J/（kg·℃）］
棉	1.21~1.34	黏胶纤维	1.26~1.36	羽绒	—
羊毛	1.36	锦纶6	1.84	醋酸纤维	1.46
桑蚕丝	1.38~1.39	丙纶（50℃）	1.80	芳香聚酰胺纤维	1.21
亚麻	1.34	涤纶	1.34	玻璃纤维	0.67
大麻	1.35	腈纶	1.51	石棉	1.05
黄麻	1.36	锦纶66	2.05	水	4.1868

2. 导热性

导热性表示材料在有温差的情况下，热量从高温向低温传递的性质。而材料抵抗这种传递的能力称为保暖性。材料在一定的温度梯度场条件下，热能通过物质本身扩散的速度。在数值上为在传热方向纤维材料厚度为1m，面积为1m²，两个平行表面之间的温差为1℃，1h内通过材料传导的热量焦耳数，单位为W/（m·℃）。表征指标为导热系数，如下式所示。

$$\lambda = \frac{Q \times d}{\Delta T \times t \times s}$$

式中：λ 为导热系数［W/（m·℃）］；Q 为热量（J）；t 为时间（s）；s 为传导截面面积（m²）；d 为纤维制品厚度（m）；ΔT 为纤维材料两表面之间的温度差。

影响导热系数的因素有纤维的结晶和取向、纤维集合体密度、纤维的排列方向及环境温湿度等。一般，材料的取向度越高，导热系数越大；随着温度和湿度的增加，导热系数升高。

3. 热定形

材料在热的作用下（以热手段进行分子之间联系的切断或重建）进行的定形，称为热定形。面料材料在生产加工或者穿着使用过程中受到热环境的作用会发生热变形，如成衣染整、洗涤及熨烫等，变为卷曲或者蓬松的效果。将合成纤维加热到玻璃化温度以上，并强迫其变形，然后冷却并去除外力，这种热塑性变形就可固定下来。热对服装的成型与保型有一定的影响。常见纤维织物的常用热定形温度见表8-3。

表8-3 常见纤维织物的热定形温度

纤维种类	热定形温度/℃		
	热水定形	蒸汽定形	干热定形
涤纶	120~130	120~130	190~210
羊毛	90~100	100~120	130~150
锦纶66	100~120	110~120	170~190
腈纶	125~135	130~140	—
丙纶	100~120	120~130	130~140

4. 耐热性

耐热性为纤维材料抵抗因热而引起破坏的性能。在一定温度条件下，随时间增加纤维性能抵抗恶化的能力，称为热稳定性；当受热温度超过500℃时，纤维的热稳定性称为耐高温性。

面料在不同的温度情况下，其物理、化学性质是不同的，严格地说，面料的所有测试都应在标准状态下进行（20℃，相对湿度65%），否则其数值的可比性存在疑问。大多数合成纤维材料在热的作用下，有玻璃态、高弹态、黏流态，直至软化、熔融。天然纤维在高温作用下，由于软化点高于分解点，因此它们不熔融而是直接分解或炭化。表8-4为各种材料的热学性能；表8-5为各种材料的耐热性。

表8-4 各种纤维的热学性能

纤维种类	温度/℃			
	玻璃化温度	分解点	软化点	熔点
棉	—	150	—	—
羊毛	—	135	—	—
蚕丝	—	150	—	—
锦纶6	47、65	—	180	210~224
锦纶66	82	—	225	250~258
涤纶	67、80、90	—	235~240	255~260
腈纶	90	280~300	190~240	不明显
丙纶	—35	—	145~150	163~175
氯纶	82	—	90~100	202~204
维纶	85	—	干 220~230	225~239

表8-5 各种材料的耐热性

纤维种类	剩余强度/%				
	20℃不加热	在100℃经过		在130℃经过	
		20天	80天	20天	80天
棉	100	92	68	38	10
亚麻	100	70	41	24	12
苎麻	100	62	26	12	6
蚕丝	100	73	39	—	—
黏胶	100	90	62	44	32
锦纶	100	82	43	21	13
涤纶	100	100	96	95	75
腈纶	100	100	100	91	55
玻璃纤维	100	100	100	100	100

5. 热收缩性

合成纤维受热后发生不可逆的收缩现象称为热收缩。主要是由于定形效果不好，有残余内应力存在，及分子链比较伸展，各键节、键段无规运动所引起的。表征热收缩性的指标为热收缩率，即加热后纤维缩短的长度占原来长度的百分率。此外，一部分纤维在加热的情况下有轻微的膨胀现象。

6. 熔孔性

面料接触到热体在局部熔融收缩形成孔洞的性能称为熔孔性。面料抵抗熔孔现象的性能，称为抗熔孔性。它也是面料服用性能的一项重要内容。对于常用纤维中的涤纶、锦纶等热塑性合成纤维。在其面料接触到温度超过其熔点的火花或其他热体时，接触部位就会吸收热量而开始熔融，熔体随之向四周收缩，在面料上形成孔洞。当火花熄灭或热体脱离时，孔洞周围已熔断的纤维端就相互黏结，使孔洞不再继续扩大。但是天然纤维和再生纤维素纤维在受到热的作用时不软化、不熔融，在温度过高时会分解或燃烧。影响熔孔性的因素有热体的温度、热体的作用时间、热体的热量及纤维的性能等。

7. 阻燃性

当面料受热分解时，产生可燃性的分解产物，此分解产物与外界的氧气相互作用，便开始发生着火现象。不同的纤维材料其燃烧情况不同，且燃烧特征也不同，可用此现象鉴别纤维类别，也可判别纤维燃烧时的情况。面料在服装上组合的形式与状态也会影响火焰燃烧的情况，当一层是纤维素纤维面料，而另一层是阻燃纤维面料时，则燃烧的面积将比单独使用纤维素纤维面料小得多。

服装一般要求有阻燃性能，特别是童装、老年服装其阻燃性应有一定的要求。其次在一些特殊工作环境亦要求服装具有一定的阻燃性，如消防服等。表示织物燃烧性能的指标一般有两类：一类表示面料是否易燃；另一类表示面料是否经得起燃烧。前者是用于评定材料可燃性的指标——点燃温度，点燃温度越低，此纤维制品越易燃烧，表8-6为各类纤维的燃烧温度。后者是用于评定材料阻燃性的指标：续燃时间、阴燃时间、损毁长度、损毁面积、火焰蔓延速率、极限氧指数（LOI）等。续燃时间指是在规定的试验条件下，移开火源后，材料持续有焰燃烧的时间，有时也称有焰燃烧期。阴燃时间是在规定的试验条件下，当有焰燃烧终止后，或者移开火源后，材料持续无焰燃烧的时间，有时也称阴燃期。损毁长度是指在规定的试验条件下，材料损毁面积在规定的方向上的最大长度。损毁面积是指在规定的试验条件下，材料因受热而产生不可逆损伤部分的总面积，包括材料损失、收缩、软化、熔融、炭化、烧毁及热解等。极限氧指数表示的是材料点燃后在大气里维持燃烧所需要的最低含气量的体积百分数，极限氧指数越小，表示材料在点燃后越易继续燃烧，如果LOI<25，则材料可在空气中燃烧，而LOI≥28时，可认为具有阻燃性，LOI在25~30范围内的材料在热空气和通风条件下可以燃烧，因此有热防护要求的阻燃性材料，其LOI就应高于30。有些资料还表明各种纤维材料的燃烧热是不同的，人体被燃烧材料损伤的面积和深度与传导热有关，表8-7为各类纤维的平均燃烧热和极限氧指数。

表 8-6　各类纤维的燃烧温度火焰最高温度

单位：℃

纤维种类	点燃温度	火焰最高温度	纤维材料	点燃温度	火焰最高温度
棉	400	860	涤纶	450	697
羊毛	600	941	锦纶 6	530	875
黏胶	420	850	锦纶 66	532	—
醋酯纤维	475	960	腈纶	560	855
三醋酯纤维	540	885	丙纶	570	839

表 8-7　各类纤维的平均燃烧热和极限氧指数

纤维种类	平均燃烧热/（Cal/g）	极限氧指数	材料名称	平均燃烧热/（Cal/g）	极限氧指数
棉	4.330	18.4	聚氨酯	—	18.6
黄麻	5.590	25.2	未阻燃	7.290	27.0
羊毛	4.920	20.6	阻燃	5.790	26.8
涤纶	6.170	20.1	亲水丙纶	2.750	—
涤/棉	5.071	18.2	氯纶	11.600	—
锦纶	6.926	18.7	腈纶	6.000	—
腈纶	7.020	—	变性腈纶	4.200	—
黏胶	3.446	—			

四、织物的光学性能

纺织材料在光照射下表现出来的性质称为光学性质，包括光泽、耐光性、光降解性、防紫外线性等。

1. 光泽

光泽的强弱主要由纺织材料的反射情况而定。当光线射到纺织材料表面时，在纤维和空气的界面上同时产生反射和折射，光的一部分被反射，另一部分在纤维内部进行，当达到另一界面时，再产生反射和折射。一般情况下折光率高的材料反射率也高，从而光泽较好。材料的纤维内部结构与外部结构均会影响其反射、折射和透射能力。如蚕丝的内部各层不同的折光率，入射光在各层间反复折射后再向外部反射，形成了蚕丝织物的特殊光泽。除此之外纤维材料外部结构影响更明显，纤维形状越复杂，散射和反射越强，这时的光泽即出现所谓扩散光泽。三角形截面的纤维，其光泽比圆形丝好，染色、印花及后整理中压光、轧光等处理能显著影响材料的光泽。织物的光泽可用光泽度仪进行测定，采用对比光泽度指标即：接收角等于入射角的正反射与接收角不等于入射角的漫反射之比值。不同织物的光泽度见表 8-8。织物的光泽度与织物的方向性、光源位置的角度等有关。

表 8-8 几种织物的光泽度

织物种类	材料	光泽度/%		
		未使用前	摩擦 100 次	熨烫后
绒布	棉 100%	8.0	8.2	8.5
立绒	棉 100%	2.3	2.5	2.4
平绒	羊毛 100%	5.7	6.0	6.0
斜纹	羊毛 100%	3.7	3.7	3.8
哔叽	羊毛 100%	1.8	1.7	1.8
仿绸	铜氨丝 100%	19.2	9.4	8.7
劳动布	人造丝/锦纶 65/35	4.8	5.3	5.4
缎纹布	醋酯丝/人造丝 60/40	11.1	13.8	13.7
平针织物	100%腈纶	3.1	3.3	3.2

注 摩擦采用耐摩擦牢度仪；熨烫的温度为 120℃，30s；入射角、反射角为 45°。

2. 耐光性

纺织面料在贮存和穿用过程中，因受到各种大气因素和综合作用，面料的性能逐渐恶化，以致丧失使用价值，这种现象叫"老化"。纺织面料抵抗太阳光作用的性质为耐光性。

纺织纤维在日光照射下，会发生不同程度的裂解，使大分子聚合度下降，纤维的断裂强度、断裂伸长率和耐用性降低，并会使纤维变色。随着纤维线密度的增加，其耐光性增加。纤维截面形状和纱线截面形状的不同也会影响光射线在其表面的反射、折射和透射情况，从而影响其耐光性。同一纤维原料如果其中添加物不同或结构不等，也会影响其耐光性，如化学纤维中加入二氧化钛（TiO_2），会起到消光的作用，同时使其耐光性下降。各种纤维耐光性的优劣次序大致如下：矿物纤维>腈纶>麻>棉>毛>醋酯纤维>涤纶>氯纶>富强纤维>有光黏胶纤维>维纶>无光黏胶纤维>铜氨纤维>氨纶>锦纶>蚕丝>丙纶。

3. 光降解作用

面料在晾晒、穿着过程中，受紫外线的作用，会引起材料纤维的降解，不同的纤维材料，其强度下降的速度是不同的。对于某一纤维材料来说，强度下降还会受到暴露地点、时间、季节等影响。对于不同的地点与季节，纤维材料接受太阳辐射能量的多少和光谱分布是不同的，另外，高温、潮湿也会加速纤维材料的降解。表 8-9 为常见纤维不同日晒时间与强度损失的情况。染料、整理剂和表面涂料等物质都能影响织物的降解速度。常用材料的强力损失或化学性能的改变来评定材料的降解程度。

表 8-9　常见纤维不同日晒时间与强度损失

纤维名称	日晒时间/h	强度损失/%	纤维名称	日晒时间/h	强度损失/%
棉	940	50	腈纶	900	16~25
羊毛	1120	50	涤纶	600	60
蚕丝	200	50	锦纶	200	36
亚麻、大麻	1100	50	黏胶纤维	900	50

4. 防紫外线性

抗紫外线的主要评价指标为紫外线透射比。采用辐射波长为中波段紫外线的紫外光源及相应的紫外接收传感器，将被测试样置于光源与接收传感器之间，分别检测有面料和没有面料时紫外线的辐射强度，计算面料阻挡紫外线的能力。各国对纺织品服装防紫外线性能的评价标准见表 8-10。

表 8-10　各国对纺织品服装防紫外线性能的评价标准

国家和地区	UPF 范围	紫外线透射比/%	紫外线防护评价
澳大利亚/新西兰	15~24	6.7~4.2	较好
	25~39	4.1~2.6	好
	40~50.5	≪2.5	很好
欧盟	≫30	≪5	合格
中国	≫30	≪5	合格

五、面料的电学性能

1. 导电性

面料导电性常用物体对电流阻抗作用的电阻来表示。可用下式表示：

$$R = P_V \frac{L}{S}$$

式中：R 为电阻（Ω）；P_V 为电阻系数或电阻率或体积比电阻（$\Omega \cdot cm$）；L 为导体的长度（cm）；S 为导体的截面面积（cm^2）。

电阻是表示物体导电性能的物理量。纤维的电阻一般以比电阻表示，分为体积比电阻、表面比电阻、质量比电阻，纺织纤维常用的是质量比电阻。电流通过单位质量的物体且其长度为单位长度时的电阻称为质量比电阻。纺织材料是不良导体，因此质量比电阻都大。

影响纤维材料电阻大小的主要因素是纤维的吸湿性和空气的相对湿度，纤维吸湿性好、空气相对湿度大，纤维吸湿量大而电阻小。因此棉、麻、黏胶纤维的电阻比涤纶、锦纶、腈纶等合成纤维的电阻小。羊毛纤维表面因有鳞片覆盖而表面的吸湿性很差，也表现出较高的电阻。纤维内含水率增加时，质量比电阻就会降低，面料在潮湿的气候下就不易产生静电积累。纤维电阻过高易产生静电而影响舒适性能。

2. 静电性

绝大部分纺织材料为高分子材料，是以共价键为主链的有机化合物，一般不会电离也不会传递电子或离子，属于非导体，其表面一经摩擦就容易积蓄静电。不同纤维材料之间或纤维与其他材料之间由于接触和摩擦作用使纤维或其他材料上产生电荷积聚的现象，称为静电现象。常见纤维的带电电位序列如图8-8所示。

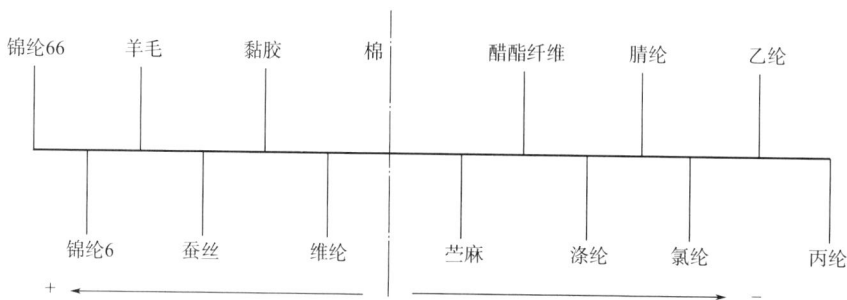

图8-8 常见纤维的带电电位序列

图8-8所示带电序列以棉纤维为分界线，棉纤维左侧带正电荷，右侧带负电荷。同一纤维与不同纤维摩擦时，可能带不同电荷。如棉与羊毛、棉与涤纶摩擦时，所带电荷的电性不同。序位相差越远，摩擦时越易带电且带电量越大。静电序列可用于预测其产生电荷的符号，但不能预测所带电荷量的多少。

各种面料在服用过程中的带电性是不同的，目前常用的抗静电处理方法有使用导电性纤维和加入防静电剂两种。使用导电性纤维指的是用导电性好的金属或碳等导电物质制成的纤维或部分使用这类物质制成的纤维，它们受到静电作用就会发生微弱的放电现象，具有耐久性稳定性的特点。针对合成纤维，减少静电现象的措施有在大分子链上引入某些极性基团，使用表面活性剂，增加环境相对湿度，将碳粉、金属粉的微粒嵌入合成纤维等。

六、面料的生态性能

面料的生态性能评价常常以生态纺织品为依据，即生产、消费、处理三方面都满足生态性的纺织品。目前主要有全生态和部分生态两种观点。全生态概念以欧盟"ECO-label"生态标准为代表，涵盖纺织产品的整个生命周期对环境可能产生的影响，如纺织产品从纤维种植到纺纱、织造、前处理、染整、成衣制作乃至废弃处理的整个过程中可能对环境、生态和人类健康产生的危害。部分生态概念以国际纺织品生态研究和检测协会推行的 Oeko-Tex Standard 100 标准为代表，其所述的生态性是指最终产品对人身健康无害，不涉及生态环境保护和纺织产品生命周期。本节重点评价面料上一般的有害物，主要有以下几个方面：pH、染色牢度、有害金属、甲醛、杀虫剂、防腐剂、致癌染料、特殊气味等。

1. pH

纺织品 pH 主要是纺织品加工过程中残留物所留下的。如棉、羊毛、蚕丝、涤纶、锦纶、腈纶等纺织品经练、染、印等加工后，面料上都残留着碱、酸化学品和助剂，并存在不同的pH，经水洗、皂洗、酸中和、烘干等工序后处理，如果化学助剂用量高或水洗后处理不充分，会使纺织品的pH超标，影响纺织品的服用性能。不同厚薄的织物影响布面pH，薄织物染色后易水洗，布面pH低；厚织物染色后相对难水洗，布面pH相对偏高。常用的活性染料、士林染料、硫化染料染色，都是在碱性条件下生产，如果水洗或中和不充分，面料的碱度过高。由于人类皮肤带有一层弱酸以防止疾病入侵，酸性或碱性对人体皮肤均有刺激和腐蚀作用。因此面料上的pH在中性（pH为7）至弱酸性（pH略低于7）之间对皮肤最为有益。超出人体皮肤pH适应范围，很容易引起皮肤瘙痒、过敏、炎症等疾病，甚至损害人体的汗腺和神经系统，影响人体健康。

国际环保组织认定的Oeko-Tex Standard 100中纺织品的pH要求是：一般纺织品的pH为4.8~7.5，羊毛及真丝织物的pH为4.0~7.5。

2. 染色牢度

染色牢度特性并不是一个致毒的因素，但若染料或部分化学品与织物结合不牢固，由于汗渍、水、摩擦和唾液等作用，使染料从织物上脱落、溶解，通过皮肤或嘴影响人体，刺激伤害皮肤。婴儿往往会吮吸衣物，通过唾液吸收染料和有害物质，因此颜色需要一定的湿牢度。

3. 有害金属

面料上可能残留的金属有铜、铬、钴、镍、锌、汞、砷、铅和镉等，但这几种金属更多地来自染料，据资料介绍，它们在酸性、碱性、直接、分散、还原及活性染料中均有，但平均浓度各不相同，其中含量较高的金属有铜、铅、铬。各类织物都不同程度地含有一定的重金属。贴身穿着这种衣物时容易将这些重金属向身体内部转移，从而影响内部器官。当其金属积累到某一程度时便会对健康造成巨大的损害。此种情形对儿童尤为严重，因为儿童对重金属有较高的消化吸收能力。某些金属（如含镍的）纽扣还会引起皮肤瘙痒。

4. 甲醛

面料在树脂整理的过程中都要涉及甲醛的使用。服装面料生产过程中，为了达到防皱、防缩、阻燃等作用，或为了保持印花、染色的耐久性，或为了改善手感，需在助剂中添加甲醛。目前用甲醛印染助剂在纺织业的应用比较多的是纯棉纺织品，因为纯棉纺织品容易起皱，使用含甲醛的助剂能提高棉布的硬挺度。含有甲醛的纺织品，在人们穿着和使用过程中，会逐渐释出游离甲醛，通过人体呼吸道及皮肤接触引发呼吸道炎症和皮肤炎症，还会对眼睛产生刺激。甲醛能引发过敏，还可诱发癌症。厂家使用含甲醛的染色助剂，特别是一些生产厂为降低成本，使用甲醛含量极高的廉价助剂，对人体十分有害。

纺织印染助剂对甲醛有规范的要求：不能使用使直接与皮肤接触的纺织品的甲醛量超过75mg/kg和使所有其他纺织品的甲醛量超过300mg/kg的纺织助剂，如含超标甲醛量的羊毛保护剂、固色剂、交联剂、黏合剂等。

5. 致癌染料

染料致癌分为三种：一是可以分解成 MAK（Ⅲ）A1 和 A2 组中芳胺类的偶氮染料；二是有些染料直接致癌；三是染色中有机氯载体等，它们可成为人体病变的诱发因素。

偶氮染料是广泛应用于各种产品的着色剂，诸如纺织品、纸张、皮革、食品和化妆品等。这些染料由于在还原条件下可能生成致癌的芳香胺，因而受到人们的重视，因此对偶氮染料及其还原反应生成的芳香胺类化合物必须进行监测，以评估其对人类和环境造成的潜在危害。一些国家政府根据 20 种致癌芳香胺列出了 118 种禁用染料，使用这些染料染色，染料会从织物上转移到皮肤上，在一定的条件下，发生化学反应释放出 22 种致癌芳香胺。

6. 特殊气味

特殊气味如发霉、鱼腥、香味或臭味等，散发气味表示有过量的化学药品残留在服装中，即表明有危害健康的可能。因此各种衣物上特殊气味仅允许极微量。

七、面料的染色牢度

纺织面料色牢度是指印染后的面料在使用或在染后的加工过程中，染料或涂料在各种外界因素的影响下，能否保持原来色泽的能力，如不褪色、不变色的能力。它是衡量面料质量的重要指标之一。面料色牢度指标是多方面的，主要有日晒、气候、皂洗、汗渍、摩擦、熨烫等，此外，还有耐烟气、耐海水、耐氯牢度等。

部分面料在染后还要经过其他加工处理，如色纱织好以后，还要经过复漂，因此所用染料要具有耐漂牢度。涤纶面料的热熔染色，是在 200℃ 左右的高温下进行的，要求染料有较高的升华牢度。染色面料的用途不同，对色牢度要求也不同。例如，窗帘布经常接受日晒，对染料的日晒牢度要求高，而其他牢度是次要的。一些夏季的衣服，要求染料应具有较高的日晒、皂洗和汗渍牢度等。染料在纤维上的染色牢度很大程度上取决于它的化学结构。此外，染料在纤维上的物理状态（染料的分散程度、与纤维的结合情况）、染料浓度、染色方法和工艺条件等对面料色牢度有很大的影响。纤维的性质与染色牢度的关系也很大，同一染料在不同的纤维上具有不同的染色牢度。如靛蓝在棉纤维上的日晒牢度并不高，而在羊毛上却很好。

1. 日晒色牢度

染色面料的日晒褪色、变色是一个比较复杂的过程。在日光作用下，染料吸收光能，分子处于激化状态，它是不稳定的，必须将获得的能量以不同的形式释放出去，才能变成稳定态。其中一种形式就是染料接受光能后直接分解而褪色。不同的染料在不同纤维上的褪色机理各不相同。例如，偶氮染料在纤维素纤维上的褪色是氧化过程，而在蛋白质纤维上的褪色则是还原作用的结果。同一染料在不同纤维上的日晒牢度有很大差异，如同一染料以同一浓度分别染于棉和黏胶纤维上的日晒牢度不同，在黏胶纤维上的日晒牢度比在棉上为高。还原染料在纤维素纤维上的日晒牢度很好，但在聚酰胺纤维上却很差。这是因为染料在不同纤上所处的物理状态以及和纤维的结合牢度不同的缘故。

染料的日晒牢度又与它的分子结构有关。如蒽醌、酞菁、金属络合染料的日晒牢度一般较高,不溶性偶氮染料之间的日晒牢度相差较大。染料分子结构中含有较多的氨基、羟基时,容易吸收光能而不耐氧化,日晒牢度低。日晒牢度还随染色浓度的不同而变化。同一染料染在同一种纤维上,染色浓度低的日晒牢度一般比浓度高的为差。根据"蓝色标样"评定日晒牢度。"蓝色标样"是指用规定的染料染成规定浓度的蓝色羊毛面料。在规定条件下,经日晒发生褪色所需的暴晒时间大致逐级成倍地增加。

日晒牢度分为 8 级,1 级褪色最严重,相当于在太阳光下暴晒 3h 开始褪色;8 级不褪色,日晒牢度最好,相当于在太阳光下暴晒 38h 以上开始褪色。

2. 皂洗色牢度

皂洗色牢度指染色后的纺织面料于规定的条件下在肥皂液中皂洗后褪色的程度,它包括原样褪色及白布沾色两项。原样褪色是指印染面料在皂洗前后的褪色情况。白布沾色是将白布与染色织物缝叠在一起,经皂洗后,因染色面料褪色而使白布沾色的情况。染色面料的皂洗褪色是指织物上的染料在肥皂液中经外力和洗涤剂的作用,破坏了染料与纤维的结合,从而使染料从织物上脱落的程度。

皂洗牢度与染料的化学结构有关,含亲水基团的水溶性染料的皂洗牢度低于不含亲水基团的染料。如酸性染料、直接染料,由于含有较多的水溶性基团,皂洗牢度较低,而还原、硫化、不溶性偶氮染料等不含水溶性基团的皂洗牢度较高。皂洗牢度还与染料和纤维的结合情况有关。如酸性媒染染料和直接铜盐染料,由于染料和金属离子螯合,染料分子增大,水溶性降低,皂洗牢度因而提高;活性染料和纤维发生共价键结合,染料和纤维成为一体,故皂洗牢度也较好。同一染料在不同纤维上的皂洗牢度不同,如分散染料在涤纶面料上的皂洗牢度比在锦纶面料上为高。这是因为涤纶的结构比锦纶紧密,疏水性强。皂洗牢度与染色工艺有密切的关系。染料染着不良,浮色去除不净,都会导致皂洗牢度的下降。皂洗液的温度、pH 以及搅拌情况也都对皂洗牢度有影响。染色浓度对皂洗牢度的影响一般较小,有时淡色产品的皂洗牢度反而比浓色产品为高,染料浓度高、与纤维的结合超饱和,受外力作用即容易脱落。

皂洗牢度的试验方法是将染物在规定的条件下进行处理,处理完毕后,用"染色牢度褪色样卡"或"染色牢度沾色样卡"进行比较评级。皂洗牢度分为 5 级,1 级为褪色严重,5 级为在规定条件下皂洗后色泽没有什么变化。沾色也分 5 级,1 级为沾色严重,5 级为不沾色。

3. 摩擦色牢度

面料的摩擦牢度分为干摩擦和湿摩擦两种。前者是用干的白布摩擦染色面料,观察白布沾色情况;后者指用含水率为 95% ~ 100%(按 GB/T 3920—2008 规定)的白布摩擦染色面料,观察白布沾色情况。面料的摩擦褪色是在摩擦力的作用下使染料脱落而引起的,湿摩擦除了外力作用外还加上水的作用,故湿摩擦色牢度一般比干摩擦牢度低。面料的摩擦牢度取决于浮色的多少，染料与纤维的结合情况，以及染料渗透的均匀度等。如活性染料，染料与纤维是以共价键结合，干摩擦牢度高；反之，如不溶性偶氮染料，当染色处理不好时，部分染料成不溶状态，机械地附着在纤维表面，则摩擦色牢度较低。染色浓度高，容易造成浮色，则摩擦色牢度低。摩擦色牢度在摩擦牢度试验仪上进行，用"染色牢度沾色灰色样卡"比较评级。摩擦色牢度也分为5级。1级差，5级好。

4. 汗渍色牢度

汗渍色牢度是指在模拟人体汗液的条件下测试染色面料的变褪色及沾色牢度性能的指标。其试验试液有碱性及酸性两种，试样要准备两份。碱液由L组氨酸盐酸盐一水合物（$C_6H_9O_2N_3 \cdot HCl \cdot H_2O$）、氯化钠（NaCl）、磷酸氢二钠十二水合物（$Na_2HPO_4 \cdot 12H_2O$）、磷酸氢二钠二水合物（$Na_2HPO_4 \cdot 2H_2O$）组成；酸液由L组氨酸盐酸盐一水合物（$C_6H_9O_2N_3 \cdot HCl \cdot H_2O$）、氯化钠（NaCl）、磷酸二氢钠二水合物（$NaH_2PO_4 \cdot 2H_2O$）组成。碱性和酸性试验使用的仪器要分开。把带有组合试样的酸、碱两组仪器放在恒温箱里，在$37℃\pm2℃$的温度下放置4h。拆去组合试样上除一条短边外的所有缝线，展开组合试样，悬挂在温度不超过60℃的空气中干燥。用灰色样卡评定每一试样的变色和贴衬织物与试样接触一面的沾色。汗渍色牢度也分为5级。1级差，5级好。

第三节　面料舒适性及评价

面料舒适性一般指在着装的过程中，合适的服装面料使人体产生的愉悦作用和心理的满足感。在实际生产研究中，舒适性的定义和设计较为复杂，具有较为复杂的层次。一般在面料的生产过程中，需要满足生存、安全、社交、尊重以及自我价值等几个层级的需求，满足人们对于服装的舒适性要求。影响人们对服装面料舒适性感知的因素较多，在当前的研究和探索中，研究人员将影响因素分为环境、人体和服装设计三方面内容。环境因素是指着装环境的温度、气候等因素。人体因素是指着装者自身的身体状况，其不同的生理状态会影响其对服装舒适性的感知。服装设计因素主要是指服装的设计形式。这三方面内容直接影响人们对服装面料舒适性的感知。由于每个人对舒适阐释角度的不一样，其评价的内容与指标就会呈现出多样性与复杂性。面料的舒适性整理技术近年来发展迅速，同时也对舒适性整理赋予了新的含义，这不仅是对人们穿着习惯的改变，从过去追求抗皱挺括到现在讲究舒适、随意、休闲，更主要是人们对面料舒适感觉的提升。因此，面料现在仅仅只有延伸性、弹性和柔软舒适感是远远不够的，现代面料广义的舒适性应该包括触觉、穿着感觉、嗅觉、视觉以及功能性等。

面料舒适性的检验方法，一是采用人体穿着试验的主观评价方法，这种预测评估的方法可以获得非常有用的第一手信息，可以确定消费者的需要，并与产品的技术特征联系起来，但费时费力；二是利用仪器检测织物的热、湿传递性能、力学性能以及穿着的外观性能的客观检验方法，仪器检测可以定量地评估与面料舒适性有关的织物的质量和特点，已被广泛地采用。

一、织物风格

织物风格是织物本身所固有的物理、力学性能及几何形态作用于人的感官所产生的综合效应。风格是一种感觉的效果，构成这一效果的刺激来自人们的视觉、触觉和听觉系统。织物风格是客观实体（织物）与主观意识交互作用的产物，是一种复杂的物理、生理、心理以及社会因素的综合反映。

广义的织物风格包括织物的触觉风格和视觉风格，是人们通过视觉和触觉对织物的特性所作的综合评价。触觉风格，以手触摸织物时产生的感觉来衡量织物的特征，即手感，也称为织物的狭义风格。视觉风格是织物的纹理、图案、颜色、光泽及其他表面特性作用于人的视觉器官并通过人脑产生的对织物特性的综合判断。其中，面料的手感不仅与服装的穿着舒适性有关，而且影响服装的造型和保形性，是面料的多种物理力学性能和内在质量的一种综合反映。实际上，面料手感的好坏也直接影响消费者是否愿意购买某个服装产品，主要包括面料的粗糙与光滑、柔软与硬挺、弹性好与坏、轻与重、厚与薄、丰满与薄瘠、活络与板结等多个方面，与面料低应力下的力学性能密切相关。织物风格的分类如图 8-9 所示。

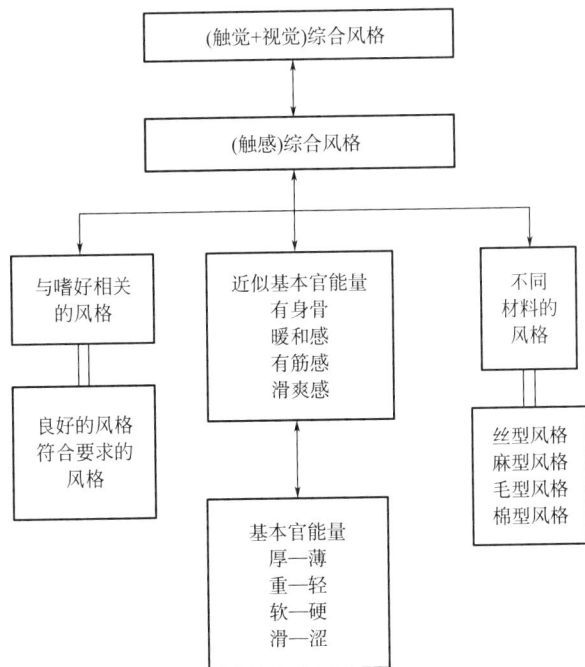

图 8-9 织物风格的分类

面料中的"棉"给人以质朴、大方、亲切、舒适等感觉;"丝绸"常常表达温柔、柔美、体贴、轻盈、随性、精致、婉约等;"皮革"为自然野性、温暖、感性、高贵、柔软等;"透明材料"则绮丽、朦胧、神秘等。此外,风格也与地域、地区有关,如英伦风格、苏格兰风格等;风格与时期、时间有关,如维多利亚风格、大唐风格等;风格与领域有关,如艺术风格、政治风格、机械风格等。这些风格的描述与如下词语关联:雅、大气、魅、炫、朴素、浑厚、清纯等。由此可知,风格是与人们的审美,与人们的价值取向有关的,是人们对事、对物、对人的评价指标,通过经典与时尚来呈现。

织物风格是人们通过人的感官对材料的综合评价,实际上多数场合是以人的官能来评价材料的力学特性,如刚柔性、压缩性、拉伸性、回弹性、密度、摩擦性、凹凸性、冷暖感等。它们反映的是材料的质感、厚度感、身骨、手感等。

二、面料的热湿舒适性

人体的舒适感觉取决于人体和周围环境之间的热量和水分等的交换平衡。织物起着调节作用,织物的这种调节能力的大小又取决于服装的款式和面料的有关性能,主要包括隔热性、透气性、吸湿性、透湿性、保水性和润湿性等,统称为热湿舒适性。

在"人体—织物—环境"这一复杂系统中,测试人体的舒适感觉取决于人体本身产生热量和周围环境散失热量之间能量交换的平衡。人体舒适性条件:温度为 $32℃±2℃$,湿度为 $50\%±10\%$,速度为 $25cm/s±15cm/s$,CO_2 的浓度 $≤0.08\%$。如图 8-10 所示,织物在人体与环境的热湿传递间维持和调节人体体温稳定,使微环境湿度适宜。

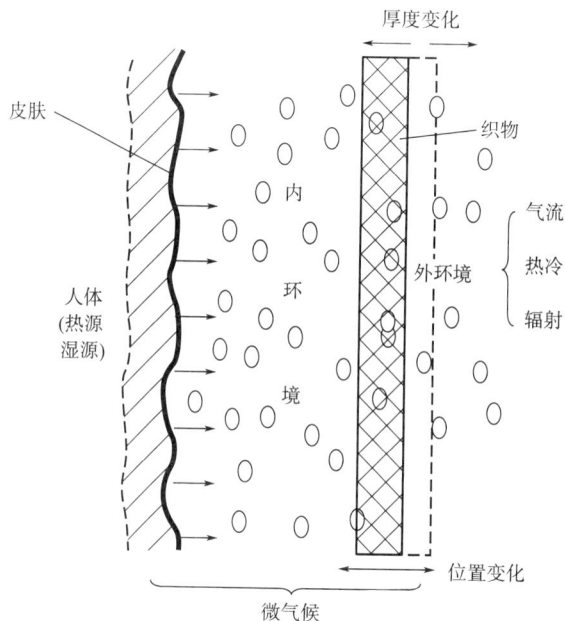

图 8-10 人体—织物—环境的相互作用

热湿舒适性是指服装及织物在人与环境的热湿传递之间维持人体体温稳定，为人体正常生理机能创造良好条件，从而使人体保持舒适的感觉。在人体—织物—环境这一复杂系统中，测试人体的舒适感取决于人体本身产生热量和周围环境散失热量之间能量交换的平衡。

克罗值和透湿指数这两个指标分别描述织物热湿传递的情况。当材料的两个表面存在温度差时，热量就会从温度高的一面向温度低的一面传递，这就是热传导或导热。服装材料导热能力的大小可用热阻来表示。学术中对服装整体形成的热阻用一个统一的单位克罗值（clo）衡量，其定义是：在室温 21℃，相对湿度不超过 50%，空气流速不超过 10cm/s（相当于有通风设备的室内正常气流速）的条件下，人静坐不动，其基础代谢为 58.15W/m² [50kcal/（m²·h）]，其体表平均温度为 33℃，感觉舒适，这时对衣服需要的热阻，称为 1 克罗（clo）。克罗值越大，则隔热保暖性越好。

透湿指数（i_m）用来衡量服装的蒸发阻抗与透湿之间的关系。人体皮肤表面的汗液和水蒸气只有传递出去才会使人感到舒适。服装可通过内衣材料的吸湿、吸水性能向外发散水蒸气。但决定服装透湿好坏的重要因素是服装内外存在蒸气压差及空气层。静止空气层的厚度可反映服装的水蒸气蒸发阻力大小，它们之间存在当量关系。因此，采用无量纲 i_m 来衡量服装的蒸发阻抗与透湿之间的关系，通过透湿和传热联合起来分析，即：

$$i_m = \frac{R_{Tc}/R_{Ec}}{R_{Ta}/R_{Ea}}$$

式中：R_{Tc}、R_{Ta} 分别为织物和空气的热阻；R_{Ec}、R_{Ea} 分别为织物和空气的蒸发阻抗。

i_m 值范围在 0~1。当 $i_m = 0$ 时，表示服装及其面料完全不透湿，即穿着完全不透气，汗液不能蒸发；当 $i_m = 1$ 时，表示服装及其面料完全透湿，即在风中穿着如处于裸露状态。i_m 值越大，面料的透湿性越好，常规服装的透湿指数在 0.4~0.7，见表 8-11。

表 8-11　常用服装的克罗值与透湿指数

服装种类	克罗值/clo	透湿指数 i_m
短裤	0.57	0.68
短裤与短袖衫	0.74	0.70
标准工作服	0.99	0.74
标准工作服与罩衫	1.50	0.77

影响面料热湿舒适性的主要因素有纤维材料导热系数、回潮率、含水性及含气性，织物的厚度和体积重量、织物表面粗糙度、织物的层数和层次、织物的透气性及吸放湿性能等。一般对夏季服装和内衣而言，要求织物有良好的吸湿性和放湿性，以便吸收人体通过蒸发和出汗向皮肤表面排出的水分，并迅速释放到周围环境中，保持皮肤表面适宜的湿度。对冬季服装的填絮料而言，由于其吸湿后会使保暖性降低，一般希望吸湿性差一些，尤其对于湿冷环境下穿着的冬季服装更是如此。

三、面料的触觉舒适性

人体在着装状态中，面料与皮肤接触，对皮肤施加各种动态力学刺激，从而激发各种皮下的力学感知，产生舒适或不舒适的触压感觉，称为触觉舒适性，又称接触舒适性。它是人体皮肤在受到外加面料作用时的一种生理感觉，具有被动性和不可回避性。考虑到舒适性描述起来较为复杂，面料触感舒适性主要从不舒适的感觉来评价，主要包括接触冷暖感、刺痒感等。

环境温度较低的情况下，当人体接触面料时，由于人体皮肤温度比织物温度高，热量就会由接触部位的皮肤向织物传递，导致接触部位的皮肤温度降低，因而与其他部位的皮肤温度有一定的差异，这种差异经过神经传到大脑所形成的冷暖判断及知觉，称为面料接触冷暖感。在气温较低的季节，如冬季，贴身穿着服装所用的面料暖感较强，则比较舒适；反之，若面料的冷感较强，穿着时皮肤就会感到骤凉而不舒适。

面料接触舒适性主要通过手感来评价，而手感的评价则是基于织物的物理力学性能，主要分为主观评价和客观测试两种评价方法。主观评价方法，从 20 世纪 30 年代开始，织物的手感就作为一个问题引起人们注意，但直至 1950 年以后才出现较多关于手感的研究报告。直到 19 世纪 70 年代，川端孝雄提出从织物基本力学特性来客观评价手感以及日本手感测量和标准化委员会（HESC）的成立，才使织物手感的研究进入系统而规范化的发展道路。客观测试方面普遍使用的是 Kawabata 织物评价系统（KES）。KES 最多可测出织物的 17 个力学参数，如弯曲模量、切变硬挺度及表面摩擦等。测得的织物力学特性，用回归方程计算手感特性的数值，如硬挺度、柔软度及挺爽性等。

肌肤触觉与面料的性质密切相关，所以用主观感觉来评价显得更加适用，其主要考虑要素包括织物的手感（柔软感、粗糙感）、接触冷暖感、面料对皮肤的物理性刺激（刺痒感、黏附感等）及面料对皮肤的化学刺激等。

四、面料的压力舒适性

面料压力舒适性是面料和人体皮肤间相互作用而产生的皮肤压力感觉的舒适范围，包括服装的尺寸合体性与运动的自由度等力学角度的舒适性，反映的是一个综合复杂的生理反应，主要与皮肤内的压力感受有关，并且可能联系痛感和触觉。影响面料压力舒适性的因素涉及物理、生理、神经生理以及心理四个领域。研究人员从不同角度对其进行了系统研究，发现服装对于人体压力这一物理力学性能，是影响人体压力舒适性最主要的因素。生理、神经生理与舒适心理过程均产生于主观过程，与服装的厚重感、柔软度、刺痒感等有关。基于面料舒适性的生理、物理和心理的因素，对面料舒适性的研究也主要从主观评价和客观测试两个方面进行预测。主观评价主要采用调查问卷法，根据得到的数据，对面料压感进行等级评分。主观评价法是面料压力舒适性的主要测试方法，具体是研究者利用心理量调查表对不同尺寸、不同弹性性能的服装面料作主观压力感评价，对所得值进行分析，讨论各个部位的压力分布状况及理想的服装类型。客观压力测试是利用压力测试装置与系统在人体着装状态下，将压力测试装置中的传感器固定于人体需测量的部位，直接测出面料压力的大小。目前这方面的研究主要是针对某些紧身的特殊服装或内衣，应用集中在内衣、运动衣和以压力衣为代表的医疗辅助产品的开发上。

对压力舒适性的研究主要考虑以下服装面料要素：织物弹性、结构放松量、织物重量等。

第九章　毛皮与皮革

本章课件　　　　　　　　本章微课

动物中除了一些水生动物和爬虫类动物，如鲜鱼、蛇、海肠等，许多动物皮上天然覆盖有一层毛被，因此动物皮经加工处理后可制成两类外观不同的材料，一类是带毛制版的动物皮，称为毛皮，又称"裘皮"或"皮草"；另一类是加工处理成的光面皮板或绒面皮板，称为皮革。

第一节　毛皮

一、天然毛皮

毛皮是由皮板和毛被组成。毛被由针毛、绒毛和粗毛组成，针毛数量少，较长呈针状，富有光泽，有较好的弹性，毛皮的外观毛色和光泽靠针毛来表现；绒毛数量多，短而细密，呈卷曲状，可起到保暖作用，且绒毛的密度、厚度越大，毛皮的保暖效果越好；粗毛数量介于针毛和绒毛之间，粗毛的下半段（接近皮板部分）像绒毛，上半段像针毛。粗毛和针毛一起作为毛皮，表现外观毛色和光泽的主要部分，同时还具有防水和保护绒毛的作用。毛皮构造如图9-1所示。

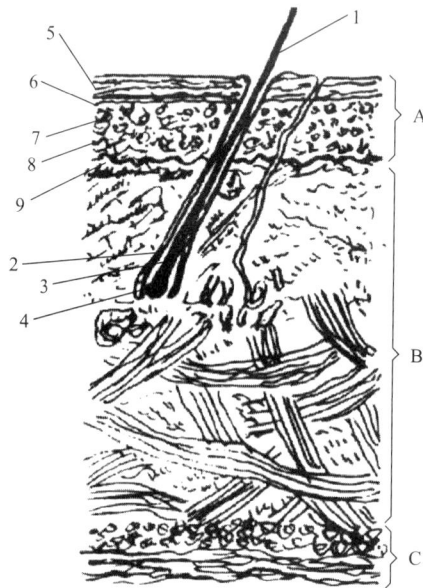

图9-1　毛皮构造

A—表皮层　B—真皮层　C—皮下层

1—毛干　2—毛囊　3—毛根　4—毛球　5—角质层　6—透明层　7—粒状层　8—棘状层　9—基底层

毛皮主要来源于动物毛皮，根据毛被的长短、皮板的厚薄及外观质量，可以分为四大类，毛皮类别、特点及用途见表9-1。

表9-1　毛皮类别、特点及主要用途

类别	名称	特点	主要用途
小毛细皮	紫貂皮、水獭皮、扫雪皮、黄鼬皮、灰鼠皮、银鼠皮、麝鼠皮、香狸皮、海狸鼠皮、旱獭皮、水貂皮等	属于高级皮毛，毛短、细密柔软而富有光泽	适于制作毛皮帽、长短大衣等
大毛细皮	狐皮、貉子皮、猞猁皮、獾皮	毛长、张幅大的高档皮毛	适于制作皮帽、长短大衣、斗篷等
粗毛皮	羊皮、狗皮、狼皮等	毛长、张幅稍大的中档毛皮	适于制作帽、长短大衣、马甲、衣里、褥垫
杂毛皮	猫皮、兔皮	毛质稍差、产量较多的低档毛皮	适于制作衣、帽及童大衣等

二、天然毛皮的特性

1. 毛皮的优点

（1）极佳的服用舒适性。动物毛被的毛纤维之间有大量静止空气，使得毛皮具有出色的保暖性；动物毛的鳞片层及其表面的油脂，使动物毛具有天然防水防污能力；另外，动物皮板上有大量的微细毛孔，使得动物毛皮具有很好的透气性，穿着不会产生闷热感，舒适宜人。

（2）温馨华贵。天然毛皮具有绵绒绒的触感和高贵的光泽感，颜色、花纹自然天成，视觉优雅，着装显得豪华大气。

（3）经久耐用。新毛皮具有强度好、皮板身骨坚实等特点，即使是二手毛皮，也可以通过装饰等手段将其进行翻新设计，经久耐穿，也为设计师提供了广阔的创意空间。

（4）较好的保形性。天然毛皮的组织结构使得皮料具有很好的弹性，穿着不易变形，不易起皱，款式结构稳定，即使出现折痕，用衣架撑起吊挂，不经熨烫，也可以自然回复其形态。

（5）可自然降解，对环境无害。天然毛皮可自然降解或腐蚀风化，其本身对土地与环境无害，并能够肥沃土质，可作为天然的农作物有机肥料。

2. 毛皮的弱点

毛皮材料耐热性不强，毛被具有成毡性，因其由蛋白质构成，毛皮易于产生霉变和虫蛀，不易打理和保管，需要专业维护，这使得购买和穿用毛皮服饰成本较高。

三、人造毛皮

人造毛皮也称为仿造毛皮，是用化学纤维、羊毛、马海毛等材料，通过纺织加工模仿天然毛皮的长毛绒织物。人造毛皮不但比天然毛皮便宜耐用，而且易于打理。人造毛皮已具有天然毛皮的外观，在服用性能上也与天然毛皮接近，是很好的天然毛皮代用品。特别是在绿色和平理念的引导下，人造毛皮已具有广泛的消费市场。

人造毛皮生产方法很多，主要有针织人造毛皮、机织人造毛皮和人造卷毛皮。

1. 针织人造皮革

针织人造毛皮是在针织毛皮机上采用长毛绒组织织成的。长毛绒组织是在纬平针组织的基础上形成的，用腈纶、氯纶或黏胶纤维为毛纱，用涤纶、锦纶或棉纱为地纱，纤维的一部分同地纱编织成圈，而纤维的端头突出在针织物的表面形成毛绒。

这种利用纤维直接喂入而形成的针织人造毛皮，由于纤维留在针织物表面长短不一，可形成针毛与绒毛层结构。长度较长、较粗、颜色较深的纤维做针毛；长度较短、较细、颜色较浅的纤维做绒毛。通过利用调整不同纤维的比例并仿造天然毛皮的毛色花纹进行配色，可以使毛被的结构更接近天然毛皮。这种人造毛皮既有像天然毛皮那样的外观和保暖性，又有良好的弹性和透气性，花色繁多，适用性广。

2. 机织人造毛皮

机织人造毛皮的地布一般是用毛纱或棉纱做经纬纱，毛绒采用羊毛或腈纶、氯纶、黏胶等纤维纺的低捻纱，在长毛绒织机上织成的。

机织人造毛皮采用双层结构的经起毛组织，由两个系统的经纱、同一个系统的纬纱交织而成。地经纱分成上、下两部分，分别形成上、下两层经纱梭口。纬纱依次与上、下层经纱进行交织，形成两层地布，而毛经纱位于两层地布中间，与上、下层纬纱同时交织，两层地布间隔的距离恰好是两层起毛织物绒毛高度之和。这种组织织物下机后再经过割绒工序，将连接的毛经纱割断，从而形成两幅人造毛皮，如图9-2所示。

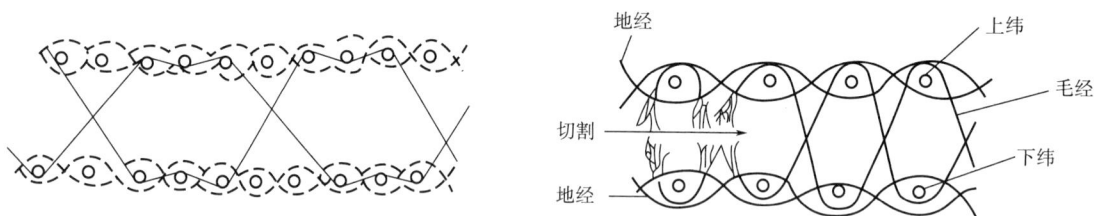

图9-2　机织人造毛皮结构示意图

机织人造毛皮可用花色毛经配色织出花色外观，也可以在毛面印花达到仿真的效果，其绒毛固结虽牢固，但生产流程长，不如针织人造毛皮品种更新快。

3. 人造卷毛皮

针织法生产的卷毛皮是在针织人造毛皮的基础上对毛被进行热收缩定型处理而成的，毛被一般以涤纶、腈纶、氯纶等化学纤维做原料。人造卷毛皮以白色和黑色为主要颜色，表面形成类似天然的花绺花弯，柔软轻便，有独特风格，既可做毛皮服装面料，又可做冬装的填里。由于人造毛皮为宽幅，毛绒整齐，毛色均匀，花纹连续，有很好的光泽和弹性，重量比天然毛皮轻得多，而保暖性、排湿透气性与天然毛皮相仿，不易腐蚀霉烂，容易水洗，因而穿用更为方便。

第二节　皮革

一、天然皮革

经过加工处理的光面或绒面动物皮板称为"皮革"。天然皮革由非常细微的蛋白质纤维构成，其手感温和柔软，有一定强度，且具有透气、吸湿性良好、染色坚牢的特点，主要用作服装和服饰面料。不同的原料皮经过不同的加工方法，能获得不同的外观风格。如铬鞣的光面和绒面皮板柔软丰满，粒面细腻；表面涂饰后的光面革还可以防水，经过染整处理后的皮革可得到各种光泽和外观效果。由于其纤维密度高，故裁剪和缝制后缝线不会产生起裂等问题。

皮革的主要结构如图9-3所示，分为毛发、表皮层、乳头层、网状组织、皮下组织、肉面层。由于在加工的过程中，大部分毛发、表皮层、皮下组织、肉面层大部分被剔除了，因此皮革其主要是由真皮层（乳头层与网状组织）构成。皮革的主要成分主要是蛋白质，以胶原蛋白为主。胶原是结缔组织中重要的组成部分，是由纤维细胞分泌的一种白色、透明、无分支的原纤维交联而成。胶原蛋白主要是由三条不同的 α 肽链相交错缠绕形成的右手超螺旋形纤维状蛋白质。胶原纤维主要是胶原分子以一定的间距，然后以按照纵向对称交错排列排列形成的。胶原纤维再侧向不断堆集形成更大的胶原纤维束。胶原纤维束在皮革的真皮层中不断纵横交错穿插交织，其中一些相对较粗的纤维束末端可能分出数股较细的纤维束，这些较细的纤维束又容易与其他纤维束重新缠结形成另一股较大纤维。如此不断分分合合，最终形成了一种极其复杂庞大的天然的立体网状编织结构，并因此赋予了皮革优良的柔顺性与极强的机械强度。皮革主要成分及结构如图9-4所示。

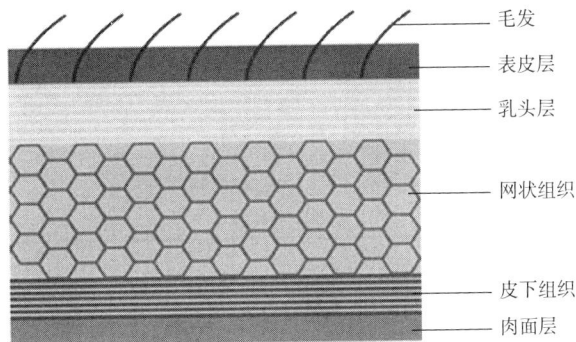

图9-3　皮革主要结构示意图

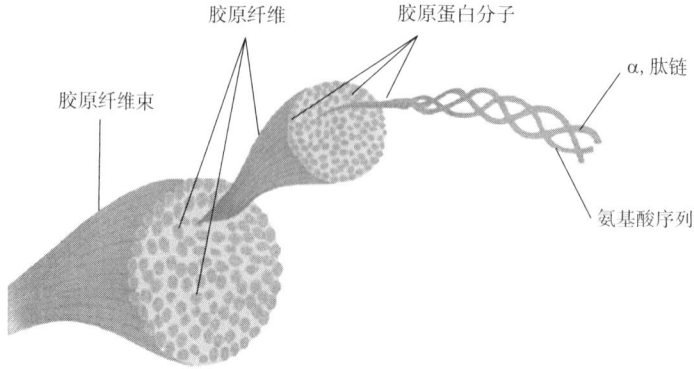

图 9-4 皮革主要成分及结构

　　服装用天然皮革多为铬鞣的猪、牛、鹿皮革，厚度为 0.6~1.2mm，具有透气性良好、吸湿性良好、染色坚牢、薄软的特点，见表 9-2。

表 9-2　服用皮革的主要种类及其特征

种类		表面结构特征	性能特征	主要用途
猪皮革		毛孔粗大而深，明显三点组成一小撮，粒面凹凸不平	具有独特风格，透气性优于牛皮，较耐折、耐磨，缺点是皮质粗糙、弹性差	鞋、衣料、皮带、箱包、手套
牛皮革		各部位皮质差异较大。黄牛革表面毛孔呈圆形，直伸入革内，毛孔密而均匀，排列不规则；水牛革表面毛比黄牛革少，皮质较松弛，不如黄牛革丰满细致	牛皮革耐磨、耐折，吸湿透气性较好，粒面磨光后亮度较高，其绒面革的绒面细密	优良的服装材料、鞋、皮带、箱包、手套
羊皮革	山羊皮革	山羊皮的皮身较薄，皮面略粗糙，毛孔呈扁圆形斜伸入革内，粗纹向上凸，几个毛孔成一组，呈鱼鳞状排列	山羊皮粒面紧密，有高度光泽，透气、柔韧、坚牢	服装、鞋、帽、手套、背包
	绵羊皮革	绵羊皮的表皮薄，革内纤维束交织紧密	绵羊皮手感滑润，延伸性和弹性较好，但强度稍差	
鹿皮革		鹿皮的毛孔粗大稠密，皮面粗糙，斑疤较多	不适于做正面革，其反面绒革质量上乘，皮质厚实，坚韧耐磨，绒面细密，柔软光洁，透气性和吸水性较好	服装、鞋、帽、手套、背包
蛇皮革		蛇皮的表面有明显的易于辨认的花纹，脊色深，腹色浅	粒面致密轻薄，弹性好，柔软，耐拉折	服装的镶拼及箱包等

二、人造革

人造革有人造革与合成革两大类。

人造革是一种外观、手感似革并可部分代替其使用的塑料制品，通常以织物为底布，涂覆合成树脂（添加各种塑料添加剂）制造而成；合成革是模仿天然皮革的物理结构和使用性能，以浸渍硼的非织造布为网状层，微孔聚氨酯层作为粒面层，其正、反面外观都与天然皮革十分相似，并且有一定的透气性。因此，合成革比普通人造革更接近天然皮革。

合成革的性能优于人造革，这是由其结构所决定的。图 9-5 分别为天然皮革、合成革和人造革的断面结构。

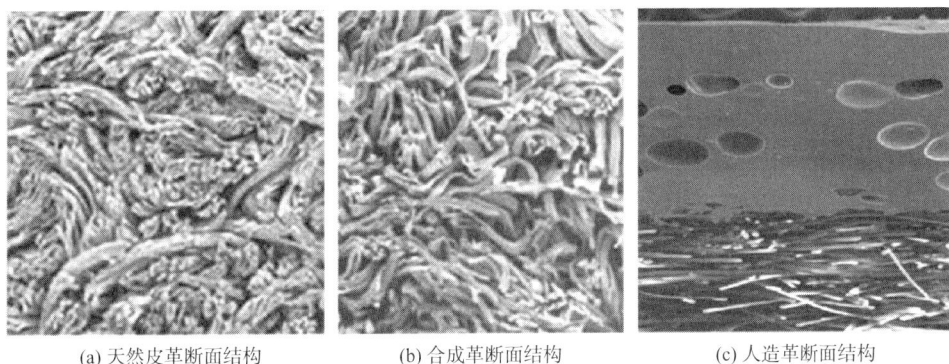

(a) 天然皮革断面结构　　　　(b) 合成革断面结构　　　　(c) 人造革断面结构

图 9-5　各类革断面结构

天然皮革的真皮层主要是胶原纤维束，这些纤维束相互穿插编织，组成立体网状结构，因此天然皮革具有很好的弹性和透气性；合成革所用非织造布网状层具有类似的构造，特别是采用超细纤维之后，仿真度更高；而人造革所涂覆的合成树脂具有像"果冻"一样的结构，尽管涂覆层内会有一些气泡，但是其透气性无法与合成革相比。

第三节　毛皮与皮革鉴别及质量评价

一、皮革的质量评定

皮革的优劣和适用性如何，这对于皮革服装的选料、用料与缝制关系重大。皮革的质量是由其外观质量和内在质量综合评定的。

1. 外观质量

皮革的外观质量主要是依靠感官检验，包括以下几方面。

（1）身骨。身骨指皮革整体挺括的程度。手感丰满并有弹性者称为身骨丰满；手感空松、枯燥者称为身骨干瘪。

（2）软硬度。软硬度指皮革软硬的程度。服装革以手感柔韧、不板硬为好。

（3）粒面细度。粒面细度指加工后皮革粒面细致光亮的程度。在不降低皮革服用性能的条件下，粒面细则质量好。

（4）皮面残疵及皮板缺陷。指由于外伤或加工不当引起的革面病灶。

2. 内在质量

皮革的内在质量主要取决于其化学、物理性能指标。有含水量、含油量、含铬量、酸碱值、抗张强度、伸长率、撕裂强度、缝裂强度、崩裂力、透气性、耐磨性等。

通常对皮质的选择和使用要求是：质地柔软而有弹性，保暖性强，具有一定的强度，吸湿透气性和化学稳定性好，穿着舒适，美观耐用，染色牢度好，光面服装革要求光洁细致，绒面革则要求革面有短密而均匀的绒毛。

二、毛皮的质量评定

毛皮的质量优劣取决于原料皮的天然性质和加工方法，即使同一种类的毛皮，也由于捕获季节、生存环境、性别和年龄的差异，使毛皮的质量有所不同。毛皮的质量和性能可从以下几方面来衡量。

1. 毛被的疏密度

毛皮的御寒能力、耐磨性和外观质量都取决于毛被的疏密度，即毛皮单位面积上毛的数量和毛的细度。毛密绒足的毛皮价值高而名贵。一般动物毛都是冬季产的毛皮质量好，峰尖柔、底绒足、皮板壮，发育最好的是耐寒的脊背和两肋处的被毛。

2. 毛被的颜色和色调

毛皮的颜色决定了毛皮的价值。野生毛皮动物可根据毛被的天然花色来区别毛皮的种类。同一动物的毛被往往有不同的色调，毛皮的中脊部位色泽较深，花纹明显，由脊部向两肋，颜色逐渐变浅，腹部最浅。

在毛皮生产中经常采用低级毛皮来仿制高级毛皮，其毛被的花色及光泽越接近天然色调，毛皮的价值就越高。

3. 毛的长度

毛的长度指被毛的平均伸直长度，它决定了毛被的高度和毛皮的御寒能力，毛长绒足的毛皮防寒效果最好。毛皮服装的生产中常根据毛皮使用的部位及功能，确定所要求的毛被长度，选择合适的品种。因而在毛皮生产中适当地控制毛被生长（控制剪毛时间、捕获季节等），可以使毛皮获得更多的用途。表9-3列举了几种毛皮的被毛长度。

表9-3 几种毛皮的被毛长度

品种	细羊毛	哈萨羊	蒙古羊	灰鼠	狐	水貂	麝鼠	猫	兔
长度/mm	65~70	121	92~125	12~15	40~70	10~28	绒10~15 针20~25	20~30	25~35

4. 毛被的光泽

毛被的光泽取决于毛的鳞片层的构造、针毛的质量以及皮脂腺分泌物的油润程度。一般来说，栖息在水中的毛皮兽毛绒细密，光泽油润；栖息在山中的毛皮兽毛厚、针亮、板壮。混养家畜的毛皮则受污、含杂较多，毛显粗糙，光泽较差。

5. 毛被的弹性

毛被的弹性由原料皮毛的弹性和加工方法决定。弹性差的毛被经压缩或折叠后，被弯曲的毛被要很长时间才能复原，甚至不能完全恢复，这就会使毛皮表面毛向不一，影响外观。毛的弹性越大，弯曲变形后的恢复能力越好，毛蓬松而不易成毡。一般来说，有髓毛的弹性比无髓毛的弹性大，秋季毛的弹性比春季毛的弹性大。

6. 毛被的柔软度

毛被的柔软度取决于毛的长度、细度，以及有髓毛与无髓毛的数量之比。

被毛细而长，则毛被柔软如绵，如细毛羊皮、安哥拉兔皮；短绒发育好的毛被光润柔软，如貂皮、扫雪皮；粗毛数量多的毛被半柔软，如猾子皮；一般成年动物的毛皮被毛丰满柔软，老年动物的毛被退化变脆。服装用的毛皮以毛被柔软者为上乘。

7. 毛被的成毡性

毛被的成毡现象是毛在外力作用下散乱地纠缠的结果。由于毛干鳞片层的存在，容易使毛在外力作用下沿鳞片外端方向移动，同时，毛的鳞片相互交叉、勾连，紧密粘连，而毛所具有的较大的拉伸变形和横向变形能力，又会使毛在外力作用下产生显著的纵向变形。因而毛皮在生产和穿用过程中，在压缩与除压、正向与反向摩擦等外力的不断作用下，会产生毛的倒伏和杂乱纠缠。毛细而长，天然卷曲强的毛被成毡性强。在加工中注意毛皮的保养，防止或减少成毡性，有益于提高毛皮的质量。

8. 皮板的厚度

皮板的厚度决定毛皮的强度、御寒能力和重量，皮板的厚度依毛皮动物的种类而异。

皮板的厚度随动物年龄的增加而增加。雄性动物皮常比雌性动物皮厚，各类动物毛皮的脊背部和臀部最厚，而两肋和颈部较薄，腋部最薄。皮板厚的毛皮强度高，重量大，御寒能力强。

9. 毛被和皮板结合强度

毛被和皮板结合的强度由皮板强度、毛与板的结合牢度、毛的断裂强度决定。

皮板的强度取决于皮板厚度、胶原纤维的组织特性和紧密性，脂肪层和乳头层的厚薄等因素。用绵羊皮和山羊皮来比较，绵羊皮毛被稠密，表皮薄，胶原纤维束细，组织不紧密，主要呈平行和波浪形组织，而其乳头层又相当厚，占皮厚的 40%～70%，其中毛囊、汗腺、脂肪细胞等相当多，它们的存在造成了乳头层松软以至和网状层分离，所以绵羊皮板的抗张强度较低。而山羊皮板的乳头层夹杂物少，松软性小，网状层的组织比绵羊皮紧密，纤维束粗壮结实，因而皮板强度高。

在毛皮的生产加工过程中，由于处理不当还容易造成毛皮成品的种种缺陷，影响毛皮的外观、性能及使用，使毛皮质量下降。在挑选毛皮和鉴定质量时应注意：毛皮是否掉毛、钩毛、毛被枯燥、发黏、皮板僵硬、贴板、糟板、缩板、反盐、裂面等。

三、皮革的质量检验

皮革的质量检验方法一般有观感鉴定法、穿用试验法、实验室法三种。

1. 观感鉴定法

观感鉴定法是指通过手摸、眼看、弯曲、拉伸等手段从成革的外观来鉴定革的质量的方法。一般可从以下三个方面入手。

（1）手感要丰满。如果加工过程中皮纤维分散适度，没遭受过多损失，皮纤维将会保持一定的空间构形和良好的弹性。因此，优质的服装皮革丰满柔软而有弹性，将皮革攥在手中再放手后，会自然松散开，而且基本不留皱褶。手摸皮面感到平整舒展而滑爽，没有油腻感。衣服各部分皮革厚薄均匀，穿着舒适、平伏、挺括，不板硬或绵软。

（2）不要有松面。松面是指皮革的粒面层纤维空松，密度降低，弹性变差。检验时可将皮革的粒面向内弯曲90°，粒面上就会出现较大皱纹，放平后，皱纹不能完全消失即为松面。

（3）是否脱色。选择皮衣次要部位，如衣领后面、衣服里面或衣襟部位，用脱脂棉沾上净水用手挤干，在皮衣上选定一条10cm长的部位，用脱脂棉在上面来回擦20次，观察脱脂棉是否沾上颜色，如果沾的颜色较重，变黑或为深灰色，则是不合格品。

此外，对于皮衣的检查还包括做工检查：前身应门襟平直，左右对称，纽扣位置端正；衣袖长短一致，袖窿同顺，袖里不扭歪；后身拼接处平伏；皮革服饰止口要均匀、宽窄一致；拼缝要求平整、顺立、无折皱，有归缩的地方要适当；主标、尺码、洗涤标装订时位置要符合工艺要求且与型号一致，要端正美观并无脱落现象；服饰上的配件要牢度好，无残缺；前中下要自然挺直，不搅不豁，门襟长短一致，拉链顺畅，露牙的要整齐均匀，暗拉链的不得外露，拉好止口不能重叠。

皮衣辅料检查：皮衣寿命很长，故对皮衣辅料质地要求也很高，拉链、扣子一般都是铜质优等品，皮衣衬里多采用优质丝绸制作。

按以上方法鉴定皮革的品质，完全是凭检验人员的经验，没有明确的标准，这样就会有一定程度的主观性，结果不十分可靠，但目前在无更好的方法代替它的情况下，国内仍普遍采用，一般应与其他科学方法配合才能更全面地评定皮革的品质。

2. 穿用试验法

将要鉴定的皮革制版成品后，实际穿着使用。在使用过程中，通过与标准样品相对照，从革的变化情况来判定制品的适用性及使用情况、损坏情况，鉴定其坚牢度。穿用时间越长，革的品质就越好，这是直接证明革的质量的最可靠的方法。穿用试验花费时间长，物资消耗也很多，费用支出较大，同时还需要穿着人的配合，所以不能经常采用。只有在特殊情况下，如在评定新产品的质量或制造方法有重大的改变，用其他方法不能确定其质量时，才进行穿用试验。

3. 实验室法

该法比较复杂，但最具有说服力。因为此法能提供科学的数据，并与各种标准如国家标准、行业标准、厂级标准等对照后给出成革的确切情况。将被检定的革用手工切片法或在切片机上切成薄片，在显微镜下对其组织结构进行观察，能对革的质量做出有价值的鉴定。从纤维束编织的规则性、纤维组织的明晰度，可说明生产过程是否正常和原料皮的结构特征。

从纤维束的交织角、弯曲度、紧密性可以确定其物理性能。因此，显微结构分析对于正确评估成品的质量具有重要的作用。成革及毛皮试样的显微分析可以采用光学显微镜放大十倍至数百倍进行观察。如果要进一步研究皮组织的超微结构，则必须借助于电子显微镜即透射电子显微镜或扫描电子显微镜进行观察。

第十章　服装辅料

本章课件

构成服装的材料，除面料外均为辅料。辅料的种类很多，如服装的里料、衬垫材料、絮填材料、缝纫线、纽扣、拉链、花边、绳带、商标、示明牌（钉在服装上的说明牌）以及珠片等。

服装辅料虽然在服装中处于"辅助"地位，但却是服装必不可少的组成部分。它不但决定着服装的色彩、造型、手感、风格，而且影响着服装的加工性能、服用性能和价格。

随着人们对服装品质和审美要求的日益提高，面辅料配伍的要求越来越高。服装辅料的种类很多，性能各异，了解辅料的有关知识，正确掌握和选用辅料，根据服装的种类、着衣环境、款式造型、质量档次、使用保养方法以及面料的色彩和性能等，在外观、性能、质量和价格等方面与之配伍，是服装设计和生产中不可忽视的问题，也是服装工作者所必备的专业基础素质。

构成服装辅料的基本材料是丰富且复杂的，主要包括纤维、皮革、泡沫塑料、金属及其他制品，纤维制品是当前辅料的主要材料。根据辅料的基本功能和在服装中的使用部位，服装辅料则主要包括衬料、垫料、里料、填料、线类材料和紧扣材料等。

第一节　衬料及垫料

衬料是用于面料和里料之间起定型、补强和保形等作用的材料。垫料则是指为了保证服装造型要求并修饰人体体形的材料。两者作为服装的骨骼和支撑，可满足服装对造型和结构等方面的要求。

一、衬料使用的部位和作用

服装衬料即衬布，是在面料和里料之间的材料，对服装有平挺、造型、加固、保暖、稳定结构和便于加工等作用。服装衬料可以提升服装的穿着舒适性，提高服装的服用性能和使用寿命，改善加工性能。

服装用衬的主要部位包括衣领、驳头、前衣片的止口、挂面、胸部、肩部、袖窿、绱袖袖山部、袖口、下摆及摆衩，衣裤的口袋盖及袋口，裤腰和裤门襟，有时整个前衣片都用衬料。用衬的部位不同，其目的、作用和用衬的种类也不相同。一般来说，衬的作用有下述几个方面。

1. 使服装获得满意的造型

在不影响面料手感、风格的前提下，借助衬的硬挺和弹性，可使服装平挺或达到预期的造型。如对于需要竖起的立领，可用衬来达到竖立而平挺的作用；西装的胸衬，可令胸部更加饱满；肩袖部用衬会使服装造型更加立体，并使袖山更为饱满圆顺。

2. 提高服装的抗皱能力和强度

衣领和驳头部位用衬，以及门襟和前身用衬，可使服装平挺而抗折皱，这对薄型面料服装更为重要。用衬后的服装，因多了一层衬的保护和固定，使面料（特别在省道和接缝处）不致被过度拉伸和磨损，从而使服装更为耐穿。

3. 使服装折边清晰、平直而美观

在服装的折边处如止口、袖口及袖口衩、下摆边及下摆衩等处用衬，可使折线更加笔直而分明，服装更显得美观。

4. 保持服装结构形状和尺寸的稳定

剪裁好的衣片中有些形状弯曲、丝缕倾斜的部位，如领窝、袖窿等，在使用牵条衬后，可保证服装结构和尺寸稳定；也有些部位在穿着中易受力拉伸而变形，如袋口、纽门襟等，用衬后可使其不易拉伸变形，服装形态稳定美观。

5. 改善服装的加工性

薄型而柔软的丝绸和单面薄型针织物等，在缝纫过程中，因不易握持而使加工困难，用衬后即可改善缝纫过程中的可握持性。另外，如在上述轻薄柔软的面料上绣花时，因其加工难度大且绣出的花形极不平整甚至会变形，用衬后（一般是用纸衬或水溶性衬）即可解决这一问题。

二、衬料的种类与性能特点

（一）衬料的分类

衬料的分类方法很多，以使用原料、方式、部位、底布构造、厚薄和重量等为依据，大致有以下几种分类，见表10-1。

表10-1　常用衬料的分类

分类方法	类别
按使用原料分	棉衬、毛衬（黑炭衬、马尾衬）、化学衬（化学硬领衬、树脂衬、黏合衬）和纸衬等
按使用对象分	衬衣衬、外衣衬、裘皮衬、鞋靴衬、丝绸衬和绣花衬等
按使用方式和部位分	衣衬、胸衬、领衬和领底呢、腰衬、折边衬和牵条衬等
按厚薄和重量分	厚重型衬（160g/m² 以上）、中型衬（80~160g/m²）与轻薄型衬（80g/m² 以下）
按加工和使用方式分	黏合衬、非黏合衬
按底布（基布）分	机织布衬、针织布衬和非织造布衬
按基布种类及加工方式分	棉麻衬、马尾衬、黑炭衬、树脂衬、黏合衬、腰衬、领带衬、非织造布衬

（二）各类原料衬特点

由于各类衬料使用的原材料、结构和加工方法有所不同，其性能、特点及适用性也不同，见表10-2。

表 10-2　各种原料衬的特点

名称	特点	适用范围
棉衬	采用中、低支平纹本白棉布，不加浆剂处理，手感柔软	各类传统加工方法的服装，特别适用于挂面、裤腰等部位
麻衬	用纯麻、麻混纺平纹布制成或纯棉粗平纹布涂树脂胶仿制而成，有较好的硬挺度和弹性	以麻为原料的麻衬是高档服装用衬，而仿麻衬是西装、大衣的主要用衬
黑炭衬	以棉或棉混纺纱线作经，牦牛毛或山羊毛与棉或人造棉的混纺纱线作纬而织成的平纹布，纬向弹性好	高档服装的胸衬
马尾衬	棉或棉混纺纱作经，马尾鬃作纬，手工织成。弹性很好，但幅宽很小，产量少	高档服装用衬
树脂衬	在纯棉或涤/棉平纹布上浸轧树脂胶而制成。有较好的硬挺度和弹性，但手感板硬	主要用于衬衣领衬或特殊需要的部位，目前多被黏合衬所取代
纸衬	有麻纸衬等，质感柔韧，起防止面料磨损和使折边丰厚平直的作用	目前已逐步被非织造衬所取代，但仍在轻薄和尺寸不稳定的针织面料的绣花部位上使用，以保证花型的准确

（三）不同部位用衬特点

1. 腰衬

腰衬是用于裤腰和裙腰的衬布，主要起硬挺、保形、防滑和装饰的作用。如图 10-1 所示，是一种防滑腰衬的示意图。用涤纶长丝或涤/棉混纺纱线，按不同的宽度（腰高）织成带状腰衬，该腰衬有较大的刚度与弹性，以保证裤腰（裙腰）不皱并富有弹性。在腰衬上织有凸起的橡胶织纹，以增大其摩擦力，而这些露于腰里外的橡胶织纹，能使置于裤腰或裙腰内的衬衣不易滑出。也有以商标或其他标志带来代替摩擦凸纹带的，这样腰衬还可起到装饰和宣传品牌的作用。目前常用的腰衬是将树脂衬上涂乙烯—醋酸乙烯热熔胶，制成暂时性黏合树脂衬，然后用切割机裁成 2.4~4.0cm 的条状。最后用熨斗将腰衬与腰面压烫黏合即可。

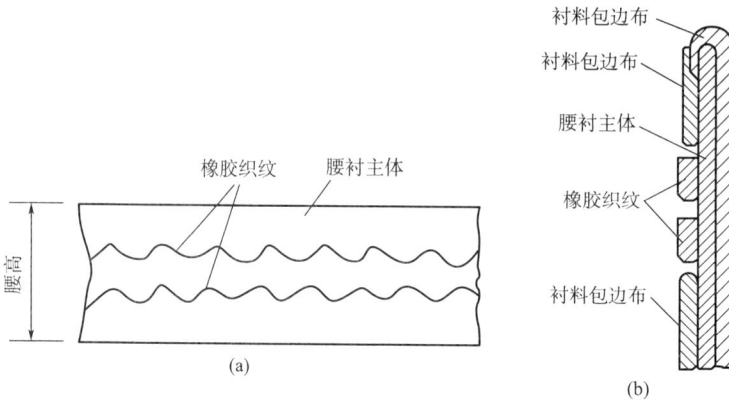

图 10-1　腰衬

2. 牵条衬

牵条衬又称嵌条衬。服装上的易变形部位，在制作和使用过程中，因受力变形而影响服装的质量。因此，在手工缝制服装时，常在袖窿、领窝等易变形部位添缝一条布带加以牵制和固定。黏合牵条衬已广泛用于中高档毛料服装、丝绸服装和裘皮服装的止口、下摆、门襟、袖窿、驳头和接缝等部位，起到了牵制、加固补强、防止脱散和折边清晰的作用。

牵条衬的品种已日益增多，除机织牵条衬和非织造牵条衬外，还有用热熔纤维制成的热熔牵条衬，它对双面黏合及薄型面料能起到折边清晰的良好效果。牵条的宽度有 1cm、1.5cm、2cm、3cm 等多种规格。机织牵条衬还有直条和斜条之分，斜牵条有 30°、45°、60° 等规格，其经归拔工艺后的效果也不同。

3. 领带衬

领带衬是由羊毛、化学纤维、棉等纤维纯纺、混纺或交织成布，再经后整理而制成，用于领带内层，起造型、保形、补强等作用（表 10-3）。

领带衬要求具有以下的质量性能。

（1）具有厚实感。和服装衬一样，领带衬是领带的骨骼，可赋予领带厚实、丰满的感觉。其重量一般在 $350 \sim 550 \mathrm{g/m^2}$。

（2）手感柔软。领带衬虽然较厚重，但不能板硬。为获得良好手感，除需有一定的含毛量外（特别是高档领带），还需单面或双面起毛加工。

（3）富有弹性。为了保证领带的造型和保形，需用羊毛、腈纶和涤纶织造，并经树脂整理，使衬布获得好的弹性。

（4）耐洗性能良好。为保证领带在使用后不变形，领带衬需耐干洗和水洗，并且洗后不收缩、不变形。经纬向水洗缩率不大于 2%。

领带衬其经纬纱线均为股线，织物组织为平纹。20 世纪 90 年代以来，我国虽然开发了领带衬，但主要是纯棉和黏胶纤维等的中低档产品，而高档领带所需要的纯毛领带衬则还需依靠进口。

表 10-3　领带衬的原料和单位重量

类别	纤维组分/%	幅宽/cm	重量/（g/m²）
纯毛	毛 100	150	505
毛/腈混纺	毛/腈 80/20	150	480
毛/涤/腈混纺	毛/涤/腈 60/20/20	150	450
涤/毛/腈混纺	涤/毛/腈 50/30/20	150	515
涤/黏/毛混纺	涤/黏/毛 40/35/25	150	460
黏/毛混纺	黏/毛 70/30	150	425
涤/腈混纺	涤/腈 65/35	90	400
涤/棉混纺	涤/棉 65/35	90	250
纯棉	棉 100	90	350

4. 领底呢

领底呢又称底领呢，是高档西服的领底材料，一般由 50%～100% 的羊毛和黏胶纤维组成，纤维经染色并针刺成呢后加以化学定形整理而成。有的还有锦纶长丝制成的网状夹层。领底呢的刚度与弹性极佳，可使西服领平挺、富有弹性而不变形。领底呢有各种厚薄与颜色，使用时应与面料谐调配伍。

（四）热熔黏合衬

热熔黏合衬简称黏合衬，是将热熔胶涂于底布（基布）上制成的衬。它起源于欧洲，1952 年英国人坦纳（K. Tanner）以聚乙烯为原料，以撒粉的方法涂在织物上制成黏合衬布。由于使用时不需缝制加工，而是以熨烫工艺使黏合衬与面料（或里料）黏合，不仅简化了工艺，而且使服装成品挺括、轻盈、美观而富有弹性，因此，黏合衬被作为现代服装生产的主要衬料。

热熔黏合衬

黏合衬通常按底布种类、热熔胶种类以及用途分类。

1. 不同底布的黏合衬

黏合衬按底布种类可分为机织黏合衬、针织黏合衬和非织造黏合衬等，所占比例约为：机织物 30%，针织物 10%，非织造布 60%。不同底布黏合衬的特点见表 10-4。

表 10-4　不同底布黏合衬的特点

类别	特点
机织黏合衬	常用纯棉或棉与化纤混纺的平纹机织物，经纬密度相近，各方向受力稳定性和抗皱性较好，价格较高。多用于中、高档服装
针织黏合衬	分为经编衬和纬编衬。经编衬大多采用涤纶或锦纶长丝经编针织物和以纯棉或黏胶纤维为衬纬纱的衬经编针织物。其性能类似于机织黏合衬，有较好的弹性和尺寸稳定性，多用于针织和弹性服装。纬编衬采用锦纶长丝纬编针织物涂热熔胶而制成，弹性较好，多用于薄型女装
非织造黏合衬	常用原料有黏胶纤维、涤纶、锦纶、腈纶和丙纶等，以涤纶和涤纶混合纤维为多。黏胶纤维非织造衬价格低，但强度较差；涤纶非织造衬手感较柔软，锦纶非织造衬有较大的弹性

2. 不同热熔胶黏合衬

黏合衬按热熔胶的种类可分为聚乙烯（PE）热熔胶黏合衬（包括高密度聚乙烯衬和低密度聚乙烯衬）、聚酰胺（PA）热熔胶黏合衬、聚酯（PET 或 PES）热熔胶黏合衬、乙烯醋酸乙烯（EVA）及其改性（EVAL）热熔胶黏合衬、聚氯乙烯（PVC）热熔胶黏合衬等。

一般来说，用于黏合衬的热熔胶要求有较低的熔融温度和好的黏合能力，以便不损伤面料并有较高的黏合牢度。不同热熔胶黏合衬的性能及应用见表 10-5。

表 10-5　不同热熔胶黏合衬的性能及应用

热熔胶种类	熔点范围/℃	耐洗涤性		抗老化性	熔点指数/(g/10min)	用途
		水洗	干洗			
聚酰胺	90～130	尚可	优良	好	15～60	应用广泛，包括经有机硅树脂整理的面料
高密度聚乙烯	125～136	优良	尚可	好	8～20	经常高温水洗而很少干洗的服装
低密度聚乙烯	100～120	尚可	差	好	70～200	暂时性黏合，常用于衬衣领衬
聚酯	115～125	较好	较好	好	18～30	经常洗涤的服装
乙烯—醋酸乙烯	70～90	差	差	好	70～150	暂时性黏合，特别适用于裘皮服装
皂化乙烯—醋酸乙烯	100～120	优良	尚可	好	60～80	用于裘皮、鞋帽和装饰用衬以及对热敏感的织物用衬
聚氯乙烯	100～120	较好	尚可	略差	—	防雨服

注　熔融指数越高，说明热熔胶的热流动性越好，有利于热熔胶对织物的浸润和扩散。但指数过高，则会产生热熔胶渗透织物的现象。熔点低的热熔胶，可在较低的温度下黏合，不会损伤衣料并减少起镜面、收缩和变色。

3. 不同用途的黏合衬

不同类型服装以及服装的不同部位对黏合衬的要求不尽相同。服装生产中，通常根据黏合衬对不同服装类型的适应情况，将其分为衬衫衬、外衣衬、便服衬和裤裙衬等；根据黏合衬对服装不同部位的适应情况，将其分为主衬、加强衬、嵌条衬和双面衬等（表10-6）。

表 10-6　不同用途黏合衬及其特点

服装类别		用衬部位	用衬类别	黏合类型
外衣	西服、套装、夹克、职业装、大衣等	前身、挂面、领内贴边、后身	主衬	永久性黏合
		袋口、袋盖、腰、领口、门襟、袖口、贴边、袖窿、止口	补强衬、嵌条衬、双面衬	永久性黏合、暂时性黏合
裤、裙	裤子、裙子	袋口、腰、里襟、小件	补强衬、嵌条衬	暂时性黏合
衬衫	男女衬衫	翻领、领座、门襟、袖口	主衬、补强衬	永久性黏合
便服	工作服、运动衫、宽松衫	领、门襟、袖口、袋口	补强衬	暂时性黏合

4. 黏合衬质量评定

黏合衬的质量直接影响服装质量和使用价值。黏合衬质量评定主要包括其内在质量（如剥离强度、水洗和熨烫后的尺寸变化、水洗和干洗后的外观变化、吸氯泛黄和耐洗色牢度等）和外在质量（如布面疵点等），具体要点如下。

（1）与不同面料的黏合应达到一定的剥离强度，在使用期限内不脱胶。

（2）能在适宜的温度下与面料压烫黏合。

（3）经压烫后，不会影响织物手感或损伤面料，色泽无变化。

（4）耐水洗和干洗。

（5）水洗缩率和压烫热收缩率要小，经水洗和热压黏合后具有较好的保形性。

（6）压烫后，面料和衬布的表面无渗胶现象，并保持较好的手感、弹性与硬挺度。

（7）较好的随动性和弹性，能适应服装各部位软、中、硬不同手感的要求。

（8）良好的可加工性，裁剪时不沾污刀片，衣片切边不粘连，缝纫时机针滑动自如，不沾污机针针眼。

（9）良好的抗老化性能，在储存期内黏合强度不变，无老化泛黄现象。

三、衬料的选择

衬料的品种多样，性能各异，选用衬料时应根据下列因素。

1. 服装的类别与用衬的部位

现代的衬料已有很强的针对性和专用性，如用于西服前身的组合衬以及领底呢、袖山衬、腰衬等，还有专用于裘皮服装的裘皮衬，上衣下摆和裤脚不需缲边的粘边带。牵条衬在衣片弯曲和需归拔处不宜用直裁牵条而用斜裁的牵条。上衣胸部位置要用较厚而弹性好的衬，而止口中下部应用较软的衬等，说明现代衬料都有一定的专用性。

以机织黏合衬为例，机织黏合衬如同机织衬一样，具有方向性，对于服装不同部位的不同要求，其裁剪方向是不同的。

2. 服装面料的特性

衬料与面料的配伍，是选衬的主要依据。衬料与面料的颜色应相近，目前国产的衬料有漂白、本白、灰和黑色等，特别对薄而透的面料更应注意，以免在服装表面露衬。

为了用衬后不影响面料的手感、风格和悬垂性，要注意用衬的厚薄、重量和柔软程度。对丝绸服装要用轻柔的丝绸衬，而对针织面料和弹性面料，应使用伸缩性好的针织衬。对涤纶绸则须用涤纶衬才能保证黏合质量。对不耐高温的面料（如丙纶面料），则应选择熔点和胶黏温度低的黏合衬。而有些面料，如起绒织物，经过防油、防水整理的面料，以及热缩性很高的面料等，由于它们对热和压力较敏感，就应选择非黏合衬。

3. 服装设计与造型

衬料的选用不当会影响服装的造型，而有些服装的造型常用衬料来塑造，如高档的袖子、宽大而竖立的领子等，特别是舞台服装更是如此。服装设计的效果应考虑以衬来辅助完成。

4. 服装的使用和保养

服装的材料要适应着衣环境与使用保养方法。常接触水或需经常水洗的服装（如衬衫），就应选择耐水洗的衬料，而毛料外衣等需干洗的服装，应选择耐干洗的衬料。同时应考虑到服装洗涤及以后的熨烫时，衬与服装面料在尺寸稳定性方面的配伍。

5. 价格与成本

服装材料的价格直接影响服装成本，因此，在达到服装质量要求的条件下，人们一般乐意选择价格低的衬料。但是，如果价格稍贵的衬料能够降低劳动强度、提高质量和工效，则应综合考虑后加以采用。

6. 制衣生产设备条件

在没有黏烫设备而靠手熨斗压烫时，如使用胶黏温度高的衬（如 PES 衬），很难达到预期黏合效果。而使用专用黏烫设备时，在选择黏合方式与衬料时，还要考虑黏烫设备的幅宽、加热形式以及黏合衬粉点分布等条件。黏合衬粉点分布如图 10-2 所示。

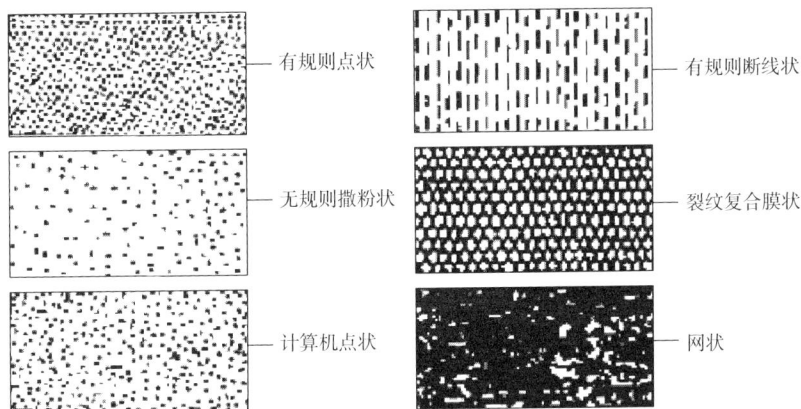

图 10-2　不同黏合衬粉点分布

四、垫料

垫料是用来保证服装的造型和修饰人体体形的不足。就其在服装上使用的部位不同，垫料有肩垫（垫肩）、胸垫（胸绒）、袖山垫及其他特殊用垫等。其中肩垫和胸垫是服装用主要的垫料。

（一）肩垫

不同的服装面料和款式造型，对肩垫的形状、厚薄和大小的要求也不相同。肩垫的形状也受着服装潮流的影响。一般来说，肩垫大致可分为三类。

1. 针刺肩垫

以棉、腈纶或涤纶为原料，用针刺的方法制成的肩垫。也有中间夹黑炭衬，再用针刺方法制成复合的肩垫。这种肩垫弹性和保形性更好，多用于西服、军服、大衣等服装上。

2. 热定型肩垫

用涤纶喷胶棉、海绵、EVA 粉末等材料，利用模具通过加热使之复合定型制成的肩垫。这种肩垫多用于风衣、夹克衫和女套装等服装上。不同的模具形状可制成不同形状的肩垫。

3. 海绵及泡沫塑料肩垫

这种肩垫可以通过切削或用模具注塑而成。其制作方便，价格便宜，但耐洗涤性较差，在包覆针织物后用于一般的女装、女衬衫和羊毛衫上。

不同的服装肩部造型，可选用不同形状（平齐形或圆形）的肩垫，厚重的秋冬服装选用较大的肩垫，而轻薄面料的夏季服装宜用较小的肩垫。

肩垫可以是固定在服装上（不可任意卸下），也可以做成活络垫肩，可以用尼龙搭扣、揿纽或无形拉链装于服装肩部，以便随时取下或置换。

（二）胸垫

胸垫也称胸绒、奶胸衬，主要用于西服和大衣等服装前胸夹里内，以保证服装的立体感和胸部的饱满。在传统的服装缝制工艺中，用棉垫或毛、麻机织衬布，经复合缝制整烫成为立体的胸垫（衬）。20世纪80年代以后，利用针刺技术，将涤纶、黏胶纤维等制成圆形且中间厚、周围薄的胸垫。近年来更是将胸垫、黑炭衬、牵条衬等制成复合的胸衬，广泛用于西服加工中。

第二节　里料及絮填材料

里料是辅料的大类，它主要是天然纤维、化学纤维或者混纺、交织的织物，它在服装中起着十分重要的作用，有时也受流行趋势的影响。一般中高档服装或外衣类服装都需用里料。应用里料的服装大多可以提高其服装的档次和增加附加值。

一、服装里料的作用与种类

（一）里料的作用

1. 保护

有里料的服装可以防止汗渍浸入面料，减少人体或内衣与面料的直接摩擦，尤其是呢绒和毛皮服装能防止面料（反面）因摩擦而起毛，延长面料的使用寿命；对易伸长的面料来说，可以限制服装的伸长，并减少服装的褶裥和起皱。

2. 装饰遮掩

服装的里料可以遮盖不应外露的毛边、衬布等，使服装整体更加美观，更具有较好的保形性。对于薄透的面料，里子的遮掩作用十分重要。此外，带有絮料的服装，里料可以作为填充絮料的包层布而不致使其裸露在外。

3. 衬托

里料的应用还可以使服装具有挺括感和整体感，特别是面料较轻薄柔软的服装，可以通过里料来达到坚实、平整的效果，增加立体感，因此里料具有一定的衬托作用。

4. 美观和穿脱方便

由于大多数里料光滑柔软，穿着舒适，光滑的衣里在穿脱服装时可起到顺滑作用，特别是使面料较为粗涩的服装易于穿脱；而带光滑里料的服装，人体活动时也不会因摩擦而随之扭动，可保持服装挺括的自然形态。

5. 增加保暖性

带里料的服装可增加其厚度，对春、秋、冬季服装能增加一定的保暖性和防风性。

（二）里料的种类

1. 制作工艺

按工艺分，里料有活里与死里，半里与全里等。活里加工制作比较麻烦，但拆洗方便，对某些不宜洗涤的面料或服装，如缎类、锦类、冬季的大衣或羽绒服等，最好用活里；死里加工工艺简单，但洗涤时与面料一起洗，会影响面料的使用寿命及服装的造型；半里是对经常摩擦的部位配有里子，比较经济，适于夏季服装或中低档的服装；全里是服装内层配有完整里子，加工成本较高，通常用于秋冬季服装或中高档服装。

2. 使用材料

按材料分，主要有化学纤维里料、天然纤维里料与混纺或交织里料三类，见表10-7，其中化学纤维里料占所有里料的绝大部分。

表10-7　常见服装里料的种类、特性及用途

类别	原料	特性	常用品种	用途
合成纤维里料	以涤纶、锦纶丝为主	涤纶与锦纶长丝里料是服装中最常用的里料。光滑、轻便、结实、耐用、不缩水，由于吸水性差，易产生静电，舒适性差，故秋冬季中高档服装合纤里料多进行抗静电整理	涤丝纺、尼丝（锦纶丝）纺、塔夫绸、斜纹绸、经编网眼布等	大量应用于大衣、西服、风雨衣、羽绒服、夹克等各类服装，多用于外衣，特别是男装，不宜用作夏季服装里料；网眼布多用于运动服
再生纤维里料	黏胶、铜氨丝	柔软光滑、色相丰富、色牢度好，吸湿透气，无静电现象，但由于湿强力低，缩水率大，不宜用于经常水洗的服装，而且需充分考虑里料的预缩及裁剪余量；因纤维光滑，裁口边缘易脱散。铜氨丝里料具有与黏胶纤维里料相似的优点，但比其光泽更加饱满、柔软如丝	黏胶丝软缎、美丽绸、黏胶丝纺	中高档服装普遍采用的里料，多用于夏季服装里料
再生纤维里料	黏胶、铜氨丝	柔软光滑、色相丰富、色牢度好，吸湿透气，无静电现象，但由于湿强力低，缩水率大，不宜用于经常水洗的服装，而且需充分考虑里料的预缩及裁剪余量；因纤维光滑，裁口边缘易脱散。铜氨丝里料具有与黏胶纤维里料相似的优点，但比其光泽更加饱满、柔软如丝	铜氨丝平纹绸、斜纹绸	成本高，应用于中高档服装
再生纤维里料	醋纤	光滑、质轻而亮丽，易于热定型	醋纤平纹绸、斜纹绸	应用于中高档服装，特别是女装
天然纤维里料	丝	光滑、质轻、美观，而具有凉爽感，静电小，但不坚牢，价格高，由于织物软滑，加工制作困难	电力纺、斜纹绸	一般用于高档服装，如丝绸、纯毛服装。尤其适于夏季薄型毛料服装
天然纤维里料	棉	手感柔软，穿着舒适，吸湿透气，无静电，保暖性好，洗涤方便，且价格适中，缺点是不够光滑	绒布、平布、棉毛布	主要用于婴幼儿、儿童服装及中低档夹克、便服等
混纺或交织里料	涤纶、黏胶纤维、醋纤、棉等	兼具有两种原料的性能。如涤纶与黏胶丝交织、醋纤与黏胶丝交织、黏胶丝与棉纱交织、涤/棉混纺里料等，交织里料使不同材料的两个方向性能不同	羽纱、涤/黏斜纹绸	适用于各种服装

二、服装里料的选择

在为服装选配里料时，应注意以下四个方面。

（一）里料的质量应与服装的质量相配伍

里料应光滑、耐用，并有好的色牢度。易产生静电的面料，要选择易导电的里料与其相配伍。高档服装里料，应进行抗静电处理，否则服装里料在穿着中会起皱甚至缠身，以至于影响服装的平整和外观。一般而言，里料应较面料轻薄和柔软一些。夏季服装的里料要注意透气性和透湿性，而冬季服装的里料应侧重其保暖性。

（二）里料的性能应与面料的性能相配伍

里料的性能包括里料的缩率（缩水率、热缩率）、耐热性、耐洗涤性、强度以及重量等性能应与面料相似。对于特殊环境中穿着的功能服装，更要注意里料的功能性应与面料相配伍，如防火服、耐酸或耐碱服装等。此外，里料的防护性能与面料同等重要。

（三）里料的颜色应与面料的颜色相谐调

一般情况下，男装里料的颜色与面料相同，或在同类色中颜色稍浅。而女装里料的颜色也应与面料谐调，但与男装相比，变化可稍大一些。除此之外，里料的颜色可根据服用环境和服装种类而采用灵活多变的设计思路，例如，户外运动装可选用与面料相匹配的鲜艳的颜色。需要注意的是，通常里料的颜色不能深于面料，以免在因穿着过程中的摩擦和洗涤而使面料沾色。

（四）里料的价格是服装成本的重要组成部分

选配里料时，既要注意美观、实用，又要兼顾经济的原则，以降低服装总体成本，要注意确保里料与面料的质量、档次相匹配。

三、服装的絮填材料

服装面料和里料之间的填充材料即为服装填料。作用是赋予服装保暖性、保型性和功能性。常用的有棉絮、羽毛、驼绒等。近年来，随着化纤品种的发展，一些轻质、保暖的中空涤纶、腈纶棉及金属棉等也成为服装填料。

（一）服装絮填料的分类

服装填料从材质上分，大致可分为以下几类。

1. 纤维材料

（1）纯棉填料。棉纤维是天然纤维，蓬松柔软、价廉舒适。但棉花弹性差，受压后弹性和保暖性降低，水洗后难干，易变形，常用于婴幼、儿童服装及中低档服装。

（2）动物绒填料。羊毛和驼绒是高档的填料。保暖性好，但易毡结，所以如能混以部分化学纤维则更好。由羊毛或羊毛与化纤混纺制成的人造毛皮以及长毛绒，都是很好的高档保温絮填材料，由它们制成的防寒服装挺而不臃肿。

（3）化学絮填料。随着化学纤维的发展，用作服装填料的品种也日益增多。腈纶轻而保暖，腈纶棉被广泛用作絮填材料；中空涤纶的手感、弹性和保暖性均佳，中空棉也很流行；

以丙纶与中空涤纶或腈纶混合做成的絮片，经加热后丙纶会熔融并黏结周围的涤纶或腈纶，厚薄均匀，不脱散，水洗易干，加工方便。目前应用最广泛的化纤絮料当属喷胶棉，喷胶棉类产品是由三维中空纤维为主要原料加工而成，具有质轻、保暖、耐水洗等特点，广泛地用于床上用品、家居用品、服装的填料。根据原料和手感不同，喷胶棉类产品又可分为硬棉、普通胶棉、软棉、松棉、仿丝棉、针刺棉等。

2. 天然毛皮和羽绒

（1）天然毛皮。天然毛皮皮板密实挡风，而绒毛中又储有大量的空气，因而保暖性极佳。普通的中低档毛皮，仍是高档防寒服装的絮填材料。

（2）羽绒。羽绒主要是鸭绒，也有鹅绒、鸡绒等。羽绒的导热系数小，蓬松性好，是深受欢迎的絮填料。但羽绒应进行洗净、消毒处理，来源受限制，价格昂贵，另外对服装做工要求较高，以防羽绒毛梗外扎，所以羽绒只限于高档服装。

3. 混合絮填料

由于羽绒用量大，成本高，国外研究以50%的羽绒和50%的0.3～0.5旦细涤纶混合使用。这种使用方法如同在羽绒中加入"骨架"，可使其更加蓬松，保暖性好，而且造价低。也有70%的驼绒和30%的腈纶混合的絮料，兼顾两种纤维的特性，降低成本并提高了保暖性。

4. 功能性絮填料

随着科学技术的进步，服装填料不仅仅局限于传统的天然材料，各种新技术的发展使服装的保暖材料日益向着多功能复合性的方向发展，其特点是将天然纤维、合成纤维及功能纤维等不同纤维进行复合，吸取各类材料的特点以达到多功能的目的。目前最有代表性的材料是远红外棉复合絮，其原料远红外纤维是一种功能性纤维，能够发射特定波长的远红外线，与人体的吸收波长相匹配，渗入人体，产生温热作用，改善人体的血液循环，达到保暖乃至保健的目的。太空棉絮填料则是在织物上镀铝或其他金属镀膜，作为服装的絮填夹层，可以达到保暖和热防护的目的。

（二）各类絮片特点

絮片是一种由纺织纤维构成的蓬松柔软而富有弹性的片状材料，属非织造布类。它具有原材料丰富，规格参数容易控制，易裁剪、易缝制、易保养且物美价廉的特点。按照国家标准，目前常见的保暖絮片可分为热熔絮片、喷胶棉絮片、金属镀膜复合絮片、毛型复合絮片、远红外棉复合絮片等。由于材料和加工方法的不同，各类絮片的性能也有所不同（表10-8）。

表10-8　常用絮片的类别及构成特点

絮片种类	构成特点
热熔絮片	以涤纶为主，用热熔黏合工艺加工而成的絮片
喷胶棉絮片	以涤纶短纤维为主要原料，经梳理成网，对纤网喷洒液体黏合剂，再经热处理而成的絮片
金属镀膜复合絮片	俗称太空棉、宇航棉、金属棉等，以纤维絮片、金属镀（涂）膜为主体原料，经复合加工而成

续表

絮片种类	构成特点
毛型复合絮片	纤维絮层为主体的多层复合结构材料，因其原料、结构、加工工艺不同有多种类型，如羊毛复合絮片、毛/涤复合絮片、驼绒（非织造布膜）复合絮片等
远红外棉复合絮片	由远红外纤维构成的多功能产品。除具有毛型复合絮片的特征外，还具有加速人体的微循环，促进人体的血液循环，增进新陈代谢，加强免疫能力，以及抗菌除臭，高效吸湿、透湿、透气等特性

远红外棉絮片的保暖性、穿着舒适性、耐用性等性能最好，且具有一定的保健功能，应用范围广，但原料来源少，价格较贵；毛型复合絮片保暖性好，穿着舒适性和强度较好，应用范围广，但耐洗性及洗后缩水性差，价格最贵；太空棉的保暖性和耐用性都较好，但因透湿、透气性差，不能满足人们对穿着舒适性和卫生性的需求；而热熔絮片和喷胶棉的保暖性和穿着舒适性较好，且资源丰富，价格便宜，但耐用性差，是一般性的保暖材料，具体见表10-9。

表10-9　各类絮片的性能

絮片种类	保暖性	透湿性	透气性	强力	耐洗性	耐磨性	缩水性	应用范围	原料来源	价格
热熔絮片	较好	好	好	一般	差	差	差	少	多	低
喷胶棉絮片	较好	好	好	一般	一般	差	差	少	多	稍低
毛型复合絮片	好	一般	一般	好	差	较好	差	多	较少	贵
远红外棉絮片	好	好	好	好	好	好	好	多	少	稍贵
太空棉	较好	差	差	好	较好	好	好	少	较少	稍贵

第三节　紧固材料

紧固材料是服装辅料的一大类，包括纽扣、拉链、钩环、尼龙搭扣及绳带等。这些材料除了其服用性能外，还具有一定的艺术性。紧固材料品种繁多，花样丰富。紧固材料虽小，但却起到了画龙点睛的作用。如果巧妙地运用辅料进行材料再塑，还会提升服装的视觉美感效果，使服装身价倍增。

百变纽扣

一、纽扣

纽扣最初是专用于服装连接的扣件。早期的纽扣主要是石纽扣、木纽扣，后来发展到带纽扣、布纽扣。如今，纽扣的种类繁多，大小、形状、花色、材质多种多样，现就其结构与材料分类简介如下。

（一）按纽扣的结构分

1. 有眼纽扣

在纽扣的表面中央有四个或两个等距离的眼孔，以便用线手缝或钉扣机缝在服装上。有眼纽扣由不同的材料制成，其颜色、形状、大小和厚度各异，以满足不同服装的需要。其中正圆形纽扣量大面广。四眼扣多用于男装，两眼扣多用于女装。

2. 有脚（柄）纽扣

在扣子的背面有凸出的扣脚（柄），其上有孔眼，或者在金属纽扣的背面有一金属环，以便将扣子缝在服装上。扣脚（柄）的高度，是用于厚型、起毛和蓬松面料服装，能使纽扣在扣紧后保持平整。纽扣表面雕花或制作有标志图案时，也需有柄的结构。

3. 编结纽扣

用服装面料缝制布带或用其他材料的绳、带经手工缠绕编结而制成的纽扣。这种编结纽扣，有很强的装饰性和民族性，多用于中式服装和女时装。

4. 揿纽（按扣）

广泛使用的四合扣是用压扣机铆钉在服装上的。揿钮一般由金属（铜、钢、合金等）制成，也有用合成材料（聚酯、塑料等）制成的。揿钮是强度较高的扣紧件，容易开启和关闭。金属揿钮具有耐热、耐洗、耐压等性能，所以广泛应用于厚重布料的牛仔服、工作服、运动服以及不宜锁扣眼的皮革服装上。非金属的揿钮也常用在儿童服装与休闲服装上。

（二）按纽扣的材料分

用于制造纽扣的材料有很多种，归纳起来有天然材料纽扣（金属、竹木、贝、骨、革等），合成材料纽扣（树脂、塑料、有机玻璃等），以及天然材料与化学材料组合的纽扣件等。

1. 合成材料纽扣

此类纽扣是目前世界纽扣市场需求量最大、品种最多的一类，目前不饱和树脂扣是最受欢迎的。合成材料纽扣的优点是色泽鲜艳，造型丰富，可成批生产；缺点是耐高温性能差，由于是合成高分子材料，易污染环境。常见的合成材料纽扣有以下几种。

（1）树脂扣。树脂扣用不饱和聚酯为原料，加颜色制成板材或棒材，再经冲压、切削、打眼及磨光而成。树脂扣因有良好的染色性，故色泽鲜艳。同时，它能耐高温（180℃）熨烫，并可在100℃热水中洗涤1h以上，其耐化学品性及耐磨性均好，所以树脂扣被广泛应用于中高档服装。不饱和聚酯还可以制成珠光扣和仿贝、仿珍珠、仿玉石等纽扣和服饰品，在当今纽扣珠宝化的潮流中，其制品深受欢迎。

（2）ABS注塑及电镀纽扣。ABS为丙烯酸酯—丁二烯—苯乙烯共聚塑料的简称。这是一种热塑性塑料，具有良好的成型性和电镀性能。在塑料表面镀金属（16K金、银和合金）制成的电镀纽扣，美观高雅，有极强的装饰性。

（3）电玉扣。电玉扣是用尿醛树脂加纤维素冲压而成。这种纽扣历史悠久，特别是由于它硬度高，结实耐磨，又有较好的耐热性（100~120℃），耐干洗，不易变形和损坏，价格便宜。所以它虽然装饰性不强，但仍被广泛地应用于中低档服装上。

2. 天然材料纽扣

这是一类较古老的纽扣，几乎一切天然的硬质材料均可作为纽扣的选料。目前市场上常见的纽扣材料有金属、木材、毛竹、椰子壳、坚果、石头、宝石、动物骨等。天然材料纽扣深受人们的欢迎，是因为它取材于大自然，符合人们回归自然的心理。各类天然材料纽扣都有它自身的特点，常见的有以下几种。

（1）宝石及水晶纽扣。宝石及水晶不仅自身品质高且装饰性强，制成纽扣硬度高、耐高温、耐化学清洗，这些优点是合成材料所没有的，但由于取材受限制，造价较高。

（2）金属纽扣。金属扣是由铜、铁、钢、铝、镍、合金等金属材料冲压而成。金属扣耐用，价格低，装订方便，所以被广泛采用。如四合扣、大白扣、揿钮等，用在牛仔服、羽绒服、夹克衫等服装上，极具粗犷、自然和时代气息；军服上使用的铜包铝有脚扣，由于扣面可以制作不同的花纹和标志，也很适用于职业服装用扣，特别是用于厚重料服装上的铆钉扣，更能衬托出服装的青春气息和时代气息。但金属扣不宜用于轻薄的服装。

（3）贝壳纽扣。用各类贝壳制成的纽扣，有珍珠般的光泽，并有隐约的花纹。它坚硬、耐高温、耐洗涤，也是天然、环保型的纽扣。小型贝扣广泛用于男女衬衫和内衣，经染色的贝扣已经广泛用于高档时装。

3. 组合纽扣件

组合纽扣件是一种较新的扣件品种。目前市场上流行的组合纽扣件，有 ABS—电镀尼龙件组合、ABS—电镀金属件组合、ABS—电镀树脂件组合等。由于材料不同，最终的性能也不尽相同。组合纽扣件与其他的纽扣相比，功能更全面，装饰性更强，所以越来越受欢迎。

（三）纽扣的选配

纽扣的材料、形状尺寸、颜色和数量是服装设计的内容之一。实际选用时主要考虑纽扣与服装风格相协调。例如，纽扣的颜色要与面料颜色统一谐调，或与服装主色调呼应；纽扣的材质与面料材质相协调，轻柔的面料要选用轻薄的纽扣；服装明显部位用扣的形状要统一，大小要有主次；纽扣的性能和价格与面料的性能和档次匹配，等等。

树脂纽扣、有机玻璃纽扣等的直径是按照纽扣的型号来表示的，国际上通用的型号以莱尼（LINE）表示（1 莱尼 = 1/40 英寸或 1 英寸 = 40 莱尼）。因此，纽扣的外径尺寸为：型号×0.635mm。树脂扣的型号有 14、16、18、24、28、32、34、36、40、44、54 等。准确测量纽扣的直径（如不是正圆形，则按最大尺寸）有利于严格控制扣眼的准确尺寸，以便正确调整锁眼机。

二、拉链

拉链是一个由两条柔性的、可互相啮合的单侧牙链所组成，可重复开启、闭合的连接件。作为服装的扣紧材料，不仅简化了服装加工工艺，方便了使用操作，并对服装起着装饰的作用，因而被广泛使用。

（一）拉链的结构

如图10-3所示，闭尾拉链由底带1、边绳2、头掣3、拉链牙齿4、拉链头5、把柄6和尾掣7构成。在开尾拉链中，还有插针8、针片9和针盒10等结构。其中拉链牙齿是形成拉链闭合的部件，其材质决定着拉链的形状和性能。头掣和尾掣用以防止拉链头及牙齿从头端和尾端脱落。边绳织于拉链底带的边沿，作为牙齿的依托。而底带衬托牙齿并借以与服装缝合。底带由纯棉、涤/棉或纯涤纶等纤维原料织成并经定型整理，其宽度则随拉链号数的增大而加宽。

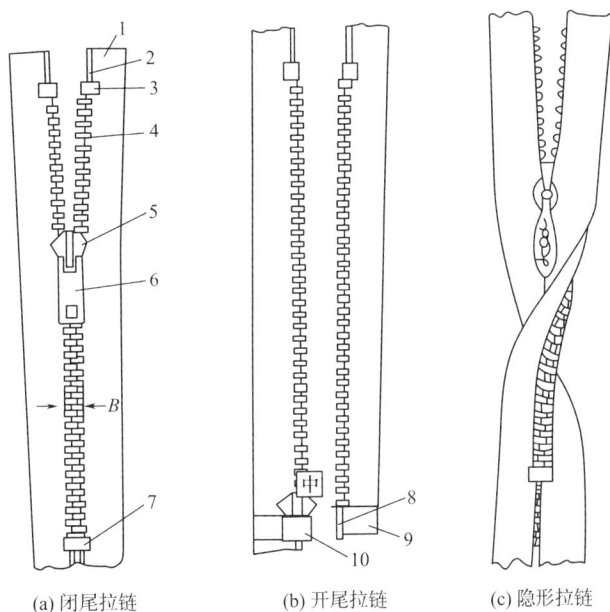

图10-3 拉链的结构

1—底带 2—边绳 3—头掣 4—拉链牙齿 5—拉链头 6—把柄 7—尾掣 8—插针 9—针片 10—针盒

拉链头用以控制拉链的开启与闭合，其上的把柄形状多样精美，既可作为服装的装饰，又可作为商标标识。拉链是否锁紧，则靠把柄上的小掣子来控制。

插针、针片和针盒用于开尾拉链。在闭合拉链前，靠插针与针盒的配合将两边的带子对齐，以对准牙齿，保证服装的平整定位。而针片用以增加底带尾部的硬度，以便插针插入盒时配合准确与操作方便。

拉链的号数，由拉链牙齿闭合后的宽度 B 的毫米数而定。如拉链闭合后的宽度 B 为5mm，则该拉链为5号。号数越大，则拉链的牙齿越粗，扣紧力越大。

（二）拉链的分类

1. 根据拉链的结构形态分

（1）闭尾拉链。常用于裤子和裙子的门襟及上衣领口等部位。

（2）开尾拉链。常用于前襟全开的服装，如滑雪衫、夹克、羽绒服及可装卸衣里的服装。

（3）双开拉链。常用于冬季外套拉链。此外，常见于各类箱包用拉链。

（4）隐形拉链。常用于旗袍、裙装等薄型和优雅的女式服装。

2. 根据拉链的材质分

（1）金属拉链。有铜拉链、铝拉链、铸锌拉链等。金属拉链结实耐用，但受颜色限制，使用时注意选择。主要用于厚实的制服、军服及牛仔服等。

（2）塑胶拉链。主要用聚酯或尼龙的熔融胶体注塑而成。塑胶质地坚韧、耐水洗且可染成各种颜色，较金属拉链手感柔软，牙齿不易脱落，是运动服、夹克衫、针织外衣、羽绒服、工作服等普遍采用的拉链。

（3）尼龙拉链。用聚酯或尼龙丝作为原料，将线圈状的牙齿缝制于布带上。拉链轻巧、耐磨而富有弹性，常制作成小号码的细拉链，用于轻巧的服装、童装及睡衣等。

3. 根据拉链的加工工艺分

（1）金属拉链。用金属压制成牙以后，经过喷镀处理，再连续排装于布带上。金属（铜、铝等）拉链用此法。

（2）注塑拉链。用熔融状态的树脂或尼龙注入模内，使之在布带上定型成牙而制成拉链。由于这些树脂（聚甲醛等）或尼龙可染色，所以可制成牙与布带同色的拉链以适应不同颜色的服装。这种拉链较金属拉链手感柔软，耐水洗且牙不易脱落，运动服、羽绒服、夹克衫和针织外衣等普遍采用。

（3）螺旋拉链（圈状拉链）。这种拉链是用聚酯或锦纶丝呈螺旋线状缝织于布带上。拉链表面圈状牙明显的为螺旋拉链。

（4）隐形拉链。将圈状牙隐蔽起来的即为隐形拉链，这种拉链轻巧、耐磨而富有弹性，也可染色，普遍用于女装、童装、裤子、裙装及T恤衫等服装上。特别是尼龙丝易定型，可制成小号码的细拉链，用于轻薄的服装上（图10-4）。

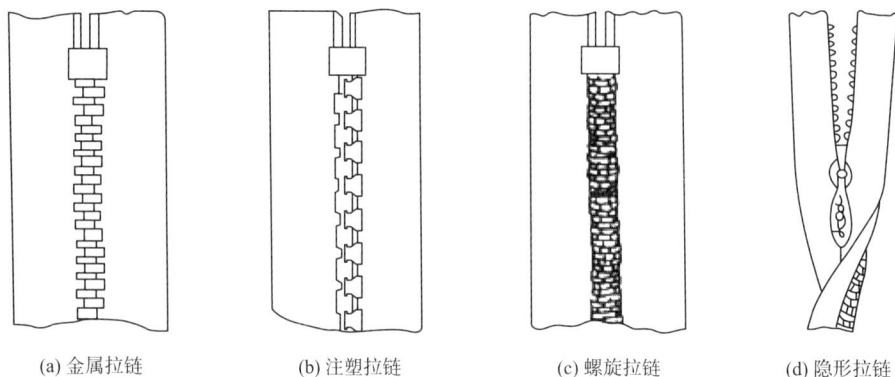

(a) 金属拉链　　　　(b) 注塑拉链　　　　(c) 螺旋拉链　　　　(d) 隐形拉链

图10-4　拉链类型

(三) 拉链的选用

从外观与质量方面考虑，拉链应色泽纯净，无色斑、污垢，无折皱和扭曲，手感柔和并啮合良好。针片插入、拔出及开闭拉动应灵活自如，商标要清晰，自锁性能应可靠。

从服装设计搭配方面考虑，拉链的选用应根据服装的用途、使用保养方式、服装面料的材质风格、性能、颜色以及使用部位等因素选择相应的结构形态、材质和型号，主要考虑以下因素。

（1）拉链的材质、颜色、号数应与服装的整体要求相一致。拉链的选择应起到画龙点睛或锦上添花的作用，以增加服装的整体效果。

（2）拉链的选用应遵循使用方便的原则。

（3）拉链的选用还应重视底带的材料、颜色等因素。

三、绳带、尼龙搭扣和钩环

(一) 绳带

通常服装辅料中的绳带是指纺织绳带，是绳子和织带的统称。按照材料分，绳带主要包括棉织带（棉人字带、棉平纹带、棉腰带、裤头绳带等）、尼龙绳带、涤纶绳带、人造丝绳带、文胸用丝绒带；按弹性分，主要有丝光橡筋、松紧带、针织（平面）橡筋、圆橡筋绳、丝绒松紧带等。

绳类由多股纱或线捻合而成，直径较粗，按其制作方式可分为编织、拧绞和编绞三类。用于服装上的绳类产品具有固紧和装饰作用，如运动裤上的腰带绳、连帽服装上的帽绳和风衣上的腰节绳等（图10-5）。

带类一般指宽度在0.3~30cm的狭条状或管状织物，它广泛应用于服装和服饰品。常见品种有松紧带、罗纹带、针织彩条带、缎带和滚边带等。

图10-5 各类绳带

绳带的选择应根据服装的用途、厚薄、款式和色彩来确定绳带的材料、颜色和粗细。如高档的服装（如丝绸、毛料服装）宜用丝绳带或有光的化学纤维长丝绳带，因这些绳带较为耐磨。必要时可以定制或自制花色别致的绳带（如长丝与金银丝并捻、丝织带与纱线并捻等）。

应指出的是，儿童服装不宜多用绳带，以免影响活动和存在安全隐患。松紧带比较适用于童装、运动装、孕妇装及女式内衣等。而棉布窄带常用于服装易变形部位的固定和牵引，如羊毛衫和针织衫的肩宽部位，以及用于裘皮服装内的上下牵引和固定等。

（二）尼龙搭扣

尼龙搭扣又称粘扣带，是由表面有钩的尼龙钩带和表面呈圈形的尼龙绒带两部分组成的连接用带织物。钩带和绒带复合起来略加轻压，就能产生较大的扣合力和撕揭力，广泛应用于服装、背包、篷帐、降落伞、窗帘、沙发套等。其宽度规格有 16mm、20mm、25mm、38mm、50mm、100mm 等。

尼龙搭扣在服装中多用于需要方便而能快速扣紧或开启的服装部位，如消防员服装的门襟扣、作战服的搭扣、婴幼儿服装的搭扣、活动垫肩的黏合、袋口的黏合等。

（三）钩环

挂钩是一对固紧件的两个部分，是服装中比较常见的紧固辅件之一，一般由金属加工而成，主要有领钩、裤钩。领钩又称风纪扣，由一钩与一环构成，一般用于立领领口处，其特点是小巧、隐蔽、使用方便。裤钩有两件一副与四件一副之分，一般用于裤腰及裙腰处。

环是一种可调节松紧的金属件，也有用树脂或塑料等材料制作的，多为双环结构，常用的有裤环、拉心环、腰夹等。使用时一端固定双环，另一端通过条带套拉调节松紧，常用于裙、裤、风衣、夹克的腰间。

这些辅料虽貌似不起眼，但其对服装独特的可调节紧固作用和灵活性是无可取代的，选用得当会给服装产生独特的效果。

四、紧固材料的选择

紧固材料在与服装搭配时，应与服装的种类、款式、功能、材质、保养方式、固件的位置、开启形式等结合起来，来选择类型及固紧形式。

（一）服装的种类

童装的固件一定要安全，一般采用尼龙拉链或搭扣，因其柔软舒适且易脱，比较安全。男装的紧扣材料应选厚重宽大一些的，女装紧扣材料的选用应注意其装饰性。

（二）服装的用途

要根据服装的用途选择相应的紧固材料。如风雨衣、泳装的紧固材料应具有防水耐用的功能，塑料制品是比较合适的。女式内衣、后背的封闭拉链、前门襟应选用薄、轻、带自锁的比较合适。

（三）服装的材料

一般厚重和起毛的面料应用大号的紧固材料，轻而柔软的衣料应选用小而轻的扣紧材料，松结构的衣料不宜用钩、袢和环，以免损伤衣料，牛仔和灯芯绒面料宜选择金属紧固材料。

（四）服装的保养方式

很多服装是要经过水洗的，因此应少用或不用金属扣件，以防生锈而沾污服装。

（五）服装的款式

紧固材料应与服装的款式及穿用方式相匹配。如紧固部位在后背，应注意穿着时操作的简便性。如服装扣紧处无搭门，则不宜钉纽扣和开扣眼，而宜使用拉链和钩袢，在侧缝处的拉链则宜选用隐形拉链。

（六）服装的档次

扣件的质量和成本应与服装的档次相匹配。如有眼揿扣和有脚纽扣是需要手工缝合的，而有眼纽扣和铆扣则可用钉扣机来完成，手钉的成本比机钉的要高，需考虑设备条件与使用扣紧材料的可行性与成本。

第四节　其他辅料

除了上述介绍的服装辅料之外，还有一些服装装饰材料（如花边、珠片等）、标识材料（如商标、尺码带以及示明牌等）和包装材料（如纸袋、布袋等）。这些辅料虽小，但是材料和形式多样，不可忽视。

一、服装装饰材料

（一）花边

花边是指作为嵌条或镶边装饰用的带状材料，在女式内衣、晚装、礼服和童装中应用较多。花边按工艺方法可分为机织花边、经编花边、刺绣花边和编织花边；按原料可分为人造丝花边、涤纶花边、锦纶花边和腈纶花边等。

1. 编织花边

编织花边又称线编花边。主要以 13.9~5.8tex 的全棉漂白、色纱为经纱原料，以棉纱、人造丝、金银丝为纬纱原料。编织通常以平纹、经起花、纬起花组织交织成各种颜色的花边。花边的宽度 1~6cm 不等，根据用户的需要来确定花边的花形和规格。花边的造型以带状牙口边为主，以牙口边的大小、弯曲程度、间隔变化来改变花边的造型。编织花边可用于礼服、时装、羊毛衫、童装、内衣、睡衣等装饰边（图10-6）。

2. 机织花边

机织花边由提花机构控制经线与纬线交织而成。可以多条单独织制或独幅织制后再分条。花边宽度一般为 0.3~17cm。机织花边的原料可以分为纯棉、丝纱交织、尼龙等。丝纱交织花边又称为民族花边，图案大多是吉祥如意、庆丰收等，具有民族特色（图10-7）。

3. 经编花边

经编花边是经过经编机纺织而成的，花边大多以锦纶丝、涤纶丝、人造丝为原料，俗称经编尼龙花边。经编组织稀松，有明显的孔眼，但立体感差。分为有牙口边和无牙口边两大类，无牙口边一般用于服装的各部位装饰；有牙口边的宽度较宽，常用于装饰用品上（图10-8）。

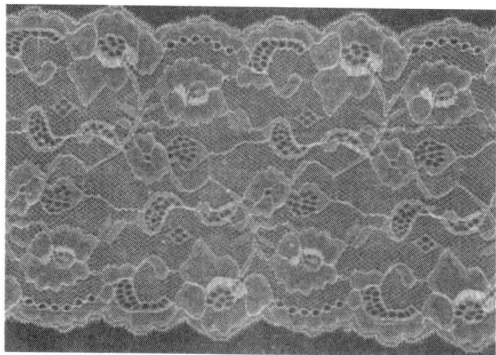

图 10-6　编织花边

图 10-7　机织花边

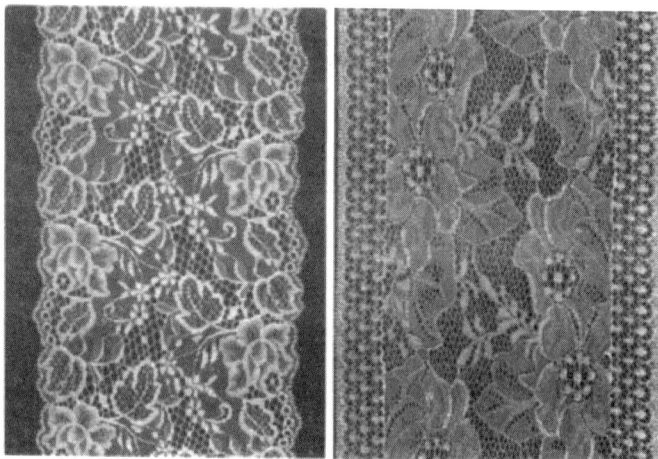

图 10-8　经编花边

4. 刺绣花边

刺绣花边又称水溶花边。刺绣花边分机绣和手绣两种，高档花边是用手绣在织物上，图案立体逼真，但用量小；大量使用的是机绣水溶性花边，它是以水溶性非织造布为底布，用黏胶长丝作绣花线，通过电脑平板刺绣机绣在底布上，再经热水处理，然后底布溶化，留下具有立体感的花边。目前市场流行的水溶花边有网眼条花、网眼朵花、网眼满幅、水溶朵花、水溶满幅等（图 10-9）。

（二）缀饰材料

缀饰材料包括缀片、珠子等，因其极强的装饰性而广泛应用于婚礼服、晚礼服、舞台服装及时装中，使服装造型靓丽、魅力四射。

缀片大多是圆形、水滴型的光亮薄片，片上有孔，一般采用各种颜色的塑料或金属制成。珠子有人造珠和天然珠之分，多为圆形或接近圆形的几何体。使用时，用丝线将它们串起来，镶嵌于服装上。

图 10-9 刺绣花边

二、标识材料

服装标识是服装企业品牌和产品说明的另一种信息载体和说明方式，它主要包括服装的商标、规格标识、洗涤保养标识、吊牌标识等，是非常重要且不能缺少的服装辅料种类。

（一）商标

服装的商标是企业用以与其他企业生产的服装相区别的标记，通常这些标记用文字和图形来表示。商标设计和材料的使用，在当今社会重视服装品牌的情况下尤为重要。服装商标的种类很多，根据所用材料看，主要有胶纸、塑料、织物（包括棉布、绸缎等）、皮革和金属等，其制作的方法有印刷、提花、植绒等。商标的大小、厚薄、色彩及价值等应与服装相配伍。

（二）规格标识

服装的规格标识即服装号型尺码带，是服装的重要标识之一。我国对服装有统一的号型规格标准，它既是服装设计生产的依据标准，也是消费者购买服装时的重要参考。服装的规格标识一般用棉织带或化学纤维丝缎带制成，说明服装的号型、规格、款式、颜色等。

（三）洗涤保养标识

服装的洗涤保养标识是消费者在穿着后对服装进行洗涤保养的重要参考依据，它不仅关系到服装正确的保养方法，还可有效地提高服装的持久可穿性，有效地降低因洗涤保养不当而造成的投诉和纠纷，为服装营造一个良好的服用环境。

（四）吊牌标识

服装的吊牌标识是企业形象的另一系列名片，因为在服装的吊牌上印刷有企业名称、地址、电话、邮编、注册商标、面辅料小样等重要信息。吊牌的材料大都采用纸质、塑料、金属、织物等。

三、包装材料

服装包装是服装整体形象的一个重要环节。在过去，服装包装主要是为了便于清点服装号型数量和质量的完整性，便于消费者携带等。现在，服装包装已成为服装品牌宣传和推广的重要手段之一，也直接影响了服装的价值、销路和企业形象，因此服装包装是服装材料中不可缺少的必要组成部分。根据不同的服装种类与特点，服装包装主要分为衬衫包装、服饰包装、内衣包装、T恤包装等。

一般情况下，服装包装可分为内层包装、外层包装和终端包装。

（一）内层包装

内层包装的主要作用是保持服装数量便于清点和运输，是服装贮存、运输的重要保障。这类包装材料上多采用透明塑料，一部分知名品牌会在透明塑料袋上印刷品牌名称、商标和专属图案，以维持良好的品牌形象，有些服装的内层包装直接采用没有任何品牌说明的透明塑料袋。

（二）外层包装

外层包装一般采用瓦楞纸箱、木箱、塑料编织袋等三种方式，这主要是为了便于运输、贮存，此外还要采取相应的防潮措施，以防服装受潮而影响质量。通常服装外层包装印刷比较简单，只要可以完整准确地反映内容物的基本信息即可。

（三）终端包装

终端包装指服饰用环保购物袋，主要用于展示服装品牌和形象宣传，同时便于消费者买后携带。由此可见，服装的终端包装必须重视，印刷的图案和工艺应相当精美和精良，很多服装企业已将服装的终端包装纳入企业VI设计的重要组成部分，并且聘请专业设计队伍从包装材料、印刷内容、表现形式等多方面进行策划实施，以期提升服装品牌的形象和知名度，达到良好的服装品牌宣传效果。本着低碳环保的理念，服装终端包装的常用材料多为纸质、可降解塑料和布质三类，常见的包装形式主要包括吊卡袋、拉链袋（三封边）、手提袋等。

综上所述，服装辅料关系着服装的整体形象，设计使用得当，将十分有利于提高服装的档次并利于终端销售。

参考文献

［1］姜怀，邬福麟，梁洁，等．纺织材料学［M］．2版．北京：中国纺织出版社，1996．

［2］于伟东．纺织材料学［M］．北京：中国纺织出版社，2006．

［3］瞿才新，张荣华．纺织材料基础［M］．北京：中国纺织出版社，2004．

［4］杨静，秦寄岗．服装材料学［M］．武汉：湖北美术出版社，2002．

［5］周璐瑛．现代服装材料学［M］．北京：中国纺织出版社，2000．

［6］张辛可．服装材料学［M］．石家庄：河北美术出版社，2005．

［7］赵书经．纺织材料实验教程［M］．北京：纺织工业出版社，1989．

［8］米红．纺织材料学［M］．北京：纺织工业出版社，1987．

［9］李亚滨．简明纺织材料学［M］．北京：中国纺织出版社，1999．

［10］王晓，刘刚中．纺织服装材料学［M］．北京：中国纺织出版社，2017．

［11］张怀珠．新编服装材料学［M］．上海：中国纺织大学出版社，1993．

［12］纪美玉，陈秀珍．服装材料学［M］．大连：大连海事大学出版社，1994．

［13］陈东生，吕佳．服装材料学［M］．上海：东华大学出版社，2013．

［14］张怀珠，袁观洛，王利君．新编服装材料学［M］．4版．上海：东华大学出版社，2017．

［15］倪红．服装材料学［M］．南京：东南大学出版社，2006．

［16］瞿才新．纺织材料基础［M］．2版．北京：中国纺织出版社，2017．

［17］徐亚美．纺织材料［M］．北京：中国纺织出版社，1999．

［18］潘志娟．纺织材料大型仪器实验教程［M］．北京：中国纺织出版社，2018．

［19］钱樨成，秦家浩，刘紫葳，等．纺织材料静电的消除［M］．北京：纺织工业出版社，1984．

［20］王晓．纺织材料实验实训教程［M］．北京：中国纺织出版社，2017．

［21］张海霞，宗亚宁．纺织材料科学实验［M］．上海：东华大学出版社，2015．

［22］严瑛．纺织材料检测实训教程［M］．上海：东华大学出版社，2012．

［23］杨乐芳．产业化新型纺织材料［M］．上海：东华大学出版社，2012．

［24］郝新敏，杨元．功能纺织材料和防护服装［M］．北京：中国纺织出版社，2010．

［25］杨乐芳．纺织材料性能与检测技术［M］．上海：东华大学出版社，2010．

［26］麦利尼科夫（Мельникод，Б.Н）．纺织材料染色工艺现状和发展前景［M］．何联华，译．北京：纺织工业出版社，1986．

［27］胡金莲．形状记忆纺织材料［M］．北京：中国纺织出版社，2006．

［28］宗亚宁，张海霞．纺织材料学［M］．上海：东华大学出版社，2019．

［29］倪红．服装材料学［M］．北京：中国纺织出版社，2016．

［30］吴微微．服装材料学：应用篇［M］．北京：中国纺织出版社，2016．

［31］肖琼琼，罗亚娟．服装材料学［M］．北京：中国轻工业出版社，2015．

［32］陈东生，甘应进．新编服装材料学［M］．北京：中国轻工业出版社，2001．

［33］张怀珠，袁观洛．新编服装材料学［M］．上海：中国纺织大学出版社，2001．

［34］朱松文，刘静伟．服装材料学［M］．5版．北京：中国纺织出版社，2015．

［35］刘国联．服装材料学［M］．3 版．上海：东华大学出版社，2018.

［36］梁蓉，梁桂屏．实用服装材料学［M］．广州：中山大学出版社，2007.

［37］徐坚，刘瑞刚．高性能纤维基本科学原理［M］．北京：国防工业出版社，2018.

［38］代少俊．高性能纤维复合材料［M］．上海：华东理工大学出版社，2013.

［39］唐见茂．高性能纤维及复合材料［M］．北京：化学工业出版社，2013.

［40］加雅南·巴特（G.Bhat）．高性能纤维的结构与性能［M］．朱志国，马涛，汪滨，译．北京：中国纺织出版社有限公司，2019.

［41］周宏．高性能纤维产业技术发展研究［M］．北京：国防工业出版社，2018.

［42］徐坚，刘瑞刚．高性能纤维基本科学原理［M］．北京：国防工业出版社，2018.

［43］俞建勇，胡吉永，李毓陵．高性能纤维制品成形技术［M］．北京：国防工业出版社，2017.

［44］杨慧彤，林丽霞．纺织品检测实务［M］．上海：东华大学出版社，2016.

［45］翁毅．纺织品检测实务［M］．北京：中国纺织出版社，2012.

［46］张红霞．纺织品检测实务［M］．北京：中国纺织出版社，2007.

［47］覃小红．微纳米纺织品与检测［M］．上海：东华大学出版社，2019.

［48］吴坚，李淳．家用纺织品检测手册［M］．北京：中国纺织出版社，2004.

［49］纺织工业标准化研究所．功能性纺织品检测与评价方法的研究［M］．北京：中国质检出版社，2014.

［50］邢声远，霍金花，周硕，等．生态纺织品检测技术［M］．北京：清华大学出版社，2006.

［51］马贺伟，罗建勋．皮革与纺织品环保指标及检测［M］．北京：中国轻工业出版社，2017.

［52］何方容．纺织品外贸检测实务［M］．北京：中国纺织出版社，2016.

［53］曾林泉．纺织品贸易检测精讲［M］．北京：化学工业出版社，2012.